军队"2110 工程"建设项目　军事航

数字战场可视化技术及应用

廖学军　汪荣峰　等编著

国防工业出版社

·北京·

内 容 简 介

本书从战场可视化基本理论、战场可视化关键技术、战场可视化典型应用系统三个层次,系统地阐述了数字化战场可视化概述、战场可视化软硬件平台、战场可视化的图形学基础、战场二维可视化、战场地形可视化、战场实体可视化、战场特效可视化、战场电磁环境可视化、航天飞行任务可视化系统等内容,并配合了大量航天飞行场景可视化方面的实例。

本书是作者多年教学科研和工程开发经验积累的基础上提炼完成的学术成果。本书可以作为军队院校指挥信息系统专业、军事航天专业、仿真专业的教材,也可以作为相关工程技术人员的参考书。

图书在版编目(CIP)数据

数字战场可视化技术及应用／廖学军等编著. —北京:
国防工业出版社,2010.10
军队"2110 工程"建设项目. 军事航天学
ISBN 978 - 7 - 118 - 07240 - 2

Ⅰ. ①数… Ⅱ. ①廖… Ⅲ. ①数字技术 - 应用 - 军
事 - 研究 Ⅳ. ①E919

中国版本图书馆 CIP 数据核字(2010)第 252930 号

※

*国防工业出版社*出版发行
(北京市海淀区紫竹院南路 23 号 邮政编码 100048)
北京嘉恒彩色印刷有限责任公司
新华书店经售
*
开本 710×960 1/16 印张 19¼ 字数 363 千字
2010 年 10 月第 1 版第 1 次印刷 印数 1—3000 册 定价 45.00 元

(本书如有印装错误,我社负责调换)

国防书店:(010)68428422 发行邮购:(010)68414474
发行传真:(010)68411535 发行业务:(010)68472764

装备指挥技术学院"2110 工程"教材(著作)

编审委员会

装备指挥技术学院军事航天学教材(著作)

编 委 会

序

　　空间技术及装备的发展,促进了信息化战争形态的形成,丰富了信息化战争的内容,给未来战争形式、作战力量建设、指挥控制等带来了深刻的影响。军事航天技术发展、空间力量建设、空间力量应用是军事航天学学科的主要研究内容。因此,军事航天学学科建设成为我军军事斗争准备的重要任务。

　　装备指挥技术学院军事航天学学科是军队"2110 工程"重点建设学科,其作战指挥学学科是国家重点(培育)学科。为了总结梳理军事航天学学科建设成果,提升学科建设水平和军事航天人才培养质量,在学院"2110 工程"教材(著作)编审委员会统一组织指导下,军事航天学学科领域的专家学者编著了一套适应军事航天指挥技术人才培养需求,对我军空间力量建设具有引领作用的系列丛书,将分别以学术专著和专业教材的形式陆续出版。

　　编辑这套丛书是军事航天学学科建设的重要内容,是军事航天人才培养的重要基础,也是体现军事航天学学科建设水平的重要标志。旨在通过系统、全面的梳理,总结军事航天学学科建设和军事航天人才培养理论研究与实践探索的重要成果和宝贵经验,促进军事航天学学科发展;围绕我军空间力量建设和军事斗争准备需要,以空间力量建设、空间力量应用、航天指挥控制为主要内容,培养高素质军事航天指挥技术人才,推动军事航天发展。

　　本套丛书的编著出版对于系统深入总结军事航天学学科建设和军事航天人才培养的重要成果,推进军事航天学学科建设,提高军事航天人才的培养质量,加快军队信息化建设和军事斗争准备具有重要的理论意义和现实意义。

装备指挥技术学院

军事航天学教材(著作)编委会

前　言

现代战争是陆、海、空、天、电、网一体化的联合作战,是基于信息系统的体系对抗作战。战场可视化是为便于军事人员认识、分析、理解战场环境和态势情况,采取信息技术手段对战场以可视化形式进行表达的一种方式。当前,战场可视化已成为军事信息系统的重要组成部分,是作战回路中的重要一环,是指挥员驾驭现代信息化战争的理想界面,在作战指挥、模拟训练、作战理论研究等领域都有广泛的应用前景。

本书共分9章,从战场可视化基本理论、战场可视化关键技术、战场可视化典型应用系统三个层次展开阐述,并配合了大量航天飞行场景可视化方面的实例。

第1章　数字化战场可视化概述。分析了战场的物理空间和组成要素属性,明确了战场可视化的研究对象和内容;介绍了国内外数字化战场的建设情况,为战场可视化的实现奠定了数据基础;重点研究了战场可视化系统的概念、体系结构、功能设计及国内外应用发展情况;探讨了战场视景仿真等相关术语的概念以及与战场可视化的区别与联系。

第2章　战场可视化软硬件平台。战场可视化软硬件平台是支持战场可视化系统设计、开发、运行的物理环境和信息环境。分别阐述了软硬件平台的构成、要素和基本原理;以一个典型运行环境示例说明了战场可视化系统软硬件平台组成。

第3章　战场可视化的图形学基础。对战场可视化而言,实时性是最重要的技术指标要求。介绍了图形学的数学基础知识和基本原理;着重探讨了满足战场可视化实时性要求的一些基础技术,包括图形绘制流水线、空间数据结构和层次细节技术。

第4章　战场二维可视化。针对传统的二维平面态势表现方式,系统梳理了地图的军事应用;分析了战场二维态势的组成与军标系统,并简要介绍了军事航天军标;详细阐述了战场二维可视化的数据模型及实现算法。

第 5 章　战场地形可视化。介绍了地形的数据模型和几类地形模拟技术；根据地形分类，介绍了地形绘制的基本技术和传统算法；详细阐述了几种地形实时连续绘制的算法；

第 6 章　战场实体可视化。分析了战场实体的分类；介绍了战场实体的几何建模和行为建模技术；详细阐述了实体的增强真实感技术和碰撞检测技术；简要介绍了网络环境下的战场实体可视化技术。

第 7 章　战场特效可视化。分析了战场视觉特效技术的基本方法；针对战场视觉特效采用的主要方法，重点阐述了粒子系统的原理；分别介绍了战场云、雨雪、爆炸、火焰、烟雾、通信链路等特效的构建技术。

第 8 章　战场电磁环境可视化。概述了战场复杂电磁环境情况；分析了战场电磁环境可视化的需求与技术；讨论了战场电磁环境建模与仿真；结合雷达作用范围可视化等专题介绍了战场电磁环境可视化的应用。

第 9 章　航天飞行任务可视化系统。以航天飞行任务可视化系统为例介绍了一个典型的战场可视化应用系统，内容包括系统结构和功能设计，以及多源多类型海量空间数据管理、空间数据层次细节构建、图形实时显示等关键技术。

本书是作者在总结多年来承担国防预研和试验技术研究等相关课题研究成果、从事空间信息处理与战场可视化教学、指导作战指挥学研究生开展学位论文研究的基础上，提炼形成的学术研究成果。廖学军和汪荣峰负责全书的总体框架设计和统稿。各章的编写工作分工如下：第 1 章，廖学军负责撰写；第 2、7 章，张赢负责编写；第 3、4、5 章，汪荣峰负责编写；第 6 章，王鹏负责编写；第 8 章，汪洲负责编写；第 9 章，唐立文负责编写。

本书是军队"2110 工程"二期"军事航天学科专业领域"重点建设的教材专著建设项目。在本书的编撰过程中，得到了装备指挥技术学院训练部的大力支持，得到了李学军、谢剑薇、王林旭、邹红霞等课题组同仁的大力帮助，还参考了大量国内外专家学者的专著与论文。在此，作者一并致以衷心感谢。

由于作者水平有限，书中难免出现疏漏之处，敬请读者批评指正。

作　者
2010 年 12 月

目　录

第1章 数字化战场可视化概述

明确战场可视化的相关概念、研究内容、数据基础、技术领域及应用前景,是进行数字化战场可视化研究的前提和基础。本章首先分析了战场的物理空间和组成要素属性,明确了战场可视化的研究对象和内容;其次介绍了国内外数字化战场的建设情况,为战场可视化的实现奠定了数据基础;然后重点研究了战场可视化系统的概念、体系结构、功能设计及国内外应用发展情况;最后探讨了战场视景仿真等相关术语的概念以及与战场可视化的区别与联系。

1.1 战 场

对战场(Battlefield)的研究是一切军事行动永恒的主题。随着战争的发展,人们对战场的认识呈现出一个不断深入的过程,初期主要对战场的物理空间属性进行了界定,随着作战研究的精准化发展又对战场的组成要素属性进行了界定和发展。只有全面掌握了战场的物理空间和组成要素特点,才能完整地认识、理解和表达战场,最终达到利用和控制战场的目的。

1.1.1 战场的物理空间

早期对战场物理空间属性的定义往往等同于对战场的定义,而且随着对战场研究的深入,不同的历史时期、不同的国家或学者对战场有不同的定义和表述形式,下面予以部分摘录:

战场是实施战斗行动的地域(地带、地幅)(苏联元帅 H. B. 奥加尔科夫,《军事百科辞典》,1985 年)。

战场是敌对双方作战活动的空间,一般分为陆战场、海战场、空战场和太空战场。大规模战争常有若干个按地区划分的相对独立的战场,如第二次世界大战中有欧洲战场、北非战场、太平洋战场等;中国人民解放战争中有东北、华北、西北、华中、华东等战场(军事科学院,《中国人民解放军军语》,1997 年)。

战场是交战双方为进行战争而实施武装行动的区域。随着武器装备的发展和战争规模的扩大,战场范围也随之扩大,包括陆战场、海战场、空战场。未来战争还可能在外层空间开辟新的战场(熊武一,《军事大辞海》,2000 年)。

联合作战战场,是敌对双方进行作战活动的空间,是双方力量体系进行对抗的

"舞台"。它通常由自然环境、社会环境和电磁环境等多种基本因素组成(中国人民解放军总参谋部军训和兵种部,《联合作战概论》,2008 年)。

1.1.2 战场的组成要素

战场的组成要素包括战场环境和战场态势两大类。但关于"战场环境(Battlefield Environment)"和"战场态势(Battlefield Situation)"这两个术语,国内外、不同学者对其定义不统一,内涵上存在混淆,外延上存在交叉重叠,为下一步深入研究战场可视化奠定基础,需要对这些术语进行准确和完整的界定,并理清相互间的关系。

1. 战场环境

"环境"一词在《高级汉语大词典》中的解释为"周围的地方;周围的情况、影响或势力",这是一个多意词。"战场环境"术语中的"环境"采用的是第二个词意,即战场环境为"占据战场空间的、对作战行动有制约和影响作用的客观要素"。

对战场环境包含"占据战场空间的"、"对作战行动有制约和影响作用的"和"客观的"这三层约束,国内外的认识基本一致,但在这三层约束下战场环境具体包括哪些组成要素却存在分歧。共同点是都认为战场环境包括战场地理环境和战场气象环境,分歧点主要表现在以下四个方面:

(1)战场环境是否包括战场中的人文社会环境。人文社会环境是人类在自然地理环境的基础上,通过政治、经济、军事、社会文化等活动所形成的人文事物和社会条件,是对自然地理环境的改造和发展,对作战有重大的制约和影响作用。从战场环境的内涵看,这类要素显然属于战场环境的研究内容。自然地理环境与人文社会环境是地理环境的两个主要组成部分,虽然两者密切相关但对战争的影响又各有不同点,其描述表达技术方法也不同,为了研究方便,战场可视化领域又将战场地理环境进一步区分为战场自然地理环境和战场人文社会环境。

(2)战场环境是否包括战场中不可见的物理场。战场物理场包括复杂电磁环境、核生化威胁危害区域等适合用物理学中"场"描述的内容。随着高信息化武器的发展应用,战场电子对抗战加剧,战场复杂电磁环境越来越成为信息化条件下作战关注的焦点;核生化武器的威胁和危害对作战行动的影响历来占据非常重要的地位,没有丝毫减弱的迹象。因此,对战场环境的研究理应包括战场电磁和核生化等这些肉眼不可见但对作战有重要影响的物理场环境。

(3)战场环境是否包括武装人员和武器装备等实体。这是对战场环境理解上有最大出入的地方,国内外文献上讲到战场环境时,有的包含人员和装备,有的则未包含。从内涵上看,作战双方的武装人员和武器装备是战场中存在的客观要素,而且对作战行动有着最重要的制约和影响作用,依据战场环境定义它们应当包含在战场环境中。但是,部队和武器装备随着不同时期的战争或战争推进阶段动态变化很大,为了分类清晰和方便研究,战场环境中不应当包含这部分内容,将其独立出来,列入战场态势的研究内容。

（4）战场声、光、烟火等特效要素是否应包括在战场环境中。这类要素是战场上实体动作或实体间交互产生的效果,根据上述分析,同样应当将其独立出来,与武器装备一起纳入到战场态势的研究内容中。在战术对抗模拟中,这类要素对增加虚拟战场的逼真度和沉浸感具有重要影响。

综合上述分析,可给战场环境下一个较完整的定义:战场环境,是指占据战场空间的、对作战行动有制约和影响作用的客观要素。通常包括战场自然地理环境、战场人文社会环境、战场气象环境、战场电磁环境、战场核生化环境等要素。而且,随着新概念武器的作战使用,战场环境的外延还将进一步扩大,如战场网络环境将可能成为战场环境的一个重要组成内容。

2. 战场态势

战场态势,亦称作战态势,指交战敌、我、友各方部队部署和行动的状态,它随着战争的不同形式或不同推进阶段而动态变化。战场态势是战场组成要素中最重要的内容,指挥员对战场态势信息的快速获取、准确判断、科学处置并定下作战决心,直接决定战争的胜负。

战场态势的描述具体包括交战各方的部队和武器装备等实体的部署、实体的行动以及实体间的交互等内容,往往需要地理环境要素（如纸质地图、二三维电子地图）的支持。在军事指挥信息系统中,通常将战场态势要素作为单独的分量（图层）动态叠加到战场环境要素上进行表示。

3. 战场组成要素间的关系

战争中,战场环境和战场态势两类战场组成要素之间及其内部各要素间具有相互依存、相互影响的关系,如图 1 - 1 所示。

（1）战场环境与战场态势间。任何作战都在一定的战场环境中展开,战场环境是敌我双方一切军事行动的依托和共同基础,制约和影响着战场态势的变化发展;相反,战场态势变化也在一定程度上改变着战场环境,如雷达装备的部署将改变战场的电磁环境。

（2）战场环境内部。自然地理环境是其他环境的物理依托,可以进行空间定位和加载其他各种环境要素;气象环境与自然地理环境互有影响,气象环境具有地缘特点,如不同的地理位置具有热带、亚热带、温带、寒带等气候特征,而气象环境会影响自然地理环境,如流水侵蚀地貌、冰川地貌的形成,雨天和晴天对地面土质有影响,进而影响行军速度等;自然地理环境和气象环境都对物理场环境有重大影响,不仅决定了电子装备及核生化设施的分布,还决定着电磁波及核生化污染区域的传递范围和受气象干扰的程度;自然地理环境和气象环境对人文社会环境的形成发展也有重大影响和反作用,自然地理环境的富庶与否及气候的好坏对人口密度和文化程度起相当大的制约和影响作用,反之,人类的繁衍对自然地理环境及气候的改变也起着决定性的作用。

(3) 战场态势内部。武装人员、武器装备等实体的部署及其行动决定了战场态势,而实体间的交互产生了战场的声、光、烟火等特殊效果。

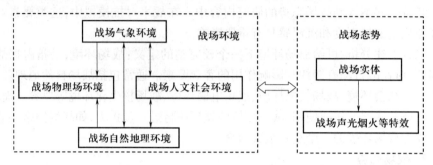

图 1-1 战场组成要素间的关系

总之,战场是交战各方作战活动的空间,它具有物理空间和组成要素两方面的属性。根据交战的物理空间不同,战场分为陆战场、海战场、空战场和天战场,而每类战场又由战场环境和战场态势两类要素组成。与此概念类似,美军采用"作战空间(Battle Space)"术语,美国国防部《军事及相关术语词典》中将作战空间定义为:成功地运用战斗力保护部队或完成任务所必须了解的环境、要素及情况。包括作战区以及关注区内的空中、陆地、海洋以及太空;敌、友部队;设施;气象;地形;电磁波频谱以及信息环境等。

战场具有三个基本特征:客观性、多维性和发展性。战场的客观性,指战场是作战对抗行动的载体和舞台,是敌对双方都要面对的共同基础,对作战行动有极大的影响作用;战场的多维性,指现代战争是诸军兵种联合作战,战场是由陆、海、空、天多维空间构成的立体战场;战场的发展性,指随着武器装备、作战规模和作战方式的发展变化,战场的物理空间不断扩大,战场的组成要素也不断丰富。现代战役战场空间不仅横向伸展而且上下延伸。横向伸展,表现为随远程作战武器的应用使作战空间扩大到纵横数百千米甚至几千千米。向上往空中和太空延伸,表现为不仅空战空域升高(突破 20000m),而且随着航天装备的作战应用使外层空间成为了战场的重要组成部分。向下往水下或地下延伸,表现为潜艇下潜深度更深(500m~1000m)及地下人防工程和深入地下破坏武器的对抗加强。战场的组成要素由最初有形的战场自然地理环境、战场人文地理环境和战场气象环境要素,发展到关注无形的战场电磁环境、战场核生化环境、战场网络环境、心理战场环境等要素。

特别需要注意的是,在作战应用中对战场进行具体描述和可视化表达时,要根据不同战场物理空间或应用场合,战场环境要素的选择或描述重点要有所不同和侧重,否则,可能因其涵盖内容太多,而分不清主次。例如,陆战场中地形、城市和交通等地理环境要素很重要;海战场中海洋水文等地理环境要素很重要;空战场中云、雨、风和能见度等气象环境要素很重要。又如,在战役层次,战场自然地理环境、战场人文地理环境和战场气象环境等要素是关注的重点;在战术层次,战场环境要素的真实感是一项重要指标;在电子对抗作战时,战场电磁环境要素是重点描述表达的内容。

1.2 数字化战场及建设

战场可视化的前提和基础是战场的模型化或数字化,战场数字化是数字化战场的建设的重要内容。信息化战争对数字化战场建设提出了新的要求和挑战,特别是航天遥感等信息技术的发展,又为数字化战场建设提供了新的手段和方法。

1.2.1 概念

1. 数字化战场

不同学者对数字化战场的认识和定义不太一致:

数字化战场是以数字化信息技术为基础,以战场通信系统为支撑,实现了信息收集、传输、处理自动化和信息网络一体化的信息战场(总参通信部,1998 年)。

数字化战场是以覆盖整个作战空间的信息网络为基础,将各个信息化的作战环节连接在一起,实现了信息收集、传输、处理和运用自动化的、一体化的战场。包括指挥控制、情报侦察、预警探测、电子战、信息传输、后勤保障等系统和数字化部队。数字化部队是主体,指挥控制是重点,武器装备数字化是前提,信息传输是基础(秦宜学,《数字化战场》,2004 年)。

可见,数字化战场的概念非常大,它是连接战场上各种信息系统、信息化武器装备和数字化部队的"大系统",其本质是提供战场态势实时感知,为作战部队和各种武器平台提供战场共享信息,为战役、战术行动提供依据。

2. 数字化战场环境

数字化战场环境是指,对战场环境的描述是数字化的,提供认知、分析、传输的设施是数字化的,是充分发挥了计算机辅助决策作用的,强化了指挥员对战场认知能力的一种战场环境表达方式。战场环境仿真是其典型的表现形式之一,是数字化战场的一个子集。

3. 数字化战场环境建设

数字化战场环境建设可以理解为对战场环境进行标准的数字化建模、数据采集、数据处理和数据归档,最终形成数字化战场环境基础数据库,以及开发这些数据的军事应用。本书讨论的数字化战场可视化主要就是指数字化战场环境的建设及其可视化。

创建可视化的、对自己(包括作战部队、指挥自动化系统及武器平台)单向透明的数字化战场环境可以极大地提高部队的指挥效率、协同作战能力、生存能力和保障能力,根本地改变战场的概念和作战模式。

目前,建立数字战场已经引起了各国军界的高度重视。美军是世界上最早进行数字战场建设的国家,他们计划到 2010 年初步建成数字陆战场;到 2030 年陆战场全面实现数字化,同时建立数字空战场、海战场;到 2050 年前后,将建成陆、海、空、天一体化的数字战场。

1.2.2 数字化战场建设的任务

国防安全决策、作战指挥以及一切相关军事行动的基础是对作战空间的正确认识和判断。提供这个基础就是数字化战场基础环境建设的根本任务。

战场基础环境建设是一项长期的巨大工程。随着战争的发展,对战场空间感知的内容、范围、方法和工具都在不断变化,作战人员对战场空间感知的需求将永无止境。

数字化战场基础环境建设包括战场地理环境、气象环境、电磁环境、核化生环境等建设内容,分别由专门的军事机构来保障实施,如总参谋部作战部测绘局和气象局、总参谋部电子对抗部等。

1. 战场地理环境建设

战场地理空间信息是遂行军事行动的基础保障,是实现战场态势感知和战场可视化的空间数据基础设施,是透明数字战场建设的重要内容和先导,也是数字化战争的载体和空间。

战场地理环境建设传统上也叫"战场地理空间信息保障",军事测绘是战场地理空间信息的保障者,其根本任务有两个:一是提供地球上任意点(目标)的空间定位数据;二是提供战区乃至全球的作战地形图。

数字化战场环境建设是信息战争的客观要求,需要战场地理环境建设的内容、方法等方面都要进行改革:从硬备份地图为主的模拟环境向以数字化地理空间信息为主的数字化环境的战略大转移;由过去预储的、单一的静态战场空间信息保障转变为全方位的、多层次的动态保障;不仅参与武器装备系统研制,而且参与作战指挥决策;既强调超前储备,更强调快速实时。现代战场地理空间信息建设的重点有以下两部分:

(1)为数字战场环境建设提供数字化地理空间信息产品。国家空间数据基础设施(National Spatial Data Infrastructure,NSDI)是信息化建设的依托,内容包括空间数据生产使用的协调和管理、分发体系和机构、空间数据交换标准及空间数据框架(大地控制、"4D"产品)等。数字化地理空间信息"4D"产品为:数字正射影像图

6

（DOM）、数字高程模型（DEM）、数字线划地形图（DLG）、数字栅格地形图（DRG），详见图1-2。信息化战争中,对这些产品的范围、精度和现势性都有很高的要求:

① 地理空间数据范围覆盖整个战役战场甚至全球。现代联合战役中,随着远程精确打击和"以信息为中心"作战理论的运用,极大地扩大了战场地幅范围,使空间环境信息的保障任务加重。要求在战争发起前的数年就开始进行战地的测图保障工作,而且要充分利用各种来源的数据,建立基于多源数据的数字地图生产系统,不间断地为数字化战场提供最新数字地图。

② 地理空间数据有足够的精度。高技术战争中精确制导兵器大量运用于战场。精确打击的前题就是必须精确测定目标点的坐标,要求一些打击目标的位置精度必须达到米级甚至厘米级。如美军作战,数字高程数据精度要求全球范围相当于 Level Ⅲ(10m),部分地区相当于 Level Ⅳ(3m)和 Level Ⅴ(1m)。特征数据分辨力数据能包含足够的内容和细节,以满足特殊用户的主要任务需求,如地形分析、可视化和仿真等。

③ 地理空间数据有很强的现势性。战场瞬息万变,只有同时带时间与空间"坐标"的目标信息对作战才是有效的,强调战场信息采集、处理和分发的快速实时性,并直接连接到指挥控制系统和武器平台。先进的卫星、无人机对地观测系统,为保证地理空间数据库的现势性提供了实时性强、分辨力高的图像信息。

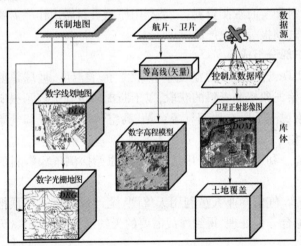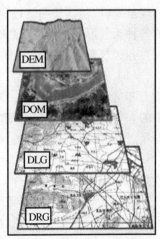

图1-2　数字化地理空间信息"4D"产品

（2）提供较高层次的数字化地理空间信息应用系统产品。这些高层次的数字化地理空间信息应用系统产品有野战三维地形可视化产品、战场虚拟现实产品、分布式获取的数字地图显示导航系统、测绘部队的自动化快速制图系统、定位与精确制导武器系统、指挥自动化地理信息系统等。其中,典型的有以下两个:

① 数字地图显示导航系统。最成功的是"装在匣子里的 NIMA"。1999 年,北约空袭南联盟的军事行动中,美国国家影像与测绘局(NIMA)专门研制了该种计算机化地图保障产品下发参战部队。它能把整个作战地区乃至全球的军用地图压缩后放进笔记本计算机中,能够快速显示和查询地图,并与空中战场指挥、控制与通信系统进行交互,应用于指挥、作战、搜索、救援等。在营救被南联盟军队击落的战斗机飞行员的行动中发挥了重要作用,仅花费 90min 就完成了营救被击落在科索沃西北部地区并被团团包围的一架 F117 战斗机上飞行员的全部过程。

② 定位与武器制导应用。联合直接攻击炸弹采用惯性制导与 GPS 联合制导,弹体内装有微型 GPS 接收机和目标的三维坐标,当炸弹发射后,弹载接收机不断接收 GPS 信号,并与目标坐标比对,实时修正航线,命中精度为 6m,真正成为发射后不用管的智能炸弹;巡航导弹在掠地飞行时,传感器不断摄取前方的地面图像,并实时与预设的路径图像比较、识别及判断,自动进行导航,直到击中目标。巡航导弹获取、处理、应用空间信息的过程十分典型地反映了现代兵器系统对数字空间信息的高度依赖性。

2. 战场气象环境建设

战场气象环境建设通过军事气象保障系统来完成。各国都有一套严密的作战军事气象保障组织体系。军事气象保障的主要任务有两项:一是获取战场区域原始气象资料,包括长期统计资料和实时观测资料;二是利用原始资料做出作战需要的各种天气形势分析、定量天气预报等气象产品。

各级气象保障系统都由三部分组成:

(1)气象探测子系统。实现云图、大气温湿度垂直廓线、海表温度、地球辐射收支和臭氧总含量等实况、原始气象探测资料的获取,以不断提供更新天气预报所需的大气状况实时资料。气象观测手段有地面气象台站、高空气球等常规和气象卫星、气象雷达等非常规的气象手段。

(2)气象信息传输子系统。利用通用或专用信道,实现原始探测气象资料的收集和气象产品的分发;

(3)气象信息处理子系统。气象专业人员利用天气图、统计或数值天气预报等方法对原始气象资料进行综合分析处理,得到作战需要的天气形势分析、定量天气预报等战场气象产品。

气象预报产品主要有两类:形势预报是对未来某时段内各种天气现象的生消、移动和强度变化的预测,主要是气压场和流场的预报;要素预报是对未来某时段内的气温、风、云、能见度、降水、雷电等天气现象的预测。按预报时效分为 5 种:临近预报(0h ~ 2h)、甚短期预报(0h ~ 12h)、短期预报(0h ~ 72h)、中期预报(3 天 ~ 10 天)、长期预报(10 天以上)。

3. 战场电磁环境建设

战场电磁环境是战场信息依存的主要媒介,大部分战场信息的获取、传输及电子对抗都在这个领域内进行。电子对抗(也称"电子战")是信息战的关键部分,已成为现代战争的重要作战手段,作用越来越突出。谁掌握了制电磁权,谁就掌握了制信息权,同时也掌握了战场上的主动权。

战场电磁环境建设的任务就是综合利用天基、空基、地基的电子侦察装备,搜集、截获、分析和识别敌方电磁辐射信号,获取战场上各种电磁信号的特性、属性和分布等情况,建立准确、实时的战场电磁态势,为电子对抗指挥决策提供物质基础。

1.2.3　数字化战场建设的关键技术

构建数字战场需要综合的信息技术和系统,包括:信息获取的观测系统,如侦察卫星和影像判读处理系统;具有存储、分发、共享功能的多维空间和多媒体数据库;能够实时传输战场信息的宽带网;对数据进行分析和虚拟实验的军事地理信息系统;能够应用数字信息的指挥系统、武器系统等信息化武器装备。其中,实时、多源、准确的数字空间框架是建立数字化战场的基础,在此框架内可以融合多方面的战场信息,是推动数字战场发展的重要力量。数字化战场建设有三项支撑技术:

(1) 遥感技术,包括可见光遥感、微波遥感、高光谱遥感、无人机遥感等。

(2) 卫星定位技术,包括 GPS、GLONASS 、Galileo 和我国的"北斗"系统。

(3) 可视化技术,指计算机图形图像、虚拟现实等。它们在夺取信息优势、提高战场认知能力、实施精确作战和增效武器装备方面的作用已被近年来的几场信息化战争所证实。

1.2.4　国内外数字化战场建设概况

1. 国内发展概况

我国于 1984 年立项开展国家基础地理信息数据库建设研究,现在已建成 1:400 万、1:100 万、1:25 万、1:5 万、1:1 万五种比例尺的国家基础地理信息数据库。其中,1994 年,建成全国 1:100 万 DLG 、DEM 和地名数据库,1:400 万 DLG 和试验性重力数据库等;1998 年,建成全国 1:25 万 DLG、DEM 和地名数据库;1999 年,建成七大江河重点防范区 1:1 万 DEM(12.5 米格网)数据库和长江三峡库区 1:5 万 DEM(50 米格网)数据库;2006 年,建成全国 1:5 万 DLG、DEM、DOM、DRG 数据库。

我军军用数字地图的研制工作起步于 20 世纪 80 年代中期,现已初步建立了全国范围的多种比例尺的地图数据库,在军事交通数据、地面影像数据、地面高程模型数据、像素地图数据、海图数据等方面也都完成了大量的研制与生产工作。现在我军广泛开展卫星数字化战场建设计划,测绘卫星、气象卫星、电子侦察卫星、导航定位卫星等已形成装备,并系列化发展。

2. 美军发展概况

美国的数字化战场环境建设走在了世界前列。特别是几场高技术局部战争的实践,美军对信息化战争规律的认识逐渐深入,数字化战场建设已经作为新军事变革的主要内容。20 世纪 70 年代,开始进行数字地图的研制;80 年代,将数字地图生产作为数字化战场环境建设的中心任务(信息作战思想);90 年代初,形成了以宽带网图像传输与配套系列光盘供应相结合的数字地图保障体系;1996 年,组建国家影像与测绘局(NIMA)。

现在,美军已建立了全球性、庞大的地理空间数据库,包括大地控制、数字正射影像、数字高程模型、数字矢量地图在内的多比例尺、多分辨力的地理信息产品体系,并形成了网络传输和光盘传送相结合的地理信息产品分发体系。其产品有:数字高程数据库(DTED),包括 Level 0~5,格网间距分别为 1000m、100m、30m、10m、3m、1m;多分辨力正射影像库(CIB),10m、5m、1m 分辨力为标准产品;基础特征数据库(FFD),包括航空、水文、地形及数字地图产品;目标定位数据库(DPPDB),用于海军、空军、海军航空兵和特种部队的任务规划、导航和目标瞄准等。

1.3 数字化战场可视化

可视化方法在军事上的应用可谓"历史悠久"。广义上说,指挥员使用的地图、态势图、沙盘都是可视化方法。这些方法无论过去还是现在都一直在战争中得到广泛应用,是指挥员把握战场态势、实施作战指挥的基础。随着信息化战争的发展,传统上地图加彩笔的战场态势手工标绘方法,已远远不能满足指挥员掌握现代战争节奏、空间、规模和准确性变化的需求,为此提出了信息化条件下的战场可视化概念。

战场可视化是为便于军事人员认识、分析和理解战场情况,采取信息技术手段对战场以可视化形式进行表达的一种方式。战场可视化通过信息系统来实现,其基础是战场要素的数字化和计算机可视化技术的发展。按照战场的组成要素分类,战场可视化包括战场环境可视化和战场态势可视化两大部分。信息化战争中,战场可视化在作战指挥和模拟训练领域都具有广泛的应用前景。

1.3.1 概念

1. 科学计算可视化

科学计算可视化(Visualization in Scientific Computing)是指运用计算机图形学和图像处理技术,将科学计算过程中及计算结果的数据转换为图形和图像在屏幕上显示出来,并进行交互处理的理论、方法和技术,其核心是三维数据场的可视化。

也可认为,可视化技术是一种计算方法,它将不可见的或抽象的过程或结果转化为形象直观的符号、图形或图像,它可以在人与数据、人与人之间实现图像通信,以利于人们发现、分析、理解和把握所研究对象的总体状态和变化趋势,从而在更深层次上认识事物。

科学计算可视化是 20 世纪 80 年代后期提出并发展起来的一个新兴研究领域。1987 年 2 月,美国国家科学基金会在华盛顿召开了有关科学计算可视化的首次会议,与会者有来自计算机图形学、图像处理以及从事不同领域科学计算的专家,会议指出:科学家们不仅需要分析计算机得出的计算数据,而且需要了解在计算过程中数据的变化,这些都要借助计算机图形学及图像处理技术。会后,国内外纷纷进行科学计算可视化理论、技术和应用的研究,使科学计算可视化成为多年来国际学术会议讨论的热点。目前,科学计算可视化的含义已经大大扩展,它不仅是科学计算/模拟数据的可视化,也包括工程计算、试验、测量等数据的可视化,其应用范围不仅包括医学、气象预报、石油勘探、流体力学等传统领域,而且成为了许多新兴领域必不可少的计算机后端数据处理部分。

实际上,可视化概念的提出除了科学计算大数据量分析需求及计算机技术发展的原因外,还大量依赖于生理学和心理学(特别是认知心理学)的研究成果。生理学和心理学的研究表明,50% 的脑神经细胞与视觉相联,视觉信息是人类最主要的信息来源,人接受外界信息的 70% 以上来自视觉,而承载信息量最大的视觉资料是图像和图形,人脑对图像和图形是采用"并行"机制来处理的,数据可视化可充分利用人类的视觉潜能和脑功能。对于诸如数字、文字和表格之类的视觉材料,其承载的信息呈线状通过人眼进入大脑,限制了人们认知能力的发挥。早在 1966 年,心理学家就发现适当的图形能够使复杂的逻辑判断转换为相对简单的感知判断,从而提高分析、解决问题的能力。

2. 战场可视化

战场可视化(Battlefield Visualization)是数字化战场可视化的缩语,是指通过科学计算可视化、虚拟现实等技术,在战场数字化通信网络的支持下,利用事先建设的数字化战场环境数据和实时获取的战场态势信息,构造的战场态势详图或虚拟战场。实现战场可视化需要有以下几方面的基础:

(1)需要数字化战场建设系统的成果作为基础,为可视化系统提供战场环境信息数据源。战场环境信息包括战场地理环境、战场气象环境、战场电磁环境等信息,其中又以战场地理空间信息最为重要,是整个战场可视化系统的基础。现代战争对这些数据的覆盖范围、精度和现势性都有了很高的要求,既强调快速实时,也强调超前储备,例如,在战争发起前的数年就开始进行战地的测绘制图、气象探测、电子侦察等情报资料的搜集工作。

(2)需要先进的战场探测感知系统的支持,为可视化系统提供战场态势信息。

战场探测感知系统包括专用侦察系统、武器平台系统甚至单兵侦察设备等各级各类战场态势感知系统,战场态势信息包括敌我友军位置、作战企图、作战方案、交战过程等要素。

(3)需要纵横交错的数字化通信网络的支持,实现并确保战场信息的共享和快速传递。保证战场态势感知信息能实时、准确地进入可视化系统,不仅使上级可以了解敌我友的位置、态势、集结、部署、机动、损耗及战果情况,而且所有作战单元甚至单兵也同样可以获得一致的战场详细信息,战场信息共享本身就是一种强有力的武器。

(4)战场可视化实质上是战场信息处理系统的一个子集。通过它提高指挥信息系统的信息处理能力,实现战场的高度透明化和所谓的"驱散了战争的迷雾",可以辅助指挥员及时、准确地获得有效的战场信息,做出正确的决策,指挥"整体部队"一体化的作战行动,极大地提高作战体系的综合战斗能力。图 1-3 为战场可视化在整个作战流程中地位的简化参考模型。

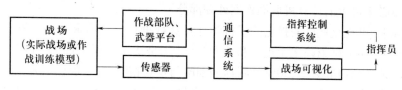

图 1-3 简化的战场可视化参考模型

1.3.2 系统体系结构

战场可视化是作战指挥信息系统的子系统。根据战场的组成要素,战场可视化的对象分为两类:一类是相对静态的战场环境;另一类是动态变化的战场态势。由于两类对象的信息来源渠道和手段不同、可视化表达的技术方法也不同,战场可视化也就分为战场环境可视化和战场态势可视化。技术上可分别实现,具体应用时根据不同需求集成在一起使用,其系统体系结构如图 1-4 所示。

1.3.3 战场环境可视化

战场环境可视化包括战场地理环境、战场气象环境、战场物理场环境等信息的可视化。这些内容的具体实现技术在以后章节中进行详细论述,下面仅讨论战场环境可视化总体设计上需把握的几个问题:

(1)最基本的是战场地理空间环境的可视化。应用上,任何作战都是在一定的战场地理空间中进行,对战场地理空间的分析研究是指挥作战必须首先开展的工作,战场可视化必须首先实现战场地理空间环境的可视化;技术上,战场地理空间环境的可视化是其他战场环境要素可视化叠加显示的基础。因此,战场地理空

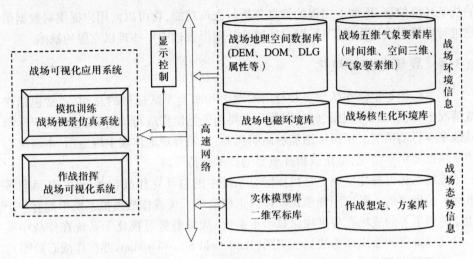

图 1-4 战场可视化系统的体系结构

间环境的可视化是战场环境可视化最基本的内容。

（2）具有二维、三维相结合的战场环境可视化功能。二维可视化对真实战场进行了综合，显示区域广，可以使指挥员从宏观上掌握整个战役战场的全貌情况；三维可视化形象直观，可以使指战员从微观上分析研究战术战场的精确情况。因此，战场环境可视化系统中必须综合 2D/3D 的优点对战场环境进行高效显示。

（3）城市、交通等人文社会环境可视化功能重要。由于世界性的城市化发展趋势，城市作战的特殊性和复杂性，城市环境对军事行动的影响远大于一般地形环境的影响，因此，城市可视化在整个战场环境可视化中占有重要地位，应特别强调系统对城市的空间结构和建筑特点等环境的可视化能力。

（4）具有可选的战场气象环境可视化能力。由于气象条件对军事行动的重要影响和制约作用，指挥员都十分重视掌握战场气象环境信息。战场环境可视化系统可在三维地理环境可视化的基础上选择性地叠加显示气象数据可视化信息，如以箭头表示风力、风向，以不同的颜色表示温度或湿度，用粒子系统模拟雨雪等，同时还应以光照度及背景颜色的变化模拟出白天、黑夜的时间变化。

（5）电磁环境可视化也是一项重要可选内容。一是复杂电磁环境对信息化战争的影响作用越来越大，要求指战员必须掌握战场电磁辐射源、辐射类型和参数、辐射影响范围等复杂电磁环境信息；二是技术上已能够建立雷达、通信等电子装备的较准确的电磁辐射模型，而且可以用形象直观的图形方式表现这些不可见、无形的电磁辐射影响范围信息。因此，战场环境可视化系统需要具备可选的电磁环境可视化功能。

（6）提供战场环境信息分析与查询功能。可视化可以向使用者传达形象直观的战场环境信息,再加上完善的信息分析与查询功能,将可以向用户提供对数据信息进行更深层次挖掘的工具,同时能够弥补图形表达中一些难以克服的缺陷。

1.3.4　战场态势可视化

军事标图是记录军队部署和行动的地图和图上军队标号的总和,通常包括作战情况图、决心图、计划图、经过图等。主要用于标绘作战行动情况,也可用于标绘其他军事行动情况。军事标图能够简明扼要、形象直观地体现上级意图、本级决心和反映重要军事情况,是作战指挥重要的技术支持手段。

战场态势可视化实质上是指挥信息系统中的自动化作战行动标图,是目前军事标图最重要的一种应用和形式。任何指挥信息系统或作战模拟系统中都有一个功能强弱不等的战场态势可视化显示子系统,战场态势可视化子系统在作战中某一时刻或阶段的输出即为战场态势图(Battlefield Situation Map,亦称作战态势图)。

1. 军事标图及分类

(1)军事标图。军事标图的工作包括标绘、注记等内容。标绘是指军队标号的标绘,注记指部队番号和文字注记的标注。其中,军队标号是标示军事情况的图形语言,是队标和队号的总称,简称军标。队标是指标示部队、机构、武器装备、设施和军队行动的图形符号;队号指用以注明队标的代字(汉字)和数字。根据几何描述特征和计算机处理特点,队标可分为点状队标和线状队标,线状队标又进一步分为两点队标、多点队标和箭形队标三类。点状队标用一个坐标点即可定位其位置;两点队标含定位点和方向点,如进攻队形;多点队标按实际范围和比例标绘,如集结地域;箭形队标标示攻击方向等。

需要注意的是,在军事标图中除了标绘指挥所、机场、港口、导弹阵地、雷达阵地等兵力部署军标外,一些与部队或装备部署关联的信息对作战指挥也有重要意义,也需要在态势图上标绘。例如,地面防空部队通常会在主要作战方向或保卫要地分散部署多部型号不同性能各异的警戒雷达、武器装备目标指示雷达等,需要在地图上分别标绘出这些雷达在理想条件下、在电子干扰对抗条件下的合成探测范围,以分析它们的综合部署成效;地空导弹的合成作战责任区、一等线及火力范围;航空兵飞行作战空域(航路、航线、导航点、空中走廊、待战空域)等,这些直观的区、线参数对空防作战指挥具有重要的参考价值。

(2)军事标图分类。按生成方式不同,军事标图分为在纸图基础上的手工标绘和在电子地图基础上的计算机自动、半自动标绘。其中,机助标绘又分专用的军事标图系统和指挥信息系统中的态势标绘显示系统。我军早期军事标图主要为手工标绘,现在基本上是计算机辅助标绘。

按应用领域不同,军事标图分为作战行动标图、人民防空行动标图、非战争军事行动标图、中外联合军事演习标图等。其中,作战行动标图又通常包括作战态势图、兵力机动图、首长决心图、作战行动计划图、后装保障计划图、作战经过图等。作战态势图是标绘敌我双方主要兵力部署、兵器配置、行动结果等情况的图,是军事标图最重要的一类应用,也是指挥信息系统中战场态势可视化分系统主要的研究对象和需表达显示的内容。

2. 战场态势可视化系统的功能分析

战场态势可视化的主要功能就是用形象直观的图形及轨迹曲线、表格等方式表示交战各方的作战情况,以辅助指挥员对战场情况的实时准确把握。由于战场态势可视化的不同应用会导致关注重点、二维或三维显示、情报表示的粒度等方面的不同,因此,战场态势可视化系统的设计要针对不同用途和特点区别对待,有所侧重,既要注意功能的完备性,又要注意实用性,以达到最佳的应用效果。

分析作战指挥特点、作战态势显示应用情况及当前技术发展水平,可以总结出战场态势可视化的几点共性需求:

(1) 具有作战想定、企图预案等可视化的功能。系统能够通过自动或手动方式依据作战想定或实际作战部署标绘形成初始态势。初始态势是战争或作战模拟推演的初始条件和起点,在此基础上可以进行作战方案的研讨,并根据实际交战过程情报或作战模拟推演信息进一步标绘作战过程(阶段)态势图,以进行作战指挥并记录战争某一时刻或阶段的真实情况。

(2) 具有二维、三维结合的战场态势显示功能。二维态势是在二维电子地图的基础上叠加实时、动态变化的军队标号以及轨迹曲线、表格等军事情报信息形成,二维态势图通常包括整个战区范围,注重全局性地掌握双方交战的情况;三维态势通过在真实感三维地形上叠加各种武器平台实体模型及实体间交互信息的方式实现,通常用于逼真地显示战术或感兴趣的局部战场区域情况,在武器操纵类模拟训练系统中,三维态势作用更加突出,此时,二维态势主要起导航的作用。实际的指挥信息系统中,二维态势显示是必须的,而三维态势显示往往是可选的。

(3) 具有综合多种手段全面、准确、及时地反映战场态势变化的功能。这些手段包括:军标动画(即态势演播,以动画的方式动态地模拟军事行动和作战的进展情况)、实体运动轨迹和参数变化曲线等图形方式;作战行动效果、当前双方的实力和战损情况(人员、装备)统计表格方式;关键事件报告、作战时间等文字方式;热点区域三维场景显示等。

各种表现形式所显示出来的战场态势信息是取长补短的。数字表格具有数据量大、信息丰富、数据准确、实时刷新的特点,但其缺点是不够直观,不能清晰地展示其变化过程;按颜色区分的军标与轨迹显示在电子地图上可以直观地表示运动实体的位置、航向和目标捕获情况,能够给人感性化的认识,但参数的准确性欠佳;统计图形或曲线则清楚地显示出人们感兴趣的目标参数的变化过程。轨迹与曲线恰好弥补了数表显示的不足。例如,空间态势系统中,红、蓝、绿各方航天器的轨道参数与传感器战技指标参数表格显示、航天器实体军标与航迹的图形显示、航天器对目标侦察监视时间和次数统计图形显示三者间就有很大的互补性。

但特别需要注意多种表现形式之间的一致性,即多种表现形式所表达的意义之间是不矛盾的。具体工程中,可以采用共同事件驱动技术及多屏显示、动态开窗口、静态切分窗口(如三切分窗口,分别显示运动实体的数表、曲线以及电子地图上的轨迹)、状态栏显示关键事件(如导弹发射,雷达、机场被毁伤)等技术来实现一对多的视图显示,达到理想的表现效果。

(4)具有态势信息分层分类控制的功能。分层分类控制可以显示诸军兵种协同作战行动的综合态势,也可单独显示某一军兵种甚至战术单元的情况,并随意组合叠加,以满足不同层次和不同内容战场态势掌握的需要。分层分类控制也能对战场信息进行"过滤",控制同时展现在用户面前信息的总量。例如,空间态势显示中,若将世界二维或三维地图、各类航天器、恒星和空间碎片、各种地面站、点或面状目标、航天器轨道、航天器星下点轨迹、航天器(侦察、通信、导航)覆盖范围、地面站作用范围等全部空间战场信息显示在态势图上,将是复杂、混乱和不可用的,必须针对作战时段、关注的敌我对象进行分层和分类的组合控制显示。

实际工程中,按使用对象级别不同,军事标图按战役、战术级别作战指挥分别实现,两者间的主要区别是军事信息显示的范围和粗细不同,包括地理信息的区域和精度不同、军事情报信息融合的粗细不同,如防空作战中,战役级军事标图就不关注具体每一批战机的信息,而将一个方向或一个机群情况聚合为一个整体情报。

(5)具有图上作业分析和信息查询功能。图上作业分析是指具有军事意义的空间信息量算和分析,如坐标(作战方格、经纬度)量算、高程测量、距离量算、面积量算、网络分析、三维通视分析等。

信息查询主要包括态势图上军标和军事目标数据库间、实体轨迹和数表间的联动查询的两类。通过点击态势图上部队或武器装备军标,可实时从军事目标数据库中查询出战技性能指标、作战方式及特点等信息。

军事目标数据库通常存储交战双方的作战部队编成、武器装备性能等数据。其中,部队作战编成数据指部队平时基础建制的数据,包括各级机构组成、人员武器配备等;武器装备性能数据是指各种作战武器及装备的性能参数,包括作战性能(射击反应时间、射击方式、射击范围、弹丸或导弹的飞行时间、命中和毁伤概率等)、机动性能(机动方式、越野越障能力、最大行程等)、防护能力(有无装甲、装甲等级、三防能力)、电子装备性能(电台、雷达、光电设备、侦察与干扰装备)等。军事目标数据库是作战指挥中重要的"知己知彼"手段,也是作战模拟中军事模型推演运算的基础。

(6)具有作战态势信息交换的功能。作战态势信息交换可以在上下级和军兵种各级指挥所间进行。态势信息交换有实时态势信息交换和态势文件交换两者基本方式,实时交换是在联网的状态下进行的异地协同态势标绘和编辑(如三军联合标图），文件交换是指生成标准态势交换格式文件后以文电的方式进行收发（如方案上报或指示下达）。

（7）具有接口规范和用户交互界面友好的功能。战场态势可视化系统总是与指挥信息系统或作战模拟系统紧密相联，是战场情况的全面映射，也是指挥员与战场间交互的界面。一方面，它将来自不同战场区域、自然环境或态势感知情报信息、有形或无形（境界、作用区域）等战场信息转化为容易理解的图形或符号；另一方面，接收来自指挥员的命令并将之传达到战场，从而影响战争的进程。

1.3.5　意义及应用领域

1. 战场可视化的意义

作战行动需要全面、准确地掌握战场信息，战场可视化系统就是指战员与战场进行交互和了解战场信息的理想界面，它将可见的或不可见的战场信息转化为形象、直观的符号、图形或图像，是整个战场的完善映射，可准确呈现战场态势信息，为军事人员提供了极佳的战场态势感知和对战场信息进行深层次挖掘的工具，对取得信息优势具有重大意义。

在战场信息可视化对决策和遂行军事行动的价值方面，美军认为：当信息被放在能直接感知的、现实的环境中时，人们的观察力和想象力会得到提高，信息会更加有用和有效。以影像和地理空间信息为基础显示各种战场信息，将使决策变得相对容易，能调动决策者正常的观察能力和空间推理能力，尤其是对大量信息的综合、理解、分析和判断能力。信息可视化一直是军事胜利和高层决策的基石，可视化不仅仅是可视能力，还是理解能力、预算能力、概念形成能力的表示，把行动和决定可视化，是影响事物发展进程的必要步骤。一个分布式的、庞大而有序的可视化系统，能起到综合情报和其他数据的作用，可为各级指挥员甚至士兵提供一个通用作战图像。

2. 战场可视化的应用领域

目前，战场可视化已经成为现代战场的重要技术手段，世界许多国家对发展战场可视化系统极为重视。战场可视化理论与技术被广泛应用于不同层次、不同类型的指挥信息系统和作战模拟训练系统中。

美军将战场可视化作为未来战争中获取信息优势的核心之一，投巨资开展相关研究和开发，先后建成佐治亚州贝宁堡的城市地区军事行动仿真数据库、华盛顿亚基马陆军训练中心的地形仿真数据库以及用于管理整个国防部地形数据的地形资源仓库。美国海军研究中心研制的"龙（Dragon）"战场可视化系统，利用了可视化技术及虚拟现实研究的最新成果，建立了一个综合战场信息获取与传输、分析与查询、作战态势显示和指挥控制为一体的指挥信息系统，大大提高指挥员对战场信息的认知、分析能力，提高了作战指挥的效能。系统的研制充分了展示战场可视化系统的概念、关键技术和实现途径,并在若干次演习中得到应用,取得了良好的效果。图1-5为该系统生成的战场态势图。

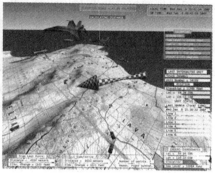

图1-5 "Dragon"战场可视化生成的战场态势图

在作战模拟训练系统中,利用战场可视化功能可进行真实感极强的战场勘察、武器操纵、现地指挥等训练,作战推演过程也可在战场态势图上实时、准确地表示出来,以进行战术评估论证。这种方法代替沙盘和地图上的"图上作业"或"兵棋推演",增加了身临其境的感觉,可充分调动参训者的主观能动性,提高作战模拟训练的效果。

1.4　战场视景仿真

战场视景仿真与战场可视化是两个概念相近的术语,但两者间又有一定的区别,有必要将两者加以解释和澄清。

1.4.1　战场视景仿真相关概念

1. 建模与仿真

对一个系统的仿真涉及三个概念:建模、模型、模拟仿真,这三个概念密切联系,但并不等同。建模(Modeling)指的是对所要模拟的对象特征进行抽象提取的过程;模型(Models)是对模拟对象主要本质特征的描述,是模拟仿真的核心;模拟仿真(Simulation)则是模型运行试验的过程。

现在一般都采用计算机建立模型和进行模拟,这就是现代计算机模拟仿真(也称数学仿真),它是指借助计算机建立真实系统或设计中系统的模型,通过系统模型的运行试验,以达到分析、研究与设计系统的目的。

建模仿真理论与技术的应用领域非常广泛,特别是已经成为了复杂大系统研究和产品系统设计的重要支持手段,下面介绍的计算机作战模拟即是建模仿真理

18

论与技术在作战领域中的具体应用。

2. 作战模拟

（1）概念。作战模拟（Warfare Simulation 或 War Gaming）是泛指军事训练领域一切对作战行动的类比和模仿。如沙盘（图上）作业、兵棋推演、实兵演习、计算机模拟演习等都是在军事训练领域的作战模拟。作战模拟的实质是：通过作战模拟过程，可以在不造成破坏性后果的情况下对战争进行分析，然后用于去指导战争。美国国防部对作战模拟的定义是："作战模拟……是对在实际的或假想的环境下，按照所设计的规则、数据和过程行动的两支或多支部队进行对抗的模拟。"通过定义的分析，可以认为作战模拟有四个特点：一是任何一种作战模拟都是对军事行动的模拟；二是有两支或两支以上对抗力量作为模拟的对象；三是按照与军事理论和军事经验相符合的数据、规则和程序模拟军事行动；四是所模拟的军事行动是事实上已经存在或在一定条件下可能存在的作战行动。

计算机作战模拟是指充分利用信息技术的发展，以战场环境、作战部队结构、武器装备效能、作战原则的数学模型为基础，在计算机上进行战争推演的作战模拟方法。这是现代作战模拟采用的主要方法和手段。

（2）分类。从军事应用的角度来看，一般可以将作战模拟划分为两大类型：作战评估与训练模拟。作战评估，是指采用军事运筹的基本理论和方法，建立相应的作战模型、武器平台模型和环境模型，利用计算机进行模拟仿真，对作战方案进行评估比较，找出作战方案的问题，研究作战的基本对策。这种类型模拟的重点集中在模型的准确性上面，围绕着所要进行评估的作战方案不断反复地进行模拟推演，力求模型运行结果可靠、接近实际；训练模拟与作战评估模拟有很多相似之处，也是通过建立各类模型来模拟各类作战行动及其效果，但它的重点不在对作战方案进行评估上，而是对高层指挥者、作战指挥官和士兵等不同层次参战人员进行决策分析、组织指挥和武器操纵等不同种类的能力训练，使得他们能够在战场上正确地处置各种不同的情况，其模拟训练工具主要分为作战推演模拟系统、虚拟模拟系统（也称模拟器，Simulators）、现场模拟三类。

3. 战场环境仿真

（1）概念。战场环境仿真（Battlefield Environment Simulation）是指利用仿真理论与技术建立起的一个满足作战训练科目需要的、数字化的、可交互的战场环境模型，即营造一个贴近实战的训练环境，使得各类受训人员能够在此环境中得到恰如其分的训练。它是现代作战模拟的一项重要研究内容和组成部分，是培养指战员战场认知能力的重要条件。

（2）分类。根据战场环境仿真在作战模拟中的用途，将其区分为数据仿真和感知仿真两种描述方式。

数据仿真主要用于仿真对抗和作战评估，就是将基本的战场环境数据转化成计算机能够识别的战场环境模型,此时,战场环境数据是提供给计算机"认识"战场使用。

感知仿真主要是针对指挥作业和训练模拟,就是将基本的战场环境数据通过可视化和虚拟现实技术转化成战场视景、战场声效等要素,指挥员通过这样的界面来感知战场环境,达到辅助现地勘察、掌握态势和辅助决策等目的,这种"战场感知化"的结果是提供给人脑认识战场使用。

战场环境的数据仿真和感知仿真都是以数字化战场环境(如数字高程模型DEM、数值化气象环境模型、数字化电磁环境模型等)为基础,在实际应用中,这两种仿真描述方式互为作用,根据模型驱动而改变的数据仿真通过感知化展现给参训人员,而参训人员通过人机交互可以改变数据仿真的结果。图1-6表述了战场环境仿真两种描述方式之间的关系。

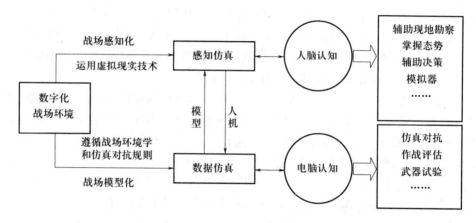

图1-6 战场环境仿真的两种描述方式

4. 虚拟战场环境

虚拟战场环境(Virtual Battlefield Environment)就是在战场环境时空信息数字化的基础上,利用虚拟现实技术模拟出可感知的、可度量的、直观逼真的虚拟作战环境,用于辅助军事人员认识战场和分析战场。其内容包括对战场环境的视觉、听觉、触觉等多种感觉通道的仿真,实现亲临战场的感觉。

战场视觉仿真通常也称"战场视景仿真"或"战场可视化",是感知仿真中的一种主要形式,是将战场环境中的要素以三维立体的或二维的图形图像表达出来;战场听觉仿真是指通过对战场中各作战单元声音(音效、音量和音位)的模拟来营造战场气氛;战场触觉仿真是指通过对人机交互设备的操作来实现人与环境的交流,是使参训人员产生临场感的重要手段。

同普通虚拟现实系统一样,虚拟战场环境也需要具备三个基本特征:交互性(Interaction)、沉浸感(Immersion)和想象力(Imagination)。

20

（1）交互特征是指系统具有对人机交互作出响应的能力。衡量这种能力的标准是系统处理和显示环境图像的刷新率（帧/秒），刷新率越高，表明系统对交互作出的响应越快，当交互响应达到实时，在视觉上就表现为场景随交互过程而连续平滑地变化，当交互响应存在延时，在视觉上就表现为场景的停滞和抖动变化。由于战场环境的复杂庞大，故战场场景的实时生成和显示已成为衡量虚拟战场环境系统优劣的重要技术指标。

（2）沉浸特征是指系统高逼真的声像效果，使用户产生置身于虚拟战场中的感觉。生成具有生理视差的立体视觉效果场景（双目立体视觉）和实现喧嚣的战场音响是产生"沉浸感"的关键因素。

（3）想象特性是指虚拟战场环境高超的创意可以引发参训者心灵上的震撼。这种想象力体现在人机界面的构想、场景表达的构想以及是否提供对战场环境的再创建手段等方面。

虚拟战场环境是一种高级的战场环境仿真，其主要特点是"可进入"。通过展现真实感极强的战场景观，使我们可以从计算机的显示器上"走进"虚拟战场，真实、生动地扫视战场全貌或勘察战场的每一个角落，既可以看到山峦沟壑，也可以感受到战火纷飞、硝烟弥漫。与传统的通过地图、实物沙盘或影像资料等来了解战场的认知方式相比，在虚拟战场环境系统中参训人员不是被动地观察人工环境，而是可以主动地在逼真的环境中进行交互，从而大大地提高战场认知的效率。

1.4.2 与战场可视化间的关系

从上述相关定义可以看出，"战场视景仿真"与"战场可视化"两个概念间有很多相近之处：目标一致，都是将战场环境以形象直观的方式表示出来；基本理论相同，本质上都是模拟仿真；数据基础相同，都是战场环境的数字化模型；技术手段相近，核心都是计算机可视化技术等。通常情况两个概念不需要严格区分，但细微处两者也有不同：

（1）应用领域不同称谓不同。在作战模拟领域，特别是武器平台模拟器系统中通常称"战场视景仿真"；而在指挥信息系统中通常称"战场可视化"。

（2）应用要求不同。战场视景仿真追求的是战场视觉感知的真实性，而战场可视化追求的是对战场空间信息的完整描述。战场可视化是战场真实视景与情报信息符号化表达的结合，战场中一些大量不可见、无形的重要信息，如境界、雷达探测范围等，必须在战场可视化中通过符号化的方法描述出来。

（3）数据源可能不同。根据不同的训练目的，战场视景仿真的数据源可以是模拟生成的战场环境数据；但指挥信息系统中战场可视化的数据一般都是某地区真实的战场环境数据。

参 考 文 献

［1］ 廖学军.虚拟战场环境应用理论与技术研究[D].北京:装备指挥技术学院,2004.

［2］ 高俊.数字化战场的基础建设[M].北京:解放军出版社,2004.

［3］ 中国人民解放军总参谋部军训和兵种部.联合作战概论(军内发行).2008.

［4］ 中国人民解放军军事科学院.中国人民解放军军语[M].北京:军事科学出版社,1997.

［5］ 胡晓峰,金伟新,崔同生等.美军训练模拟[M].北京:国防大学出版社,2001.

第2章 战场可视化软硬件平台

战场可视化软硬件平台是支持战场可视化系统设计、开发、运行的物理与信息环境,可分为硬件支撑平台与软件支撑平台两部分。硬件支撑平台主要包括输入分系统、计算机分系统、显示分系统和网络分系统等。软件支撑平台包含三个层次:图形绘制应用编程接口(Application Programming Interface,API)、战场可视化系统开发引擎和战场可视化软件平台,如图2-1所示。

本章分别阐述了软硬件平台的构成、要素和基本原理,并以一个典型的运行环境示例说明了战场可视化系统软硬件平台。

2.1 战场可视化硬件平台

战场可视化硬件系统组成中,输入分系统实现设备、地形、地物等的几何、属性、交互信息的采集、输入。计算机分系统是整个战场可视化系统的核心,作为图形处理节点,要满足实时战场可视化的计算需求,计算机分系统应当具有很强的图形处理能力,各类专业图形加速卡是实现高性能图形绘制的关键器件。显示分系统包括各种投影、显示设备和显示辅助设备等。网络分系统实现各图形处理结点的数据通信。下面重点阐述图形显示卡和显示分系统的基本原理、分类、主要产品等。

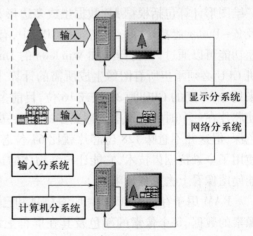

图2-1 数字战场可视化硬件系统组成

2.1.1 图形加速卡

对于大范围、复杂战场场景的可视化,为了实现真实效果,诸如草丛、树叶、服饰等细节均需独立渲染,它们由大量多边形组成,如果没有专门部件来执行上述渲染操作,主机CPU将无法承担如此大的工作负荷。图形加速卡即是为此而设计的。图形加速卡是连接主机与显示设备的接口卡,其作用是将主机的输出信息转换成字符、图形和颜色等信息,传送到显示设备上显示。图形加速卡

23

拥有自身的图形函数加速器和缓存,用来执行图形加速任务,可以大大减少 CPU 的图形处理工作。如画圆,如果单单让 CPU 做这个工作,它需考虑需要多少个像素来实现,还需考虑用什么颜色,但是如果图形加速卡芯片具有画圆这个函数,CPU 只需告诉它"给我画个圆",剩下的工作就由加速卡来进行,这样 CPU 就可以执行其他更多的任务,从而提高了计算机的整体性能。实际上,现在的显示器适配卡(显卡)都已经是图形加速卡,下面将从战场可视化场景渲染角度,介绍显卡的结构组成、性能参数。

1. 结构组成

如图 2－2 所示,一块显卡基本上都是由图形处理单元(Graphic Process Unit, GPU)、显示缓存(简称显存,Random Access Memory, RAM)、基本输入输出系统(Basic Input Output System, BIOS)、RAM 数字模拟转换器(RAM Digital-to-Analog Converter, RAMDAC)、显卡接口等组成。

图 2－2　配有 GeForce8800GT GPU 的影驰显卡

GPU 是显卡的核心部件,是专为执行复杂的数学和几何计算而设计的,负责大量的图像数据运算和内部的控制工作。GPU 是否强大,直接影响显卡的图像加速性能。某些最快速的 GPU 具有的晶体管数甚至超过了普通 CPU。它所负责的三维图形计算包括根据 3D 数据生成多边形、进行贴图/渲染/光照/雾化等计算以及 Z－Buffer 遮挡计算。在先进的 GPU 中,有多条流水线进行 3D 处理。GPU 的加速功能可以通过 API 打开(如 Windows 的 DirectX),若图形加速功能未打开,则主机 CPU 必须承担所有图像生成所需的计算。GPU 可以通过它们的数据传输带宽来划分,早期的 GPU 为 32 位或 16 位,目前多为 64 位或 128 位。更大的带宽可以使芯片在一个时钟周期中处理更多的信息,更大的带宽带来的是更高的解析度和色深,但这并不意味 128 位芯片就比 64 位芯片快 2 倍。为了提高图像质量,GPU 使用了全景抗锯齿技术,它能让三维物体的边缘变得平滑,以及各向异性过滤,它能使图像看上去更加清晰。

RAM 用于存储 GPU 计算所需信息和已计算完成的图像,它存储了有关每个像素的数据、每个像素的颜色及其在屏幕上的位置。有一部分 RAM 还可以起到帧缓冲器的作用,这意味着它将保存已完成的图像,直到显示它们。通常,显卡 RAM 以非常高的速度运行,且采取双端口设计,这意味着系统可以同时对其进行读取和写入操作。

BIOS 存储了显卡的设置以及在启动时对内存、输入和输出执行诊断,从而实现对 GPU 的运行控制。著名显卡厂商都提供显卡 BIOS 数据和升级程序。

RAMDAC 的作用是将显存中存储的数字信息转换为模拟信号使显示器能够显示图像。RAMDAC 的另一个重要作用就是提供显卡能够达到的刷新率,它也影响显卡所输出的图像质量。目前,大多数显卡都将 RAMDAC 集成到了主芯片。有些显卡具有多个 RAMDAC,这可以提高性能及支持多台监视器。

加速卡处理图像数据的过程就是 CPU 将有关作图的指令和数据通过总线传送给显卡;然后,GPU 根据 CPU 的要求,完成内部图像处理,并将最终图像数据保存在显存中;最终数字图像信息通过 RAMDAC 转换成模拟信号输出,或直接以数字信号输出。

2. 性能参数

常见的显卡参数可分为三部分:显示核心、显存颗粒和印制电路板。

(1)显示核心。显示核心即上文所述 GPU,GPU 对一张显卡的性能好坏起着决定性的作用。显示核心的参数包括芯片厂商、代号、型号、架构、频率。下面对核心架构等重点参数进行介绍。

核心架构包含了能够体现 GPU 的核心性能的一些设计要素,如顶点着色器、像素渲染管线。GPU 的顶点着色器(Vertex Shader)完成 3D 图形的构建任务,即描绘图形、建立几何模型。每个顶点将对 3D 图形的各种数据清楚地定义,其中包括顶点坐标,顶点可能包含的颜色、最初的径路、材质、法向特征等数据。Vertex Shader 数目越多就能更快地处理几何图形。GPU 的像素渲染管线,是核心架构的另一重要参数。它可以理解为一幅 3D 图形的上色过程,其内容包括像素着色器(Pixel Shader)、纹理单元(TMU)与光栅化引擎(ROP)。Pixel Shader 完成像素处理,TMU 负责纹理渲染,而 ROP 则负责像素的最终输出,因此,一条传统的像素渲染管线意味着在一个时钟周期完成一个 Pixel Shader 运算,输出一个纹理和一个像素。像素渲染单元、纹理单元和 ROP 的比例通常为 1:1:1,但是也不确定,如在 ATi 的 RV580 架构中,其像素渲染管线就基于 1:3 的黄金渲染架构,每条像素渲染管线都有着三个像素着色器,因此,一块 X1900XT 显卡中,具有 48 个像素渲染单元,16 个 TMU 和 16 个 ROP。在传统显卡核心架构中,像素渲染管线的数量是决定显示芯片性能的重要参数之一,在相同显卡核心频率下,更多的渲染管线也就意味着更大的像素填充率和纹理填充率。目前,许多独立渲染的战场地物,如草木、服饰、烟雾由大量多边形组成,对顶点渲染操作的需求很大,而相对来说并不需要太多的像素渲染操作,这样便会出现 Pixel Shader 被闲置而 Vertex Shader 却处于不堪重荷的状态。统一渲染架构有助于减少 Vertex Shader 的闲置,提高 GPU 的利用率。统一渲染架构将 Vertex Shader、Pixel Shader 以及 DirectX 10 新引入的 Geometry Shader 进行统一封装。此时,GPU 将不开辟独立的管线,而是所有的运算单元都可以任意处理任何一种渲染运算。这使得 GPU 的利用率更加高,避免了传统架构中因资源分配不合理引起的资源浪费现象。这种运算单元就是统一渲染单元(Unified

Shader)。大体上说,Unified Shader 数目越多,显卡的 3D 渲染能力就越强。因此, Unified Shader 的数目已成为判断显卡性能的重要标准。

显示核心的工作频率在一定程度上反映出核心的运行性能,就像 CPU 的运行频率一样。在相同核心架构的前提下,核心频率越高的显卡运行性能越好。 nVIDIA 在 8 系列显卡中,提出了核心频率与 Shader 频率异步的概念。由于 DirectX 10 采用了统一渲染架构,核心渲染频率就是其 Unified Shader 的运行频率,通常,核心频率和 Shader 频率的比值为 1:2。而在显示核心中,Unified Shader 以外的工作单元,如 texture 单元和负责最终输出的 ROP 单元还是受到核心频率的影响。 ATi 的 Radeon HD 2000 系列和 NV 的 8 系列不同,ATi 依然沿用了核心频率同步的工作方式,因此,Radeon HD 2000 系列核心频率的高低,对一张显卡 3D 性能仍然起到了至关重要的作用。

3D API 是指显卡与应用程序直接的接口。程序员只需要编写符合 API 接口的程序代码,就可以充分发挥显卡的功能而不必再去了解硬件的具体性能和参数,这样就大大简化了程序开发的效率。目前,主要应用的 3D API 有 DirectX 和 OpenGL。关于 DirectX 和 OpenGL,在下文会详细介绍。

RAMDAC 频率以 MHz 表示,它决定了刷新频率的高低。其值越高,表示其工作速度越高,则显示器高分辨力时的画面质量越好。该数值决定了在足够的显存下,显卡最高支持的分辨力和刷新率。如果要在 1024×768 的分辨力下达到 85Hz 的刷新率,RAMDAC 的速率至少是 $1024 \times 768 \times 85 \times 1.344$(折算系数)$\div 10^6 \approx$ 90MHz。目前,主流的显卡 RAMDAC 都能达到 350MHz 和 400MHz,足以满足和超过目前大多数显示器所能提供的分辨力和刷新率。

(2)显存颗粒。正如主机内存对于 CPU 的作用,显存之于 GPU 的作用同样重要。显存颗粒的常见参数包括封装、类型、位宽、速度、频率、容量。

显存封装是指显存颗粒采用的封装技术类型,封装的目的就是避免显存芯片与空气中的杂质和具有腐蚀性的气体接触,防止外界对芯片的损害,进而造成显存性能的下降。不同的封装技术在制造工序和工艺方面差异很大,封装后对显存芯片自身性能的发挥也起到至关重要的作用。常见的封装类型有薄型小尺寸封装 (Thin Small Out – Line Package,TSOP)和微型球闸阵列封装(Micro Ball Grid Array, MBGA,又称 Fine – pitch Ball Grid Array,FBGA)。其中 TSOP 封装类型封装的显存,两侧的脚针裸露在外,形状一般呈长方形。TSOP 封装现在的制造工艺比较成熟,可靠性也比较高。同时,这类封装显存具有成品率高、价格便宜等优势。对比 TSOP 封装类型的显存,MBGA 封装类型的在功耗方面有所增加,但其采用的可控塌陷芯片焊接方法使得产品有着更佳的电气性能。同时,由于这类显存在厚度和质量上都比 TSOP 封装有所改善,因此产品的附加参数减少、信号传输延迟也更小,产品的工作频率及超频性能都有了显著的提高。MBGA 封装的特征为看不到针脚,形状亦没有 TSOP 封装类型那么长。目前,我们见到的显存颗粒都是使用这种 MBGA 的封装类型。

显存位宽是显存在一个时钟周期内所能传送数据的位数,位数越大则瞬间所能传输的数据量越大。常见的显存位宽有 64bit、128bit、256bit、320bit 和 512bit,从显存位宽也可以判断显卡的级别,通常来说,显存位宽越高的显卡级别越高。而显卡的显存位宽,一般是由显卡核心的显存位宽控制器决定的,因此就算搭配了 8 颗 16M×32bit 的 GDDR3 显存颗粒的 GeForce 8600GTS 显卡,其显存位宽也仅是 128bit,这是因为 GeForce 8600GTS 的核心已经规定了显存位宽的规格为 128bit。

显存容量当然即指存储的数据量的大小,显存容量越大,所能存储的数据就越多。需要指出的是,并不是所有的显卡,显存容量越大就越好,现在有许多中低端显卡,如 GeForce 8500GT、GeForce 7300GT 都配备了 512MB 的显存容量,其实这对中低端显卡的性能是没有任何影响的。打一个简单的比喻,拿一个水桶到一个湖里打水,打到多少的水不取决于这个湖的水量有多大,而是取决于水桶有多大,即显存传输率的大小。显存传输率是由显存位宽决定的。

显存速度一般以纳秒(ns)为单位,越小表示显存的速度越快,显存的性能越好。在显卡参数表中,常见如 DDR3:1.4ns 这类表示,这里的 DDR3 表示的是显存类型,而后面的 1.4ns 表示的即为显存速度,现在常见的显存类型中,GDDR2 显存速度由 2.0ns~4.0ns,GDDR3 显存速度由 0.8ns~2.0ns,而目前最新的 GDDR4 技术,显存速度则由 0.9ns 开始起跳。

显存频率亦为最常见的显卡参数之一,它一定程度上反应着该显存的速度,以兆赫兹(MHz)为单位。DDR 显存的理论工作频率计算公式是:显存理论工作频率(MHz)=1000/显存速度×2。

(3)印制电路板。印制电路板(Printed Circuit Block,PCB)是显卡的载体。所有的显卡元件都被焊在 PCB 板上,PCB 板的好坏,直接决定着显卡电气性能的好坏和稳定。PCB 板参数包括 PCB 层数、接口、供电位、散热器。

PCB 层一般可分为信号层(Signal)、电源层(Power)或是地线层(Ground)。每一层 PCB 板上的电路是相互独立的。常见的 PCB 板一般都是采用 4 层、6 层或 8 层板路设计,总体来说,PCB 板层数越多,显卡的电气性越佳,显卡的性能、体质也越好,而价格成本也更为昂贵。PCB 板的层数一般要依靠显卡厂商提供的信息,如 nVIDIA 的 Model P403/P402/P401 分别为 4 层、6 层、8 层 PCB 板。

目前,AGP 显卡接口基本已经被淘汰。最为主流的是 PCI-Express X16 接口。最新的显卡接口为 PCI-Express2.0,支持这个规范的显卡亦已经在酝酿中。

现在最为常见的视频输出接口有视频图形阵列接口(Video Graphics Array,VGA)、数字视频接口(Digital Visual Interface,DVI)、二分量视频接口(Separate Video,S-VIDEO)、高清晰多媒体接口(High Definition Multimedia Interface,HD-

MI）。VGA 接口的作用是将模拟信号输出到 CRT 或者 LCD 显示器中,是目前主流的输出接口之一。DVI 接口的视频信号无需经过转换,信号无衰减或失真,是目前主流的输出接口之一。S–VIDEO 一般采用五线接头,它是用来将亮度和色度分离输出的设备,主要功能是为了克服视频节目复合输出时的亮度跟色度的互相干扰。HDMI 是基于 DVI 制定的,可以看作是 DVI 的强化与延伸,两者可以兼容。HDMI 可以看作是强化的 DVI 接口和多声道音频的结合。

目前,显卡的频率越来越高,对显卡的电压供电要求也越来越高,因此,常见的多为核心/显存分开独立供电的设计。而有些高端或运行频率较高的显卡,核心更是采用了两相或多相供电的设计,每相供电分别由电容元件、MOS 管与电感组成。而由于 PCI–Express X16 接口目前所能提供最大的功率为 71W 左右,因此,不少高端显卡还需要外接 4pin(针)或 6pin 电源来维持供电,在 ATi 的 Radeon HD 2900XT 显卡中,更提供了 6pin+8pin 的外接电源接口,功耗非常之大。

显卡散热装置的好坏也影响到一张显卡的运行稳定性,高端的显卡大多采用了涡轮式风冷散热系统,配合热管或铜底来进行散热。常见的散热装置有风冷散热、被动式散热和水冷散热。风冷散热即在散热片上加装了风扇,帮助显卡提高散热效能,目前采用最广泛的就是这种散热方式。被动式散热则是在显卡核心上安装铝合金或铜合金,通过被动的方式来进行散热,这类散热系统由于没有多余的噪声产生,因此,大量被应用到高清显卡中。液冷散热则是通过热管液体把 GPU 和水泵相连,一般在顶级显卡中采用,如丽台 8800Ultra 液冷版。

2.1.2 图形显示设备

显卡输出的图文数据,需要提交给显示设备显示。因此,显示设备也是影响可视化战场效果的主要因素之一。显示设备总体上是向大信息量、平板化、彩色化、低压、微功耗、实时显示化方向发展。由于显示器件种类繁多,各具特色,所以它们各自发展目标不同,它们各自有其不同的发生、发展轨迹,各自有其不同的用途、领域。限于篇幅,本节只对视景显示常用的一些技术进行介绍。

1. 平面显示设备

(1)阴极射线管。阴极射线管(Cathode Ray Tube,CRT),是历史最悠久的显示器。其特殊的性能和成熟的制造工艺使它一直是显示技术中的主流产品。在可预见的未来,还没有任何一种显示器件可以全面取代它。它可以用模拟方式驱动,在数字电路全面取代模拟电路以前,这一优势不会丧失。它的显示效果极佳,工艺成熟,质量可靠。近年来,CRT 通过不断地自我更新,从不同角度克服了自身的一些弱点,质量、性能不断提高,使自身的缺点不断被克服,其发展主要体现在以下几方面。第一,提高分辨力,即减小像素尺寸。减小像素间距目前主要是通过细束电子枪、小孔距阴罩板实现的,也有用穿透型方法实现的。第二,小型化和大型化。

为了适应不同用途,目前制造3英寸(1英寸=25.4mm)、3.5英寸高清晰彩色CRT已不成问题。为了适应构建真实感大场景的需要,52英寸甚至更大尺寸的大屏幕彩色CRT也都已经商品化。第三,平面化。为了克服CRT空间体积大的缺陷,发展平面化的CRT也是一个方向。它采用电子束弯曲技术使器件做成一个扁平盒状。使用这种平板化CRT制作的电视机也已上市。第四,提高内在质量。除以上几项发展方向外,CRT还从其他各方面设法改进内在质量。例如,减少反光、炫光的黑色屏幕,提高图像反差的黑色条纹,减小画面失真,增加视角的平面方角、超平面方角,采用纯平面屏幕等。正是CRT本身的不断更新、发展、提高,才使其至今仍在军事应用领域占据主要市场。

(2)液晶显示器。自20世纪70年代起,大规模集成电路的发展,凸显出CRT的不足:空间体积大、工作电压高、功耗大、不能和大规模集成电路匹配。人们迫切需要发展能够克服CRT上述不足的平板显示器件。液晶显示(Liquid Crystal Display,LCD)器件即从众多平板显示器件的角逐中脱颖而出。液晶具有电光、热光等效应,因此它有可能被开发出具有独特优势又克服了其他显示器件缺点的新型显示器件。

液晶显示器件独具的低压、微功耗性使它可以直接与大规模集成电路结合开发出一系列具有便携显示功能的产品。在不到20年的发展中,液晶显示产品已经更新四代。扭曲向列型(TN)器件已经快成为历史,超扭曲向列型(STN)和有源矩阵型的TFT显示也已成熟、普及,而铁电型(FELCD)、多稳态型液晶显示(MLCD)又已上市。液晶显示的指挥仪、GPS卫星定位系统等设备,目前已经广泛应用于各种军民用便携产品中。

(3)等离子显示器。等离子显示(Plasma Display Panel,PDP)的发展起步也很早,但早期的等离子多是靠气体辉光显示,目前,则主要是以彩色荧光粉在等离子气体激发下发光的彩色等离子显示。虽然这种器件驱动电压比较高,但是它可以制成较大的面积和较精细的像素。它是目前唯一可以进入民用电视机市场、在大屏幕电视机上向CRT挑战的器件,发展前景可期。

(4)其他显示器件。除液晶、等离子显示器等较常见的平板显示器件以外,人们还开发了其他各种各样的平板显示器件。其中已见成效、最有前景的有两种:有机电致发光显示(OEI)和平板场发射显示器(FED)。

OEI是一种利用有机半导体膜层的离子注入原理制成的膜型发光显示器件,具有多种色彩发光能力,亮度极高,可达上万坎德拉(cd),是CRT的10倍以上,而且低压直流驱动。用它开发的便携计算机显示器,功率只有带背光源的液晶显示器的1/2。

FED是一种真空微电子类平板显示器件。计算机在一平板电极板上制作上微米左右的针尖发射体,在每个针尖上再设置上微米级栅网。依靠低压电位使针尖发射电子,经栅极加速,射向阳极荧光粉。这种显示器原理实际是 CRT 原理的一种改良,因此,它可以得到和 CRT 相同的显示效果,而器件大小不过是一个几毫米的薄盒。

这两种显示器件虽然刚刚诞生,但已显示出巨大的生命力和竞争力。它们也许将会是未来理想的显示器。

2. 大屏幕显示设备

大屏幕显示已经成为显示技术类别中的一个大类。大屏幕显示是一个多学科的复杂系统。虽然大部分显示器件都可做成大屏幕显示,目前有投影大屏幕、巨型平板显示(以可以主动发光型的小型 CRT、VFD、PDP、EL、LED、LCD、ECD 作为像素拼接成任意大小的巨型平面显示系统)、电视墙等方式,但真正具有实用价值的并不多。对于战场场景显示来说,主要是各种形态的投影大屏幕。

投影大屏幕是一种利用光学系统将小幅面图像放大投射到一个大屏幕上的装置。它可显示静止的画面,也可显示运动画面。其原理与电影的投射显示原理相同,只不过这里所指的投影大屏幕显示设备的使用条件更宽。它利用各种光阀进行投影,显示由人随意选定,或由人们输入信息而实现大屏幕显示。

投影显示的发展至今已有几十年的历史,早在 20 世纪 40 年代的美国就开发了 CRT 投影系统、光阀投影和激光投影的原型,随着经济技术的发展,各种投影显示技术也逐步走向成熟和应用,目前为止,根据成像原理的不同,投影显示大致可分为 CRT 投影、LCD 投影、数字光学处理(Digital Light Processing,DLP)投影、LCOS 投影、光阀投影。

(1)投影机。

① CRT 投影机。CRT 投影机历史最悠久,技术最成熟,而且还在不断发展与完善。其工作原理是通过红、绿、蓝三个阴极射线管成像,经光学透镜放大后,在投影屏或幕上会聚成一幅彩色图像。其优点是图像细腻、色彩丰富、逼真自然、分辨力调整范围大、几何失真调整功能强,缺点是亮度低、亮度均匀性差、体积大、重、调整复杂、长时间显示静止画面会使管子产生灼伤。

② 三板 TFT 透射式投影机。三板 TFT 透射式投影是近十年来发展极快的一种投影技术。透射式 LCD 投影机将光源发出的光分解成红、绿、蓝三色后,射到一片液晶板的相应位置或各自对应的三片液晶板上,经信号调制后的透射光合成为彩色光,通过透镜成像并投射到屏幕上。优点是体积小、重量轻、操作简单、成本低,缺点是光利用率低、像素感强。

③ 反射式 LCD 投影机。LCD 投影机是液晶技术、照明技术以及集成电路技术综合在一起发展起来的。LCD 投影机利用液晶的光电效应,即液晶分子的排列在电场作用下发生变化,影响其液晶单元的透光率或反射率,从而影响它的光学性质,产生具有不同灰度层次及颜色的图像。LCD 投影机明显缺点是黑色层次表现

太差,对比度不是很高。LCD 投影机表现的黑色,看起来总是灰蒙蒙的,阴影部分就显得昏暗而毫无细节。第二个缺点是 LCD 投影机投射出的画面看得见像素结构,观众好像是经过窗格子在观看画面。SVGA(分辨力为 800×600)格式的 LCD 投影机,不管屏幕图像的尺寸大小如何,都能看得清楚像素格子,除非用分辨力更高的产品。

④ DLP 投影机。DLP 是美国德州仪器公司以数字微镜装置 DMD 芯片作为成像器件,通过调节反射光实现投射图像的一种投影技术。它与液晶投影机有很大的不同,它的成像是通过成千上万个微小的镜片反射光线来实现的。DLP 投影机拥有反射优势,在对比度和均匀性都非常出色,图像清晰度高、画面均匀、色彩锐利,并且图像噪声消失,画面质量稳定,精确的数字图像可不断再现,而且历久弥新。由于普通 DLP 投影机用一片 DMD 芯片,最明显的优点就是外型小巧,投影机可以做得很紧凑。现市场上所有的 1.5kg 以下的迷你型投影机都是 DLP 式,大多数 LCD 投影机要超过 2.5kg。DLP 投影机的另一个优点是图像流畅、反差大,有较高的对比度,现在,大多数 DLP 投影机的对比度可做到 600:1 到 800:1 之间,低价位的也可达 450:1。LCD 投影机对比度只在 400:1 附近,而低价位的才 250:1。DLP 投影机还有一个优点是颗粒感弱。在 SVGA 格式分辨力上,DLP 投影机的像素结构比 LCD 弱,只要相对可视距离和投影图像画面大小调得合适,已经看不出像素结构。

⑤ 光阀投影设备。根据寻址技术、光阀及两者之间所用的转换介质的不同可以分成许多种类,目前,市场上常见的是由 CRT、转换器和液晶光阀组成的大型光阀投影机。它使用高清晰度 CRT 作像源,经转换后通过光阀成像。其优点是分辨力高、没有像素结构、亮度高,可用于光线明亮的环境和超大屏幕显示,缺点是成本高、体积大、重、维护困难。

(2)投影屏幕。

① 正投屏幕。正投屏幕不受尺寸的限制,但受环境光的影响较大。正投屏幕可按屏幕几何形状分为平面屏幕(玻璃珠光幕、金属软幕、纯白幕)和弧形屏幕(金属弧形幕);按质地分为软屏幕和硬屏幕,其中软屏幕包括白屏幕、珠光屏幕和金属屏幕,硬屏幕包括平面屏幕和弧形屏幕;按材质将其分为玻璃幕、金属幕、压纹塑料幕等。

白塑屏幕是最常用的一种屏幕,幕布表面是一层镁碳酸化合物,被称为最理想的白扩散物,本身并不会吸收光线,而是将接收的光线平均地进行反射,因此,影像的还原能力是比较理想的。因其色彩的还原比较真实准确、图像平滑、可视角度宽阔、亮度均匀以及无亮点等,因此,在以往白塑屏幕一直是投影机的理想搭配。另外,由于白塑幕属于无增益的平滑面,因此其增益度不会超过 1 的水平,图像平滑,扩散均匀。不过,正因为白塑屏幕对入射光线的角度没有讲究,所以环境光线反射到屏幕上会导致影像的黑色层次不够沉稳,造成图像过于光亮,产生雾化现象,使影像出现色彩淡化的后果。因此,使用白塑幕对投影环境的要求也较高,最好周围是深色反光小的墙身(图2-3)。

珠光屏幕是在玻璃纤维等结实的基层布上,均匀粘结微粒玻璃珠而制成,可以最亮的亮度向入射位置反射。这种类型的屏幕通过这些玻珠粒反射光线,玻珠的直径越小,反射的光线越多,同时幕的增益也越高。一般玻珠幕的增益都在2.0以上。其价格相对于白塑屏幕要贵一些,其视角没有白塑屏幕宽广,且这种类型的产品不宜经常卷起,否则,上面黏结的细小玻璃珠会随

图2-3 白塑屏幕

着使用次数的增多而出现掉落,影响其后的投影效果。珠光屏幕还有一种就是银色珍珠投影幕,采用反射原理,这种类型的投影幕可以提供最大辐射强度,就像镜子反射光一样。投影幕的增益和扩散是互相作用的,如果光线的扩散不足,就可获得较高的投影幕增益值,缺点是容易出现明显的亮斑。如果投影机和观众离得较远,这种类型的屏幕不失为不错的选择。珠光屏幕主要用于会议的投影演示系统,因为这种类型的屏幕反向增益高、视角宽,特别适合产品展示使用。

金属弧形幕是在基层布上粘结铝涂层制成的。用此屏幕可以得到2倍~4倍光亮和画面,呈镜面特征,出射角等于入射角。当在较小的房间内安装投影机时,不管是地面安装还是吊装,使用铝制弧形幕可获得非常明亮的画面。但要注意,弧形屏幕有狭窄的方向性,由此产生有限的可视区域。弧形幕增益较大,视角较小,环境光可以较强,但屏幕反射的入射光在各方向不等,而且光聚焦产生的高温容易造成画面色彩失真。金属软幕由金属幕基采用高反射金属反光材料压膜制成,其反射原理和反光效果与普通白塑幕及玻璃珠光幕完全不同。金属幕没有折射率,不破坏偏振光,因此,能将投影机追求色彩艳丽、图像清晰的全部指标(如亮度、分辨力、对比度、均匀度、色温等)近乎完美地还原。另外,金属幕因采用金属反光涂层,其特殊反光原理使之不易受环境光影响,故金属幕在常光下仍能令投影机投放的图像保持色彩艳丽,加之高亮度增益,因此金属幕非常适合在常光下投影。金属幕还克服了软幕在明亮状况下长时间看会对视力造成损伤、在黑暗环境中观看不能记笔记等不足,起到了保护视力的作用。由于金属幕的表面都经过特殊保护处理,因此,金属幕还具有防腐蚀、抗氧化、表面光学性能稳定,使用寿命长的特点。金属幕因性能出众因而价格相对昂贵,主要用于大屏幕立体投影系统(图2-4)。

②背投屏幕。背投屏幕分为硬质背投幕(透射幕)和软质背投幕(透射幕),

图 2-4　正投金属弧形幕

背投影屏幕又有光学背投屏幕、散射型屏幕和软背投幕的分类,背投屏幕画面整体感较强,不受环境光的影响,能正确反映信息质量,所以画面色彩艳丽,形象逼真。投影机安装在屏幕背后的暗房,对装修不会造成失调,也屏蔽了投影机运行产生的噪声,同时不容易受环境光的干扰等。

背投软幕利用高透光率的胶膜喷涂成形,典型的国外品牌有美国 DA-LITE、美国 Deapre、美国 Stewar。背投软幕具有廉价、无缝、运输安装方便、对投影机镜头焦距没有要求等优点,通常应用在租赁行业。由于背投软幕也是应用了光线漫反射的成像原理,不可避免地存在漫反射型屏幕的缺点:亮度均匀性比较差、严重的"大阳效应"、光能利用率低、彩色漂移现象严重、可视角度小等。背投幕的制作材料通常是烯酸聚合体材料,内部具有精密的光学结构,所以具有下述优点:具有高亮度、高对比度、宽视角;提供相同的垂直、水平视角,且图像明亮清晰、真实逼真、立体感强;无论室内光线的强与弱,还是在室外自然光线的条件下,屏幕的明亮度仍旧保持如一;超薄超轻,携带方便,容易安装;工艺精湛,不易折断,结实耐用;容易清洗,可在数秒内清洁干净;对投影机的投射角度无严格限制,可避免投影机对产品的遮拦。在制作材料的物理特性上,背投软幕有如下的缺点:稳定性容易受温度、湿度和气流的影响从而造成图像的晃动;容易起皱、变色、变形、霉变、老化,质量保证期限短暂;由于要保证视像范围,增益偏低;光学背投幕的制作材料是由光学级丙烯酸树脂组成,容易刮伤,且刮伤后,将会在图像的相应范围形成亮点或黑点,如果是背投幕大面积地刮花,还可能造成刮伤部分无法成像。

背投硬幕主要由三部分组成:扩散板、Fresnel 透镜、双凸透镜。扩散板是在丙烯板上加入扩散剂制成,具有让人的眼睛看到光的结像作用。Fresnel 透镜具有把光集中向人的方向,减轻画面中心和周围亮度差的作用。双凸透镜具有改善视场角的作用。双层透镜(Fresnel 透镜加双凸透镜)制作的屏幕,能使亮度、清晰度充满整个屏幕。这种屏幕带有黑色条纹,可以阻止光线向外散射,产生高质量的高对比度的图像。Fresnel 透镜是微结构光学型背投影屏幕中常用的一种光学组元,属屏幕的核心部件,基本作用是把投影光变成平行光,再投向柱面镜,从而均匀能量、消除中心亮斑。显示方式,透镜的技术广泛应用在光学屏幕的制造工艺上,弗雷斯内尔透镜结构可以将入射光汇聚成平行光线,在一定的视角范围内增强屏幕的亮度。柱面透镜的技术也广泛应用在光学屏幕的制造工艺上,通过屏幕正面的柱面透镜结构,可以控制水平方向和垂直方向的光线分布,具有扩大视角范围的功能,客户可以根据实际应用环境,设计投影光路与屏幕焦点的最大夹角,以取得最佳的光路覆盖角范围。光学背投幕的唯一缺点是为了获得最佳的图像聚焦,必须选择焦距范围与之匹配的投影机镜头(对投影距离有要求)。丹麦 DNY 公司生产的所有光学背投屏幕都具备多种焦距可选,覆盖了大多数投影机的镜头焦距范围。散射型屏幕依靠散射微粒完成投影光线的分布,因此散射型屏幕有如下明显的缺点:光能利用率低,浪费投影机亮度输出;亮斑效应(太阳效应)明显,亮度均匀性差;彩色漂移现象严重,对比度很低;可视角度小,不适用于大范围显像。散射型屏幕市场应用不大,国内主要有两个进口品牌在应用:韩国的 Vivi - tech 和英国的 Reversa。光学背投屏幕依靠微细光学机构完成投影光能的分布,是目前公认效果最好的(图 2 - 5)。

3. 立体显示设备

常见的立体显示设备包括沉浸式和非沉浸式两种,沉浸式能够将用户与外部世界隔离开来,完全融入虚拟世界。其中沉浸式包括头盔显示器(Helmet Mounted Display,HMD)、双目全方位监视器(Binocular Omni-orientational Monitor,BOOM)和 CAVE,非沉浸式包括 LCD 立体眼镜、立体显示器和平面立体投影系统。

(1) HMD。HMD 是目前显示技术中起源最早、发展最完善的 3D 技术,也是现在应用最广泛的 3D 显示技术。其基本原理是:在每只眼睛前面分别放置一个显示屏,两个显示屏同时显示双眼各自应该看到的图像,当两只眼睛看见包含有位差的图像,3D 感觉便产生了。现在 HMD 的种类很多,根据不同的需要,有单目的、双目的,有全投入式的,也有半投入式的。

HMD 存在许多缺点,例如,配戴 HMD 观察,必然减少 HMD 观察显示试验的娱乐、舒适和自然;人眼如此近距离聚焦容易感到疲劳;屏幕成像太小,必须尽可能放大以达到和人眼所见视野相一致;而且,HMD 的造价也比较昂贵等。但是在许多特定场合,HMD 具备特殊的优势,所以它得到了广泛的应用。现在广泛被应用在军事、CAD\\CAM、工业生产、模拟和训练、显示与电子游戏、显微技术和 3D 医疗等领域(图 2 -6)。

(2) BOOM。HMD 会受到头部跟踪延迟的影响,当用户移动头部时,希望显示的图像向相反的方向移动,如果头部运动与相应的图像运动的时间延迟太大,会

图 2 - 5 背投硬幕

图 2 - 6 东芝头戴式显示器

使用户产生不适的感觉。为解决这一问题,需要有快速的跟踪机制和快速的图形绘制。BOOM 系统应运而生,它是一种特殊的头部显示器。使用 BOOM 非常类似于使用一对望远镜,把独立的 CRT 显示器捆绑在一起,用户可以用手操纵显示器的位置,以观察一个可移动、宽视角的虚拟场景,CRT 由机械臂支撑,机械臂在六个连接处有位置传感器,对头部的运动产生一个全局的 3D 跟踪器。

BOOM 的一个显著优点是分辨力高,比任何 HMD 的分辨力度高,最高达 1280 × 1024 像素点。另一个显著优点是它的低延迟,跟踪更新频率是 60Hz(图 2 - 7)。

(3)立体眼镜。用户获得立体视觉感受的关键是让左右眼分别只能看到对应的左右视图。立体眼镜可使用户戴上后,其左右眼从显示屏幕上看到的图像不同,从而产生立体感觉。根据工作原理的不同,现有的立体眼镜可以分为两类:有源立体眼镜和无源立体眼镜。有源立体眼镜又称主动立体眼镜,无源立体眼镜又称被动立体眼镜。

有源立体眼镜的镜框上装有电池及液晶调制器控制的镜片,显示系统装有红外发射器,根据显示左右像的频率发射红外控制信号,有源立体眼镜的液晶调制器接收到红外控制信号后,调制左右镜片上液晶的通断状态,即控制左右镜片的透明和不透明状态。当显示左眼图像时,发射红外控制信号至有源眼镜,使眼镜的右镜片处于不透明状态,反之亦然。如此轮流切换镜片的通断,使左右眼只能分别看到相应的左右像。有源系统的图像质量好,但有源立体眼镜价格昂贵,液晶眼镜片的切换易使眼睛疲劳,且观察者能收到的红外控制信号的范围有限,只适用于少量观众场合。

无源立体眼镜是根据光的偏振原理设计的,它的左右镜片是两片正交的偏振滤光片,分别只能容许一个方向的偏振光通过。显示系统前安装一个液晶立体调制器,显示出来的左右像经液晶立体调制器后形成左右偏振光,然后分别透过无源立体眼镜的左右镜片,实现左右眼睛分别只能看到对应的左右像的目的。无源立体眼镜价格低廉,且无需接收红外控制信号,因此适合于观众较多的场合(图 2 - 8)。

图 2 - 7　SensicspiSight
双目头盔显示器

图 2 - 8　NVIDIA GeForce
3D Vision 立体眼镜

（4）立体显示器。针对上述立体显示设备的缺点，最近又研究出一种新型的立体显示技术，观察者不需要使用 3D 立体眼镜、3D 头盔、追踪器或是其他辅助产品，就可以直接在计算机屏幕上呈现 3D 立体的影像。如图 2 - 9 所示，借助这种立体显示技术可以直接看到物体好像从屏幕中浮出来，就像真的吊在半空中一样。这种技术按实现方法分，主要有透镜法和光栅法两种。在两种方法中都用了一种合成的图像，包含竖直的交替排列的图像条纹，这些条纹由具有位差的左图像和右图像构成。

在透镜法或光栅法中都有一个液晶显示屏，通过排列一种普通的颜色过滤器来显示合成图像。为了防止色彩分离现象，合成图像中必须用一个点宽的图像条纹，这样就需要一个额外的信号转换电路。而且，这种合成图像不适合现在广泛应用于显示的顺序区域立体显示方法。

（5）平面立体投影系统。针对以上立体显示系统视域小、只能供单个人或少数人同时观察的缺点，人们又开发出了平面立体投影系统。使用立体投影仪把左右眼图像同时投射到特殊材料制成的投影幕上（通常是金属幕），多个用户使用立体眼镜观察屏幕上的左右眼图像即可观察到立体效果。

立体投影系统有背投式和正投式两种，如图 2 - 10 所示，正投式投影机是观众

图 2 - 9　2018XLQ3D 立体屏幕

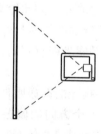
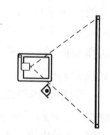

背投系统　　　　　　　正投系统

图 2 - 10　正投式与背投式投影机

36

和投影机位于投影屏幕的同一侧,从投影机发射出来的投影图像照射到投影屏幕上,观众通过投影屏幕反射回来的光观察到投影的立体图像;与此相对,背投式投影机是观众和投影机位于投影屏幕的两边,从投影机投射出的图像照射到半透明的背投屏幕时会有部分光透过,观众是通过透射出来的光看到投影的立体图像。背投投影的投影幕要比正投投影的投影幕结构复杂,质地要求透明。

将大屏幕与立体显示这两项技术结合形成一种新的立体显示途径——大屏幕立体投影系统。大屏幕立体投影系统不仅拥有高沉浸感的特点,还具备其他立体显示设备不具备的高分辨力特点。当前,大屏幕立体投影系统主要分为两类:CA-VE(Automatic Virtual Environment)立体投影系统和基于多屏拼接的立体投影系统。CAVE 立体投影系统是由一个房间组成,房间每一面墙与地板均由大屏幕背投投影机投上立体图像,如图 2 - 11 所示。可允许多人走进 CAVE 中,用户带上立体眼镜便能从空间任一方向看到立体的图像。CAVE 实现了大视角、全景、立体且支持多人共享的一个虚拟环境。基于多屏拼接的立体投影系统与 CAVE 相比体积小许多,它只保留前向的投影墙,损失了

图 2 - 11　CAVE 系统

全景效果,但前向投影墙更大、分辨力更高,因而,允许更多的人同时观看,且比CAVE 便宜,要求的空间和硬件也比 CAVE 少。

① CAVE 立体投影系统。CAVE 系统的构想最早由 Cruz Neira 博士于 1992 年提出,最初的研究动机是为了提供给科学家一种全新的可视化手段。该 CAVE 系统使用五台 SGI 高端图形工作站,其中的四台工作站负责四个面的立体图像渲染,另外一台负责跟踪头部运动和提供三维声音服务。尺寸为 7 英尺 ×7 英尺 ×7 英尺(1 英尺 =0.3048m),每个面的分辨力为 1280 ×512,投影仪刷新频率为每秒 120帧。由于科学可视化和有限元计算的数据量非常巨大,后来不断地对 CAVE 进行改进,采用了单独的超级计算机代替多台工作站,性能参数也不断提高,目前的分辨力已经达到了 1280 ×1024。当时,处理大量的可视化数据并实时生成立体影像需要在专业图形工作站的支持下才能完成,这就使得整个系统的造价十分昂贵。它的处理核心 SGIOnyx2/Infinite Reality 专业图形工作站的价格约在几十万到百万美元,这使得 CAVE 系统的使用范围局限在大型的研究所或学术单位。

随着 PC 的迅速发展,由 PC 组成的并行计算集群系统具有了能够替代图形工作站的能力,且其高性能价格比具有很强的优势,因此,出现了基于 PC 集群的 CA-VE 系统。乔治亚理工学院的 NAVE 系统是较早提出的以廉价 PC 为基础的 CAVE系统之一。该系统由三面夹角为 120°的投影屏幕构成,采用被动式立体显示模

式,由六台 PC 负责生成立体影像,每两台 PC 负责一面投影屏幕的左右眼立体影像,并使用偏振光的方式产生最终的立体视觉效果。该系统的成本十分低廉,但由于偏振光的偏振方向固定,因此,用户并不能在系统内任意移动或偏转头部,而且无法支持对地面的立体投影。Buffalo 大学的低价虚拟现实系统(Low – costVRsystem)是一个基于单投影面的 VR 系统,它由一台 Linux PC 驱动,结合头部运动跟踪设备,由 MaxtorG450 双头显示卡以及圆偏振光生成被动式立体影像,采用圆偏振光可以使立体效果不受头部的运动所限制。

德国 Fraunhofer IAO 的 HyPI – 6 系统是一个六面的 CAVE 系统,可使用主动式或被动式立体显示。它的被动式立体显示模式由 12 台 Linux PC 驱动,并使用特殊的机械装置,根据使用者头部运动控制投影光线的偏振角度,解决了头部运动限制的问题。在主动式立体显示模式下,该系统还是由 Onyx 图形工作站驱动。

浙江大学 CAD/CG 国家重点实验室的 PCCAVE 是国内最先提出的基于 PC 的 CAVE 系统方案,该系统使用四台 PC 配合中低档的 nVIDIA GeForce 图形显示卡代替 SGI 工作站。PCCAVE 整体上是一个主从式并行计算结构,主节点提供人机交互控制接口,从节点接受主节点命令和绘制立体图像。PCCAVE 的通信子系统使用 MPI 实现,实现了并行计算的同步控制和智能信息代理服务,图形子系统以 DirectX 和 OpenGL 作为底层图形 API。该系统的许多指标都超越或者接近于 SGI Onyx2,具有良好的推广前景和较高的实用价值。

② 基于多屏拼接的立体投影系统。针对 CAVE 的缺点,EVL 先后推出了 Immersa Desk 与 Infinity Wall。Immersa Desk 采用 67 英寸 × 50 英寸的背投屏幕作为显示设备,与 CAVE 相比,Immersa Desk 体积小很多,可以放置在办公室、展示会与各种公共场合。Infinity Wall 是在 Immersa Desk 基础上发展起来的更大规模的立体投影系统,它由一个 12 英寸 × 9 英寸的屏幕组成。与之类似,SGI 公司推出称为 SGI Reality Center 的基于空间投影的虚拟环境立体显示系统,该系统集成了多台 BARCO 大屏幕投影机,由于对整个显示系统进行了精心的设计,使得系统便于安装与显示,SGI Reality Center 已成功应用在军事、制造、能源等领域。这些大屏幕立体投影系统均是以专业图形工作站为驱动,使用高刷新频率的专业立体投影机,这些系统的致命弱点是价格昂贵,一般的消费者或是企业难以承受。因此,价格因素成为专业立体投影系统推广的最大阻力。

针对上述系统难以推广的缺点,基于连网 PC 的多屏拼接立体投影系统应运而生,具有代表性的有 Princeton 大学的 Display Wall,使用八台 Windows NT 计算机,使用 Myrinet 进行网络连接;Stanford 大学 Interactive Mural,使用 Linux 计算机集群。当前出现了将多屏拼接立体投影技术应用到 CAVE 系统中,使 CAVE 系统每面墙的分辨力更高。如瑞士苏黎世技术学院的 blue – c、肯塔基州大学 Metaverse,属于基于 PC 每面使用多屏拼接的 CAVE 系统。大屏幕显示时,各投影机投影的图像边缘之间应该是无缝拼接,各投影机投影的图像端正并连贯,就像一个投影机投影出来的效果一样。要达到上述效果就应该进行两方面的校正,一是几何校正,二是色彩校正。几何较正实现图像边缘无缝拼接,图像端正连贯,色彩校正实现各投影机投影出的图像色彩、明亮等参数一致,就像一个投影机投影出的图像一样。

2.2　战场可视化软件平台

多数 3D 应用程序并不是直接通过底层渲染 API 显示人机交互界面,而是需要使用基于图形 API(如 OpenGL、Direct3D)的开发引擎以提供额外的功能。战场可视化软件平台也不例外,借助类似于开放场景图形(OpenSceneGraph,OSG)等提供的空间数据组织能力及其他特性,可以提高战场可视化软件平台的开发效率与运行性能。战场可视化软件平台的软件结构如图 2 - 12 所示。

2.2.1　图形绘制 API

当某一个应用程序提出一个绘图请求时,这个请求首先要被送到操作系统中(这里以 Windows 操作系统为例),然后通过图形设备接口(GDI)和显示控制接口(DCI)对所需使用的函数进行选择。而现在这些工作基本由图形 API 来完成。图形 API 的控制功能远远超过 DCI,而且还加入了 3D 图形绘制加速功能。显卡驱动程序判断有哪些函数是可以被显卡芯片集运算,可以进行的将被送到显卡进行加速。如果某些函数无法被显卡芯片进行运算,这些工作就交给 CPU 进行。运算后的数字信号写入帧缓存中,最后送入 RAMDAC,转换为模拟信号后输出到显示器。目前的图形 API 产品主要有两个:一是 Direct3D;二是 OpenGL。

1. Direct3D

Direct3D 是以组件形式提供的 3D 图形 API,是微软公司 DirectX SDK 集成开发包中的重要部分,适合多媒体等广泛的 3D 图形计算,以其良好的硬件兼容性和友好的编程方式得到了普遍认可,现在几乎所有的具有 3D 图形加速功能的主流显卡都对 Direct3D 提供支持。

Direct3D 可绕过 GDI 直接进行支持该 API 的各种硬件的底层操作。图 2 - 13 表示了 Direct3D、GDI、硬件抽象层(Hard Abstract Layer、HAL)以及硬件之间的关系。图中,HAL 是由设备制造者提供的硬件相关的接口。Direct3D 通过 HAL 作用于显示硬件,应用程序不直接与 HAL 交互。在 HAL 提供的底层结构之上,Direct3D 向应用程序暴露出一组用于图形显示的接口,由此实现了设备无关性。HAL 可以是显示设备驱动程序的一部分,或是通过驱动开发者定义的专门接口与驱动通信的独立的动态链接库。HAL 由芯片制造商、电路板生产者或原始设备制

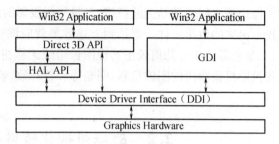

图 2-12 战场可视化
软件平台的结构

图 2-13 Direct3D 与系统的关系

造商（OEM）提供。

从图 2-13 中还可以看到，Direct3D 和 GDI 都通过设备驱动来使用硬件。不同的是，当 Direct3D 选择使用 HAL 的时候，可以得到由硬件特性带来的种种好处，因为 HAL 是硬件相关的，它可以向上提供硬件加速。在程序运行时，可以使用 Direct3D 提供的方法来获取硬件特性的信息。

作为微软 DirectX 技术的组件之一，Direct3D 也随着 DirectX 的升级而不断更新，技术发展速度极快，DirectX7 正式支持硬件 T&L（光影变换）、DirectX8 加入对 Pixel Shader 和 Vertex Shader 的支持、DirectX9 提供 2.0 版本的 Pixel Shader 和 Vertex Shader，显卡硬件厂商也亦趋亦步，支持新的 D3D 特效。DirectX 技术的出现将极大地有助于发展下一代三维可视化、多媒体应用程序等。

总体说来，使用 DirectX 开发战场可视化应用程序主要有两个好处：

（1）为软件开发者提供硬件无关的开发接口，可使以 DirectX 开发的三维应用适用于不同的硬件平台。

（2）利用软件模拟硬件的功能，为硬件开发提供策略。

OpenGL 和 DirectX 虽然都是与硬件无关的三维开发平台，但都存在着开发工作量大、在静态建模上都必须借助于第三方的建模工具的缺点。

但由于平台的局限性等原因，Direct3D 应用至今仍主要集中于游戏和多媒体方面，专业高端绘图应用方面，老牌的 3D API——OpenGL 仍是主角。

2. OpenGL

（1）特性。OpenGL 是 20 世纪 90 年代发展起来的一个工业级三维图形标准，它是在 SGI 等多家世界闻名的计算机公司的倡导下，以 SGI 的 GL 三维图形库为基础制定的一个通用共享的开放式三维图形开发系统。目前，包括微软、SGI、IBM、DEC、SUN、HP 等大公司都采用了 OpenGL 作为三维图形标准，许多软件厂商也纷纷以 OpenGL 为基础开发出自己的产品，其中比较著名的产品包括 3D Studio Max、MultiGen Creator/CTS、Maya、ARC/INFO 等。由于其在虚拟现实、地理信息、医学成像、气候模拟等领域的广泛应用，OpenGL 已经成为高性能图形和交互式视景处理的工业标准。

OpenGL 标准提供了一个图形与硬件的接口,其实现则是一个包括数百个图形函数的三维图形函数库。OpenGL 函数库独立于窗口系统和操作系统,具有广泛的移植性。OpenGL 可以与多种编程语言紧密接口,实现各种图形算法。OpenGL 提供的图形函数不要求开发者把物体的三维模型数据写成固定格式,这样开发者不但可以直接使用自己的数据,而且可以利用其他不同格式的数据源。OpenGL 提供了一系列三维图形单元、图形变换函数、外部设备访问函数供开发者调用。开发者可以用这些函数来建立三维模型和进行三维实时交互;可以方便地访问鼠标、键盘、空间球、数据手套等。

(2) 功能。OpenGL 具有建模、变换、色彩处理、光线处理、纹理影射、图像处理、动画及物体运动模糊等图形处理功能。

① 建模。OpenGL 图形库除了提供基本的点、线、多边形的绘制函数外,还提供了一些简单三维物体(如球、锥、多面体、茶壶)以及复杂曲线和曲面(如 Bezier、Nurbs 等曲线或曲面)的绘制函数。

② 变换。OpenGL 图形库的变换包括基本变换和投影变换。基本变换有平移、旋转、比例、镜像四种变换,投影变换有正射投影和透视投影两种变换。

③ 颜色模式设置。OpenGL 颜色模式有两种,即 RGBA 模式和颜色索引。

④ 光照和材质设置。OpenGL 光有辐射光、环境光、漫反射光和镜面光。材质是用光反射率来表示。客观世界中的物体最终反映到人眼的颜色是光的红、绿、蓝分量与材质红、绿、蓝分量的反射率相乘后形成的颜色。

⑤ 纹理映射。利用 OpenGL 纹理映射功能可以十分逼真地表达物体表面细节。

⑥ 位图显示和图像增强。OpenGL 的图像功能除了基本的备份和像素读写外,还提供融合、反走样和雾的特殊图像效果处理。以上三条可使被绘地物更具真实感,增强视觉效果。

⑦ 双缓存动画。OpenGL 使用了前台缓存和后台缓存交替显示场景(Scene)技术,简而言之,后台缓存计算场景、生成画面,前台缓存显示后台缓存已画好的画面。

⑧ 特殊效果。利用 OpenGL 还能实现深度提示(Depth-Cue)、运动模糊(Motion Blur)等特殊效果。深度提示类似于照相机镜头效果,模型在聚焦点处清晰,反之则模糊。运动模糊模拟物体运动时人眼观察所感觉的动感现象。

这些三维物体绘图和特殊效果处理方式,支持 OpenGL 能够绘制比较复杂的三维物体和自然景观。

(3) 工作流程。OpenGL 的基本工作流程如图 2 - 14 所示,几何顶点数据包括模型的顶点集、线集、多边形集,这些数据经过流程图的上部,包括运算器、逐个顶点操作等;图像数据包括像素集、影像集、位图集等,图像像素数据的处理方式与几何顶点数据的处理方式是不同的,但它们都经过光栅化、逐个片元(Fragment)处理直至把最后的光栅数据写入帧缓冲器。在 OpenGL 中的所有数据包括几何顶点数据和像素数据都可以被存储在显示列表中或者立即可以得到处理。OpenGL 中,显示列表技术是一项重要的技术。

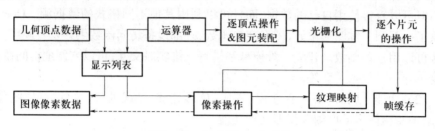

图 2-14　OpenGL 工作流程

　　OpenGL 要求把所有的几何图形单元都用顶点来描述,这样运算器和逐个顶点计算操作都可以针对每个顶点进行计算和操作,然后进行光栅化形成图形片元;对于像素数据,像素操作结果被存储在纹理组装用的内存中,再如几何顶点操作一样光栅化形成图形片元。整个流程操作的最后,图形片元都要进行一系列的逐个片元操作,这样最后的像素值送入帧缓冲器实现图形的显示。

2.2.2　战场可视化系统开发引擎

　　可视化战场场景系统中,包含了大量地形、地物、人员、武器装备,类型与层次众多,这些场景元素的组织管理,对可视化系统的空间组织能力有很高要求。传统的底层渲染 API,如 OpenGL 和 Direct3D,主要致力于图形硬件特性的抽象实现。尽管图形设备可以暂时保存即将执行的几何和状态数据(如显示列表和缓冲对象),但是底层 API 对场景中大量的模型数据的组织能力还是显得过于简单和弱小,难以适应大部分 3D 程序的开发与应用需求。同时,API 也没有直接提供复杂对象建模与编辑功能,若以其建立视觉效果良好的空间对象模型,往往需要进行编写大量的代码。

　　因此,若能以底层 API 为基础,封装出具有高级三维图形绘制、编辑功能,同时接口简单的系列函数,以这些函数形成的开发引擎为工具,进行可视化战场系统开发,则能大大提高可视化场景开发的效率。场景图形开发引擎,便是为此目的而被开发出来的三维图形开发软件,它们被用以实现场景元素的高效建模、存储与管理。场景图形是一种中间件(Middleware),这类开发软件构建于底层 API 函数之上,提供了高性能 3D 程序所需的空间数据编辑、组织能力及其他特性。目前,可用于战场可视化的场景图形开发引擎有 OSG、OGRE、Virtools、Quest3D 等,限于篇幅,下面对前两者进行简单介绍。

42

1. OSG(OpenSceneGraph)

OSG 包含了一系列的开源图形库,主要为图形图像应用程序的开发提供场景管理和图形渲染优化的功能。它使用可移植的 ANSI C++编写,并使用已成为工业标准的 OpenGL 底层渲染 API。因此,OSG 具备跨平台性,可以运行在 Windows、Mac OS X 和大多数类型的 Unix 和 Linux 操作系统上。大部分的 OSG 操作可以独立于本地视窗系统。但是 OSG 也包含了针对某些视窗系统特有功能的支持代码,如 PBuffers。OSG 是公开源代码的,采用开源形式的共享方案。

OSG 的设计兼顾系统的可移植性和可扩展性。因此,OSG 适用于多种硬件平台,并可在多种不同的图形硬件上进行高效的、实时的渲染。OSG 具备灵活、可扩展的系统特性,使其能自适应不同时期的设计和应用需求。

OSG 运行时文件由一系列动态链接库(或共享对象)和可执行文件组成。这些链接库可分为五大类:OSG 核心库,提供了基本的场景图形和渲染功能,以及 3D 图形程序所需的某些特定功能实现;Node Kits 库,扩展了核心 OSG 场景图形节点类的功能,以提供高级节点类型和渲染特效,OSG 插件,包括了 2D 图像和 3D 模型文件的读写功能库;互操作库,使得 OSG 易于与其他开发环境集成,如脚本语言 Python 和 Lua;不断扩展中的程序和示例集,提供了实用的功能函数和正确使用 OSG 的例子。

2. OGRE(Object-Oriented Graphics Rendering Engine)

OGRE(面向对象的图形渲染引擎)是用 C++开发的面向对象且使用灵活的三维图形开发引擎。它的目的是让开发者能更方便和直接地开发基于三维硬件设备的战场可视化系统。引擎中的类库对更底层的图形绘制 API(如 Direct3D 和 OpenGL)的全部使用细节进行了抽象,并提供了基于现实世界对象的接口和其他类。

(1)效率。OGRE 简单、易用的面向对象接口设计使战场可视化系统开发者能更容易地渲染场景,并实现产品独立于渲染 API(如 Direct3D/OpenGL/Glide 等);OGRE 具有可扩展的程序框架,使开发者能更快地编写出更好的程序;OGRE 会自动处理常见的需求,如渲染状态管理、hierarchical culling、半透物体排序等,提高系统开发效率;OGRE 具有清晰、整洁的设计与全面的文档支持。

(2)平台与 3D API 支持。OGRE 支持 Direct3D 和 OpenGL;支持 Windows 平台和 Linux 平台;支持材质/Shader;支持从 PNG、JPEG 或 TGA 这几种文件中加载纹理,自动产生 MipMap,自动调整纹理大小以满足硬件需求;支持可程序控制的纹理坐标生成(如环境帖图)和转换(平移、扭曲、旋转);材质可以拥有足够多的纹理层,每层纹理支持各种渲染特效,支持动画纹理;自动应用多通道渲染和多纹理,从而大幅度提高渲染质量;支持透明物体和其他场景级别的渲染特效;通过脚本语言可以不用重新编译就设置和更改高级的材质属性。

43

（3）场景特性。OGRE拥有高效率和高度可配置性的资源管理器，并且支持多种场景类型。使用系统默认的场景组织方法，或通过亲自编写插件使用自己的场景组织方法。通过绑定体（如绑定盒）实现的场景体系视锥拣选。OGRE提供的BspSceneManager插件是快速的室内渲染器，支持shader脚本分析。OGRE拥有优秀的场景组织体系，场景结点支持物体的附属（Attach），并带动附属物体一起运动，实现了类似于关节的运动继承体系。

（4）特效。粒子系统包括可以通过编写插件来扩展的粒子发射器（Emitter）和粒子特效影响器（Affector）。通过脚本语言可以不用重新编译就设置和更改粒子属性。支持并自动管理粒子池，从而提升粒子系统的性能。支持天空盒、天空面和天空圆顶，使用非常简单。支持公告板，以实现特效。自动管理透明物体（系统自动设置渲染顺序和深度缓冲）。

（5）其他特性。资源管理和文档加载（ZIP、PK3）。支持高效的插件体系结构，它允许不重新编译就扩展引擎的功能。运用Controllers可以方便地改变一个数值，如动态改变一个带防护罩的飞船的颜色值。调试用的内存管理器负责检查内存溢出。

2.2.3　战场可视化软件平台

图形绘制API处于战场可视化系统开发的底层。可视化系统对图形绘制API进行封装，形成高级图形开发引擎，它处于战场可视化系统开发软件体系的中间层。而战场可视化软件平台，则处于开发软件体系的最高层。它不仅提供了对底层API的封装，同时，它还提供了一个集成的可视化开发环境，实现对战场中大量自然的、人文的诸要素的建模、编辑、存储、检索等管理，为开发者提供所见即所得的开发便利。战场可视化软件平台包括经常应用的建模与管理工具MultiGen Creator、CTS，场景驱动工具Vega/Vega Prime，以及空间战场可视化的有效工具STK。

1. MultiGen Creator

MultiGen Creator是SGI图形工作站上著名的实时三维建模工具软件。其性能优越，系统可靠，稳定性好。MultiGen Creator与其他三维建模软件不同，它首先是一个三维数据库系统，然后才是一个实时交互三维建模软件。在拥有强大建模工具的同时，MultiGen Creator还拥有强大的兼容性，与许多重要的VR环境兼容，例如，可以转换为VRML、3DS、AutoCAD、Photoshop、Wavefront的数据。正是这种兼容性，使MultiGen在与其他软件联合使用中，可以充分发挥各个软件的长处，最大限度地提高工作效率。

OpenFlight是MultiGen Creator数据库的格式，是MultiGen Creator的根基。OpenFlight使用几何层次结构和属性来描述三维物体，采用层次结构对物体进行描述，可保证对物体顶点和面的控制。MultiGen Creator先进的实时功能，如层次细节、多边形删减、逻辑删减、绘制优先级、分离平面等,是 OpenFlight 成为最受欢迎的实时三维图像格式的原因(图 2 – 15)。

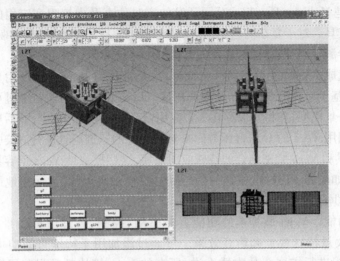

图 2 – 15　OpenFlight 模型数据库实例

MultiGen Creator 的 OpenFlight API 允许增加自定义的数据库实体、扩展功能、延伸、生成工具和算法。结合 MultiGen Creator 通用的输入/输出 API,就为数据库增加更高的使用价值。OpenFlight API 是用户进一步开发 MultiGen Creator 所构建虚拟场景的基础,利用 OpenFlight API 可以把 MultiGen Creator 的模型信息读取出来,通过 OpenFlight API 编程,可以高效地构建复杂虚拟场景。

2. CTS

CTS 即 Creator Terrain Studio,是 MultiGen – Paradigm 公司的大场景地形数据库生成工具软件。该软件提供了一套独特的、功能强大的工作流程和数据管理方法,对建模可能用到的多种数据格式提供了支持,能创建复杂的大范围多种精度并存的地形数据库,足以应付大多数应用需求。它主要提供用于地形数据库创建的四大功能:地形格网模型的建立、多分辨力纹理贴图的建立、三维文化特征(即矢量数据)的投影和专门针对特定实时系统的数据库发布工具。

与当前主流的多分辨力地形模型相适应,CTS 采用分层格网结构来管理和生成数据。首先把地形所覆盖的整个区域作为第 0 层,然后把它分成多个不同的细节层次。每一层由一个或多个成矩形排列的瓦片(Tile)组成,每一个瓦片都代表着一块特定的具有一定分辨力的地形区域。一个瓦片可以生成一个独立文件,也可以把多个瓦片组合到一个文件中。通过该结构 CTS 把多个结构相似的文件组织到一起,以便在一个大的、完整的体系中分块处理各个文件。

采用 CTS 构建地形数据库主要有四个步骤:构建纹理 LOD、构建地形 LOD、人文特征添加和生成 MctaFlight 格式的地形数据库。

3. Vega/Vega Prime

Vega 是 Multigen Paradigm 公司开发的实时仿真及虚拟现实应用的高性能软件环境和工具。对于复杂的应用,Vega 能够提供便捷的创建、编辑和驱动工具,能够大幅减少源代码开发时间,显著提高视景仿真效果。

(1)组成。Vega 主要包括两个部分:一是被称为 Lynx 的图形用户界面的工具箱;二是基于 C 语言的 Vega 函数调用库。Lynx 的主要功能是通过可视化操作建立三维场景模型,并将其保存在一个应用定义文件(. ADF)中,而后应用程序就可以通过调用 Vega 的 C 语言函数库来对已建好的三维场景进行渲染驱动。Paradigm 还提供和 Vega 紧密结合的特殊应用模块,这些模块使 Vega 很容易满足特殊模拟要求,如航海、红外线、雷达、高级照明系统、动画人物、大面积地形数据库管理、CAD 数据输入和 DIS 分布应用等。

(2)功能。Vega 最基本的功能就是驱动、控制、管理虚拟场景,并能够方便地实现大量特殊视觉和声音效果。可通过添加用于特殊目的的可选模块对 Vega 的功能进行扩展。从本质上讲,所有的 Vega 模块都是封装了完成特定功能的函数库,同样,每个 Vega 扩展模块都是为 Vega 提供新功能的函数库。Vega 的可选扩展模块很多,它们可在 Vega 的三维渲染模拟场景中实现特定功能。其中,特殊效果模拟模块(Vega Special Effects),运用粒子动画技术和纹理技术产生可实时应用的特殊效果。该模块预定义的常用特殊效果包括爆炸、闪光、开火、飞行导弹尾迹、螺旋桨旋转、烟雾、光点跟踪等。同时,特殊效果模拟模块还提供了功能强大的自定义粒子系统,用户可以通过 Lynx 图形界面自行操作或者 API 接口编程进行交互设置,从而实现更加复杂的能满足特定仿真应用的特殊视觉效果。

(3)特性。

① 跨平台性。它支持 Microsoft Windows、SGI IRIX、Linux 和 Sun Microsystems Solaris 等操作系统。同时,用户的应用程序也具有跨平台特性,用户可以在任意一种平台上开发应用程序,且无需修改就能在另一个平台上运行。

② 可定制用户界面和可扩展模块。Vega Prime 可扩展的插件式体系结构技术复杂但使用简单。用户可以根据自己的需求调整三维应用程序,能快速设计并实现视景仿真应用程序,以最低的硬件配置获得高性能的运行效果。此外,用户还可以开发自己的模块,并生成定制的类。

③ 同时支持 OpenGL 和 Direct3D。

④ 高效的生产率。Vega Prime 提供了许多高级功能,能满足绝大部分视景仿真应用的需要,同时还具有简单易用的特性、高效的生产率。

⑤ 支持 Meta Flight 文件格式。Meta Flight 是 Multigen Paradigm 公司基于 XML

的数据描述规范,它使运行数据库能与简单或复杂的场景数据库相关联,Meta Flight 极大地扩展了 Open Flight 的应用范围。

此外,Vega 还具有与 C++STL(Standard Template Library)兼容、支持支持双精度浮点数等特点。Vega 的强大功能与优良特性,使其成为被广泛应用的视景仿真开发平台。

(4) Vega Prime。Vega3.7 是 Vega 的最终版本。MultiGen - Paradigm 公司 2003 年推出实时视景仿真软件 Vega Prime,作为 Vega 的替代和升级。其功能在 Vega 的基础上得到了扩充和完善。Vega Prime 是用来模拟现实的跨平台实时工具,它构建在 VSG(Vega Scene Graph)框架之上,是 VSG 的扩展 API,包括了一个图形用户界面 Lynx Prime 和一系列可调用的、用 C++实现的库文件、头文件。Vega Prime 在不同层次上进行了抽象,并根据功能开发了不同的模块,每个应用程序由多个模块组合而成,它们都由 VSG 提供底层的支持。Lynx Prime 是通过对一系列面板的操作来完成视景仿真环境的定义,生成应用程序配置文件(Application Configuration File,ACF),即所谓的战情文件。进一步利用 LynX Prime 提供的 Active Preview 工具,可直接浏览视景效果。

4. STK

STK 的全称是 Satellite Tool Kit(卫星工具箱),是由美国 AGI 公司开发的一款功能强大的航天工业领域商业化综合分析软件,所以空间战场可视化,仅是它众多功能的一面。

STK 具有精确、专业、灵活、综合、标准化的特点。STK 可以快速、方便地分析复杂的陆、海、空、天任务,并提供易于理解的图表和文本形式的分析结果,用于确定最佳解决方案。它支持航天任务周期的全过程,包括政策、概念、需求、设计、制造、测试、发射、运行和应用。STK 提供分析引擎用于计算数据,并可显示多种形式的二维地图,显示卫星和其他对象,如运载火箭、导弹、飞机、地面车辆、目标等。STK 的三维可视化模块,为 STK 和其他附加模块提供三维显示环境,可视为空间战场基本环境,并可向其中添加 STK 内置的和由外部引入的飞行器等模型。

STK 基本模块的核心能力是生成位置和姿态数据、可见性及遥控器覆盖分析。STK 专业版扩展了 STK 的基本分析能力,包括附加的轨道预报算法、姿态定义、坐标类型和坐标系统、遥感器类型、高级的约束条件定义,以及卫星、城市、地面站和恒星数据库。对于特定的分析任务,STK 提供了附加模块,可以解决通信分析、雷达分析、覆盖分析、轨道机动、精确定轨、实时操作等问题。为空间信息仿真应用提供了有力工具。

在战场环境应用方面,STK 提供了如下功能:

(1) 轨道设计。提供高保真轨道预报,覆盖分析,姿态仿真,遥感器仿真,轨道机动分析,链路详细分析,星座设计,编队飞行分析,寿命终结分析等功能。

(2)发射与在轨管理。实时发射和在轨可视化,轨道确定,机动计划,获取位置、时间表,碰撞机会分析,发射窗口分析,动态数据显示,异常问题排除。

(3)全球三维成像。立体成像,重访时间、间隔分析,雷达分析 – SAR、MTI、超过 70000 个可检索城市,30m 分辨力二维地图,地形模型,CADRG、ADRG、CIB 影像贴图,三维显示全球 1km 分辨力影像,复杂成像系统的编队飞行分析,覆盖区分析。

(4)通信分析。动态链路性能分析,天线建模,降雨衰减,无线电频率干扰,增益等值线图。

(5)防御和导弹系统分析。卫星、城市和地面站网数据库,全球三维地形数据,高保真导弹建模,CADRG、ADRG、CIB 影像贴图,陆、海、空天三维场景模型,建模和仿真电影回放,GIS 接口,实时数据接口。

(6)导航仿真。累积和瞬时覆盖 GDOP 分析,支持 GPS 星座,飞机、导弹、运载火箭和地面车辆分析,地形约束,应用 GPS 导航方案确定轨道(图 2 – 16)。

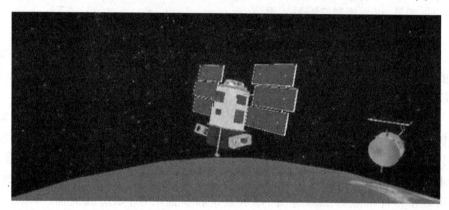

图 2 – 16　在 STK 中显示的以 MultiGen Creator 创建的两颗卫星在空间中运行场景

2.3　战场可视化系统典型运行环境

考虑到战场可视化系统对大视场、立体显示的需求,以及 SGI 图形工作站具有软硬件价格昂贵以及兼容性差等缺点,在目前软硬件水平下,引入图形集群,利用其强大的并行计算与图形处理能力对战场可视化系统中的海量数据以及各种特效进行处理。

系统由高性能图形服务器系统、场景建模软件 Vega Prime 系统、高清立体投影系统、控制系统和交互设备系统五部分组成。该典型系统搭建了具有强烈沉浸感的虚拟环境,用来实现宏观战场场景和精细局部场景的交互式显示。下面从软件和硬件两方面来进行讨论。

2.3.1 硬件环境

战场可视化系统硬件设备主要包括输入系统、计算机系统、显示系统、网络系统和音频系统等。由于在视景仿真系统中所涉及到的可视化对象模型复杂,虚拟场景变化的实时性要求较高,所以对系统的硬件尤其是计算机系统的要求较高。同时,为了满足整个视景系统大视场、立体显示的需要,计算机系统必须由多台计算机同时运行来保持多通道视景信号输出的一致性。为此,系统开发采用了图形集群,利用其强大的并行计算能力对空间作战环境中的海量数据以及各种特效进行处理。

1. 高清立体投影环境

常用的可视化软件进行图像可视化时,会受到显示器的分辨率的限制,细微部分不能显示的问题。反之,如果通过放大细节,会出现不能显示全局的问题。

根据战场可视化系统对立体显示的要求,生成高分辨力的画面(多屏幕)或立体显示,显示系统采用 Barco 公司的 VCAD 投影显示系统,包括 Barco SIM6 mkII LCD 投影机、Semi-Rigid PASCAD 6m×2.4m 背投屏幕、投影机支架结构、相应的圆周偏振立体眼镜,以及基本的信号接口和专用电缆等,将图形生成系统产生的高分辨力清晰图像投影出来,产生具有极高沉浸感的虚拟现实环境。此外,根据用户需求,还应配置数字化音响系统。

2. 图形集群环境

本系统应用八台 DVG(Digital Video Graphics)组成的图形集群,完成科学计算、建模和渲染等功能,实时处理用户与场景的交互。

图形集群是把多台计算机的显卡通过合成器连接起来协同完成复杂的图形显示任务。图形集群的结构允许多个 GPU 共同作用于一幅图像,这种图像处理性能的扩展允许更复杂的场景以更高的帧频进行显示。DVG 作为集群的图形处理单元,具有强大的图形渲染能力,它主要由高性能显卡、DVG 合成器和数据线三部分组成。集群最终的输出由 DVG 合成器完成,由于图像数据传输不是通过 PCI 总线,而是使用数字"像素总线"在显卡与 DVG 合成器间转换,因而不会对节点的性能造成影响。DVG 的物理连接如图 2-17 所示。

针对基于八台 DVG 的视景输出,利用软件 Visualization Cluster Manager 对DVG 的组连模式进行设计,设置适当的刷新频率、屏幕分辨力,调整投影方式以及眼间距等参数,建立由八台 DVG 互连的双通道被动立体的投影环境。

系统利用分布式 Vega 的帧同步特性,实现视景信号的同步输出。为避免出现网络拥塞,在利用分布式 Vega 设计系统时,采用网络传输数据较少的输入插播方式。

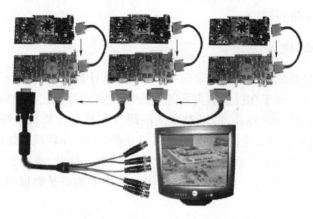

图 2-17　DVG 合成器与显卡的物理连接示意图

空间作战环境的效果如图 2-18 所示。

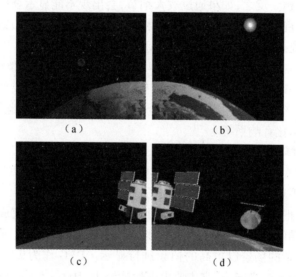

（a）　　　　　　　　　　　（b）

（c）　　　　　　　　　　　（d）

图 2-18　空间作战环境效果图

（a）远景左通道；（b）远景右通道；（c）近景左通道；（d）近景右通道。

2.3.2　软件使用环境

操作系统可选 Windows 2000 操作系统或 Windows XP，并且要安装 TCP/IP 网络协议，正确设置 IP 地址，使其处于同一网段。

系统的图形处理系统结构：最底层是图形硬件，对应 DVG；第二层为操作系统，如 Windows NT；第三层为窗口系统，如 Windows NT 窗口；第四层为开发工具，如 OpenGL、Vega Prime、STK 等；第五层为应用软件，即战场可视化系统。整个图形处理系统结构如图 2 – 19 所示。

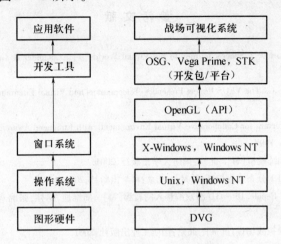

图 2 – 19 三维图形处理系统结构

在开发工具中,除上述 OpenGL、Vega Prime、STK 之外,其他可选的第三方工具软件还有一些,如 Blueberry 3D Dev Environment、DIS/HLA for Vega Prime、GLStudio for Vega Prime、SpeedTree for Vega Prime、Vortex for Vega Prime 等。

Blueberry 3D 模块用来在 Vega Prime 中加入基于分形的程序几何体,创建高度复杂、充满细节的虚拟地理环境。

GL Studio 模块由 DiSTI 开发,使得用户能在 Vega Prime 场景中方便地加入由 GL Stuido 创建的交互式对象,而不需要写任何代码。另外,创建好的 GL Studio 对象能够与用户和其他 Vega Prime 对象进行交互。

Immersive for Vega Prime 模块提供 Immersive 虚拟外设驱动接口,可配置用于几乎所有的 Vega Prime 应用中,包括 walls、tiles 等各种类型的应用,同时也能够配置运行在非立体、主动立体和被动立体显示系统中。Immersive for Vega Prime 提供与 VRCO Trackd 连接,可将 Vega Prime 应用与任意基于上述驱动的 Immersive 虚拟外设连接,用以增强应用的可交互性。

SpeedTree 模块能够在实时帧率下进行真实感植被景观的定义与渲染。该模块集成来自 IDV 公司的获奖产品 SpeedTree 技术,此技术目前已经成为 US DoD 训练系统和大多数视景游戏的特定特征。

Vortex 模块为在战场可视化应用中创建基于真实物理学的车辆、铰接机械和机器人模型提供灵活的开发平台。可绘制基于地面的车辆和机械,并使其具有真实的物理属性,包含刚体动力学,丰富的关节库,准确的碰撞检测以及车辆动力学。能够方便地创建齿轮、电机、悬架模型、水力学、轮、轨迹和其他组件,装配后能够组合成运动和行为准确的车辆和机械。

参 考 文 献

［1］ Bagiana F. Tomorrow's Space：Journey to the Virtual Worlds［J］. Computer & Graphics, 1993, 17(6)：687 - 690.

［2］ Bricken W, Coco G. The VEOS Project Presence：Teleoperators and Virtual Environments［J］, 1994, 3(2)：111 - 129.

［3］ Brown D. Architecture for Collaborative Virtual Environments with Enhanced Awareness ［M］. The University of North Carolina, 1998.

［4］ 胡晓峰. 美军训练模拟［M］. 北京：国防大学出版社, 2001.

［5］ 赵沁平. DVENET 分布式虚拟环境［M］. 北京：科学出版社, 2002.

［6］ (德)Wolfgang F Eengle. Direct3D 游戏编程入门教程［M］. 周维迪, 徐翎, 张璐意, 译. 北京：人民邮电出版社, 2005.

［7］ 黄安祥. 空间虚拟战场设计［M］. 北京：国防工业出版社, 2007.

［8］ 庞国峰. 虚拟战场导论［M］. 北京：国防工业出版社, 2007.

［9］ 汪连栋, 张德锋, 聂孝亮, 等. 电子战视景仿真技术与应用［M］. 北京：国防工业出版社, 2007.

［10］ 管莉, 张胜超, 宫文, 等. 基于 Direct3D 大规模虚拟战场系统仿真技术研究［J］. 弹箭与制导学报, 2008, 28(4):219 - 221.

［11］ Direct X Documentation for C + +［M］. DXSDK, 2006Dec.

［12］ 陈卡. DirectX9 3D 图形程序设计［M］. 上海：上海科学技术出版社, 2003.

［13］ 白建军, 等. OpenGL 三维图形设计与制作［M］. 北京：人民邮电出版社. 1999.

［14］ 向世明. OpenGL 编程与实例［M］. 北京：电子工业出版社, 1999.

［15］ 褚彦军, 唐硕. 基于 Vega Prime 的通用视景仿真系统研究［J］. 计算机工程与设计, 2009, 30(17)：4104 - 4107.

［16］ 贾志刚. 精通 OpenGL［M］. 北京：电子工业出版社, 1998.

［17］ 廖学军. 虚拟战场环境应用理论与技术研究［D］. 北京：装备指挥技术学院, 2004.

［18］ 刘涛. 大区域虚拟战场环境实时绘制技术研究［D］. 北京：装备指挥技术学院, 2007.

［19］ 刘海洋. 空间作战环境视景建模与仿真［D］. 北京：装备指挥技术学院, 2006.

第3章 战场可视化的图形学基础

战场可视化的实现离不开计算机图形学的支撑,在一定程度上可以认为,战场可视化是计算机图形学的一个应用领域,同时战场可视化的不断发展也拓宽了图形学的研究范畴。对于战场可视化而言,不一定应用非常复杂的图形学理论方法来追求高度的真实感,但是必须满足实时性的要求。因此,虽然计算机图形学具有非常丰富的研究内容,但其中对于实现战场可视化所必须的、构成战场可视化技术基础的主要是有关实时绘制的部分,即对于从事战场可视化的科学研究和工程应用来说,主要需要掌握图形绘制流水线、空间数据结构和层次细节的概念、原理与方法等。

图形绘制流水线基本原理的掌握可以揭示隐藏在各类开发接口之后的原理,是熟练进行战场可视化系统开发所必须掌握的基础知识,而其中有关图形变换和坐标系变换的部分更是关键中的关键;通过各类空间数据结构,可以有效地组织战场数据,结合流水线知识可以实现大量不需绘制内容的排除,是实现大规模战场实时可视化的关键要素;层次细节技术使得场景中单个实体以合适的几何对象规模进行显示,是战场中同一帧场景需要显示大量实体情况下实时性的保证。

本章首先介绍相关的数学基础知识,然后阐述实现战场二维态势所必须的图形学原理,然后详细介绍了图形绘制流水线,并且结合 OpenGL 讨论了其中的三维变换,最后分别介绍了空间数据结构和层次细节的概念和基本原理。

3.1 坐标系、矢量与矩阵

1. 坐标系

这里所说的坐标系都是指笛卡儿坐标系,即直角坐标系。存在两种完全不同的坐标系:左手坐标系和右手坐标系,图 3 - 1(a)定义的是左手系,图 3 - 1(b)定义的是右手系。左、右手坐标系可以相互转换,最简单的方法是只翻转一个轴的符号。

在实现战场可视化的过程中,需要用到多种不同的坐标系。

(1) 世界坐标系。世界坐标系是一个特殊的坐标系,它建立了描述其他坐标系所需要的参考框架。能够用世界坐标系描述其他坐标系的位置,而不能用更大的、外部的坐标系来描述世界坐标系。可以认为,世界坐标系所建立的是我们所关

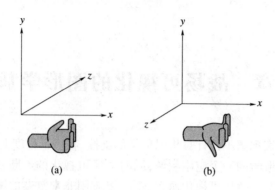

图 3-1 左手系和右手系

心的最大坐标系,而不一定是整个世界。在世界坐标系中,可以描述如下典型内容:每个物体的位置和方向,摄像机的位置和方向,地形,物体的运动等。

(2)物体坐标系。物体坐标系是和特定物体相关联的坐标系,每个物体都有自己独立的坐标系,当物体移动或改变方向时,和该物体相关联的坐标系也将随之移动或改变方向。

物体坐标系也称为模型坐标系,即模型顶点的坐标都是定义在模型坐标系中的。而实际应用中,可以方便地将模型坐标系变换到世界坐标系。

(3)摄像机坐标系。摄像机坐标系中,摄像机在原点,x 轴向右,z 轴向前,y 轴向上,构成一个左手坐标系。在有些开发平台中,也将其定义为右手系。

(4)屏幕坐标系。屏幕坐标系定义了最终要绘制场景的二维平面。一般来说,可以认为屏幕窗口内以整数形式所定义的坐标系代表了屏幕坐标系。

关于上述坐标系,后面将结合图形绘制流水线再进行详细介绍。

2. 矢量

矢量可以用来表示位移或相对位置,三维空间的矢量由三个分量组成。下面介绍矢量的主要运算。

设有两个矢量 $v_1(x_1,y_1,z_1)$ 和 $v_2(x_2,y_2,z_2)$,则有

矢量之和:$v_1 + v_2 = (x_1 + x_2, y_1 + y_2, z_1 + z_2)$

矢量相加的几何解释为:平移矢量,使两个矢量首尾相连,则其和相当于由第一个矢量头到第二个矢量尾所得到的矢量。这就是矢量加法的"三角形法则"。

矢量点积:$v_1 \cdot v_2 = x_1 \times x_2 + y_1 \times y_2 + z_1 \times z_2$

点积的结果是一个标量,其结果等于矢量大小与矢量夹角余弦的乘积,因此,也可以用矢量的点积来计算矢量的夹角。

矢量长度:$|v_1| = (x_1 \times x_1 + y_1 \times y_1 + z_1 \times z_1)^{0.5}$

长度为 1 的矢量为单位矢量。

矢量叉积:$v_1 \times v_2 = (y_1 z_2 - y_2 z_1, z_1 x_2 - z_2 x_1, x_1 y_2 - x_2 y_1)$

叉乘的结果为矢量,该矢量垂直于原来的两个矢量,且是按由第一个矢量到第二个矢量的右手法则确定。叉乘的结果矢量的大小等于两个矢量的长度与矢量夹角正弦的积。矢量叉积的定义,可以用于判断二维平面上点与线段矢量的位置关系,由点到线段起点构造一个矢量,由线段起点到终点构造一个矢量,可以根据两个矢量叉积 z 分量 $x_1y_2 - x_2y_1$ 的正负(右手法则)来判断点是在线段矢量的左侧还是右侧。

3. 矩阵

设有一个 m 行 n 列矩阵 A,即

$$A = \begin{bmatrix} a_{11} & a_{12} & \cdots & a_{1n} \\ a_{21} & a_{22} & \cdots & a_{2n} \\ \vdots & \vdots & \ddots & \vdots \\ a_{m1} & a_{m2} & \cdots & a_{mn} \end{bmatrix}$$

该矩阵是 $m \times n$ 个数按一定位置排列的一个整体,简称 $m \times n$ 矩阵,记为 A 或 $A_{m \times n}$,当 $m = 1$ 时,矩阵变为行矢量,当 $n = 1$ 时,矩阵变为列矢量。

行数和列数相同的矩阵称为方阵,在图形学中,使用的主要是 3×3 方阵和 4×4 方阵。

(1)矩阵加法。两个矩阵只有在行列数相等的时候才能相加,其结果仍然是相同维数的矩阵,其中的每个元素等于两个相加矩阵对应位置元素之和。

(2)数乘矩阵。用数 k 乘矩阵 A 的每一个元素而得到的矩阵叫做 k 与 A 之积,记为 kA 或 Ak。

(3)矩阵乘法。当第一个矩阵的列数与第二个矩阵的行数相等时,两个矩阵可以相乘,结果矩阵的元素的值为第一个矩阵对应的列与第二个矩阵对应的行中对应元素乘积的和。矩阵的乘法不满足交换律,但满足结合律。

(4)矩阵转置。把矩阵的行列互换得到的矩阵称为矩阵的转置矩阵,记为 A^{T}。

4. 齐次坐标

齐次坐标表示法就是由 $n+1$ 维矢量表示一个 n 维矢量,n 维空间中点的位置矢量用非齐次坐标表示时,具有 n 个坐标分量,而且是唯一的。若用齐次坐标表示,此矢量有 $n+1$ 个坐标分量,且不是唯一的。齐次坐标中的每个坐标分量除以其最后一个坐标分量得到的结果和非齐次坐标表示一致。即三维空间点 (x,y,z) 对应的齐次坐标表示为 (hx,hy,hz,h),而 h 可以为任意的非 0 值。

使用齐次坐标表示的主要优点:一是提供了利用矩阵运算进行空间点变换的有效方法,如三维空间的平移变换如果不使用齐次坐标,是很难用矩阵形式表达的,而使用齐次坐标后,基本可以用矩阵表达所有需要的各类变换;二是可以表示无穷远点。

3.2 二维图形生成与变换

战场可视化既包括极具真实感的战场三维环境绘制,也包括更能反映战场战略情况的战场二维态势可视化。而战场二维态势的图形学基础则是二维图形的生成与变换技术,以及更进一步的地理信息、数学曲线等知识。

3.2.1 二维图形生成

传统上的二维基本图形生成技术包括直线的扫描转换、圆和椭圆的扫描转换、区域填充、字符绘制、裁剪等。目前,许多技术已经直接由 API 甚至硬件提供支持,可以直接调用,因此,这里介绍一些在实现战场二维态势显示时所需的基础知识。

1. 线段裁剪

不管是二维态势,还是三维场景,往往在计算机屏幕显示的都只是其中的一部分。例如,虽然计算机内可以存储全国地图,但是,如果把全国地图全部显示在屏幕上,则看不到局部的细节,这时,可以缩放到某个局部放大显示。此时,必须确定图形中哪些部分在显示区之内。这个处理过程即是裁剪。进行裁剪时,最普遍的情况是裁剪到矩形窗口中,这个窗口由四条边围成。

对于点的裁剪,直接判断坐标即可。

常用的线段裁剪算法有 Cohen-Sutherland 裁剪算法、中点分割算法和参数化方法。

Cohen-Sutherland 算法思想是:对于每条线段分为三种情况处理:

(1) 若线段完全在窗口内,则显示该线段,简称"取之"。

(2) 若线段明显在窗口外,则丢弃该线段,简称"弃之"。

(3) 若线段既不满足"取"的条件,也不满足"弃"的条件,则把线段分为两段。其中一段完全在窗口外,可弃之。然后对另外一段重复处理。这个算法的巧妙之处就在于用窗口的四条边将整个平面划分为 9 个区域,根据每个区域与各条边的位置关系,给定一个 4 位编码。对于线段的两个端点,利用坐标比较,可以得到其编码,然后通过两个区域的编码的运算,即可以判断线段属于三种情况的哪一种。而这样的运算,大部分是比较和位运算,因此效率较高。

中点分割法的思想是:与前一种算法一样对线段端点进行编码,并把线段与窗口的关系一样分为三种情况,并对前两种情况进行一样的处理。对于第三种情况,则简单地把线段等分为两段,对两段重复进行上述测试处理,直到每条线段完全在窗口内或完全在窗口外。由于求线段中点可以由加法和位移实现,避免使用乘除法,易于硬件实现。

参数化裁剪算法适用于任意凸多边形,其基本做法是对于多边形每条边,取其上一点以及该边的内法向,然后根据线段起点到终点构成矢量与边法向点积的正负情况,分为两类求参数,分别得到点积大于 0 时参数的最大值 t_l 和点积小于 0 时参数的最小值 t_u。如果 $t_l < t_u$,则这两个参数是线段可见部分的端点参数,若 $t_l > t_u$,则整条线段在多边形外部。

2. 多边形裁剪

多边形裁剪有 Sutherland 和 Hodgeman 提出的逐次多边形裁剪算法和 Weiler-Atherton 算法。

逐次多边形裁剪算法的基本思想是一次用窗口的一条边裁剪多边形,得到一个顶点序列,作为下一条裁剪边处理过程的输入,如此反复进行,直到窗口所有边处理完毕。

Weiler-Atherton 裁剪算法的原理是:被裁剪的多边形简称为主多边形,裁剪区域称裁剪多边形。将主多边形和裁剪多边形定义为顶点的环形列表,多边形取相同的时针方向。主多边形和裁剪多边形如果相交,则交点必然成对出现,其中一个交点为主多边形进入裁剪多边形内部时的交点,而另一个交点为离开时的交点。算法从进入交点开始,沿主多边形跟踪,直到找到下一个交点;在交点处切换到裁剪多边形,沿裁剪多边形进行跟踪;继续上述跟踪过程,直到回到跟踪起点。跟踪结果即为裁剪的结果多边形。

3. 线型与填充图案

在战场二维可视化过程中,需要以不同的线型和填充效果反映不同的内涵,在后面章节将讨论矢量形式的线型和填充模式,此处介绍以位形式填充的原理。

线型可以用一个位序列存放,例如,32 位整数可以存放 32 个布尔值。用这样的整数存放线型定义时,线型必须以 32 个像素为周期进行重复。可以将一般的线段扫描转换算法中的写像素语句改为

if(线型[i%32])drawpixel(x,y,coloe);

其中 i 为循环控制变量,在扫描转换算法中,用于控制循环选择线型中的位。目前,这样的线型绘制模式为大多数 API 所支持,如在 GDI 中可以设置带有线型的画笔,在 OpenGL 中也有对应的函数可以直接设置绘制所采用的线型。

将上述的以位控制是否显示的思想扩展到二维位图,就是在区域填充中填充图案的概念:在确定了区域内一像素之后,不是马上往该像素填色,而是先查询图案位图的对应位置,根据该位置的值和填充模式来确定像素的颜色。在进行图案填充时,在不考虑图案旋转的情况下,需要确定区域与图案之间的位置关系,这可以通过把图案原点与图形区某点对齐的办法来实现。对齐方式有两种:一种方式是把图案原点与填充区域边界或内部的某点对齐;另一种方式是与屏幕窗口中某点对齐。

假设采用第一种对齐方式,并且是以不透明模式填充,图案是一个 $M \times N$ 位

图,则对应的填充代码中的绘制像素需改为

if(pattern(x% M, y% N))drawpixel(x, y, color);

else drawpixel(x, y, backgroundcolor);

而用第二种方式填充的图案,将随着区域的移动而跟着移动,看起来很自然。对于多边形,可取区域边界上最左边的顶点,而对于圆和椭圆这样的具有光滑边界的区域,则最好取区域内部某一点,如中心。从算法复杂性看,第一种方式比较简单,并且在相邻区域用同一图案填充时,可以达到无缝连接的效果,但是当区域移动时,图案不会跟着移动,结果是区域内的图案改变。

3.2.2 二维图形几何变换

图形变换一般是指对图形的几何信息经过几何变换之后产生新的图形。图形变换既可以看作是坐标系不动而图形变动,变动后的图形在坐标系中的坐标值发生变化;也可以看作是图形不动而坐标系变动。这两种情况在本质上是一样的。二维图形既可以是由点组成的线框图或者实心多边形,也可以是以参数方程或其他形式表示的复杂图形,对于后者最终还是要转换为前者来进行绘制,因此,这里介绍的变换针对点的坐标进行。

二维图形几何变换矩阵为

$$\boldsymbol{T} = \begin{bmatrix} a & d & g \\ b & e & h \\ c & f & i \end{bmatrix}$$

从变换功能上,可以将该矩阵分为四个子矩阵,其中 $\begin{bmatrix} a & d \\ b & e \end{bmatrix}$ 是对图形进行缩放、旋转、对称、错切等变换;$[c \quad f]$ 是对图形进行平移变换;$\begin{bmatrix} g \\ h \end{bmatrix}$ 对于图形做投影变换,g 的作用是在 x 轴的 $1/g$ 处产生一个灭点,h 的作用是在 y 轴的 $1/h$ 处产生一个灭点;$[i]$ 是对整体图形做伸缩变换。下面介绍几类主要的变换。

（1）比例变换,即

$$[x' \; y' \; 1] = [x \; y \; 1] \begin{bmatrix} s_x & 0 & 0 \\ 0 & s_y & 0 \\ 0 & 0 & 1 \end{bmatrix} = [xs_x \; ys_y \; 1] \qquad (3-1)$$

（2）旋转变换。二维平面上的点绕原点逆时针旋转 θ 角,则对应的变换为

$$[x' \; y' \; 1] = [x \; y \; 1] \begin{bmatrix} \cos\theta & \sin\theta & 0 \\ -\sin\theta & \cos\theta & 0 \\ 0 & 0 & 1 \end{bmatrix} \qquad (3-2)$$

（3）平移变换,即

58

$$[x' \ y' \ 1] = [x \ y \ 1] \begin{bmatrix} 1 & 0 & 0 \\ 0 & 1 & 0 \\ T_x & T_y & 1 \end{bmatrix} \qquad (3-3)$$

通过不同形式的矩阵,还可以得到对称、错切等各种变换;另外,多个变换还可以通过矩阵相乘的形式得到复合变换。

3.3 图形绘制流水线

随着计算机图形硬件的飞速发展,基于 GPU(Graphic Process Unit)的图形绘制流水线(Graphics Rendering Pipeline)成为实时图形绘制的核心,因而也是实现战场可视化的关键。只有正确地理解图形绘制流水线,才能够开发出高效的战场可视化系统。

图形绘制流水线的主要功能就是在给定虚拟相机、三维物体、光源、照明模式以及纹理等诸多条件下,如何生成或者绘制一幅二维图像。图 3-2 展示了一个绘制场景的过程:首先是在世界坐标系下定义了各个物体,在定义每个物体的时候,可以定义在物体的局部坐标系中,而通过图形的变化将其置于场景(世界坐标系)中;在绘制中,需要定义视点的位置、视角、近裁剪平面、远裁剪平面等参数,这些参数结合在一起构成了图 3-2(a)所示的视锥;经过绘制流水线的一系列变换,将场景绘制在二维窗口中,如图 3-2(b)所示。下面将详细介绍以上过程。

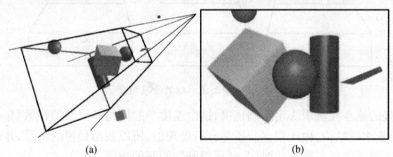

(a)   (b)

图 3-2 场景绘制示意图

(a)场景中的物体;(b)生成的二维图像。

3.3.1 流水线体系结构

流水线的概念存在于很多领域,如在汽车产业中,使用生产流水线把生产划分成一系列的环节,而各个环节之间进行流水作业,大幅度提高了生产的效率;又如,在现代的数字信号处理(DSP)芯片中,基本也都采用了非常好的流水线结构,如有的流水线分为四个或八个阶段,在一个时钟周期内同时进行多条指令的不同阶段,包括取指、译码、执行等。

流水线将整个绘制过程划分为多个阶段,而多个阶段可以并行执行,这样可以有效提高绘制效率。同时,如果某个阶段的效率较低,则将成为整个流水线绘制的瓶颈。

在概念上,可以将图形绘制流水线粗略地划分为三个阶段:应用程序、几何、光栅化。这样的一个划分是正确认识实时图形绘制的核心。

在绘制流水线中,每个阶段自身可能也是一条流水线,也包含着若干个子阶段。将前面三个阶段称为概念阶段,对应于这个概念,还有功能阶段和流水线阶段两个概念。概念阶段是指在概念上如何对绘制过程进行分解,是一种粗略的描述;功能阶段从实现功能的角度将概念节点进行细化,规定了各个概念阶段要执行的任务,但是并没有限制该任务在流水线中的执行方式;流水线阶段则表示了各个功能的实际实现采用的阶段划分,或者说实际的执行方式。图3-3反映了以上几个概念之间的联系:整个流水线从概念上划分为三个阶段,在应用程序阶段,有一个功能阶段,而这个功能阶段和对应的流水线阶段是一致的;几何阶段可以划分为五个功能阶段,但是在图形系统的真实实现上,完全可以将其在一个流水线阶段实现;光栅化阶段,有三个功能阶段,但是可以将其中的某个比较耗时的功能阶段用多个流水线阶段并行实现。

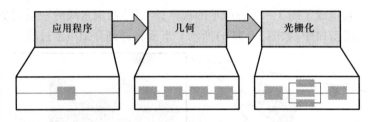

图3-3　绘制流水线的阶段划分

最慢的流水线阶段决定绘制速度,这个速度一般用每秒绘制的帧数(fps)来表示,对于流水线结构,由于很多阶段是并行处理的,所以找出最慢的阶段,并确定所有数据通过该阶段所需要的时间,就可以确定绘制的速度了。

下面分别介绍应用程序阶段、几何阶段和光栅化阶段的任务,理解了这些阶段的任务,再学习具体的图形开发平台,可以加深理解,促进知识的掌握和应用能力的提高。

3.3.2　应用程序阶段

应用程序阶段通过软件方式实现,开发者能够对该阶段发生的情况进行完全控制,可以通过各种数据结构、算法和程序设计技巧来提高实际性能。而几何阶段和光栅阶段全部或部分建立在硬件基础上,要改变其实现过程比较困难,当然,通过调整其参数或者进行 GPU 编程，还是可以对绘制的效率施加很大的影响的。但是应用程序阶段对后两个阶段的效率是有直接影响的，具体来说，可以减少传递到下一个阶段的几何对象的数量，这是后面的空间数据结构和层次细节模型要讨论的内容。

应用程序阶段可以认为是整个程序最主要的组成部分，其概念的边界也很难界定。从广义上讲，可以认为包括交互、碰撞检测、动画、几何变形、视锥裁剪、场景数据采集、管理等。但是从图形绘制的角度来看，也可以认为其中有关几何对象的管理、化简等才算是属于应用程序阶段的工作。总体说来，实现一个高水平的战场可视化系统，对于这个阶段有较高的要求。

而在应用程序阶段的末端，将需要绘制的几何体输入到绘制流水线的下一个阶段，这些几何体都是绘制图元，包括点、线、三角形、多边形等。这里的几何体数据包括几何体的位置、颜色、纹理等诸多信息。下面将对图元做一简要介绍。

1. 基本图元

任何复杂的场景和物体最后总是要利用最基本的图元加以表示的，各种图形 API 所支持的基本图元类型都差不多，但是对于更高层次的物体造型的支持有所区别，下面以 OpenGL 为例，对基本图元的概念做一介绍。

在 OpenGL 中，基本几何图元利用一系列的点来定义，其语句如下：

```
glBegin(type);
    glVertex();
        …
    glVertex();
glEnd();
```

其中的 type 决定了基本图元的类型，具体如下：

点(GL_POINTS)：定义了一系列的点，点至少为一个像素大小，也可以为多个像素大小，这通过 glPointSize 来进行设置。

线(GL_LINES)：定义一系列线段，每两个顶点定义一条线段。

线带(GL_LINE_STRIP)：定义连续的线段，即顶点 n、顶点 $n+1$、定义线 n。

首尾相连线带(GL_LINE_LOOP)：将线带首尾相连。

三角形(GL_TRIANGLES)：每三个顶点定义一个三角形，如图 3-4(a)所示。

三角形带(GL_TRIANGLE_STRIP)：定义一组三角形，如图 3-4(b)所示，n 个顶点定义了 $n-2$ 个三角形。

三角形扇(GL_TRIANGLE_FAN)：定义一组三角形，如图 3-4(c)所示，n 个顶点定义了 $n-2$ 个三角形。

三角形带和三角形扇较之于独立的三角形，效率有很大提升，原因如下：减少了几何阶段需要处理的顶点数量；减少了函数调用的开销；由于对于每个顶点，除

61

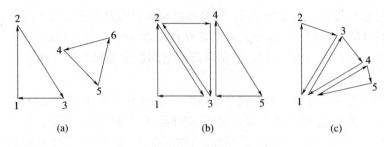

(a)   (b)   (c)

图 3 - 4   三角形、三角形带与三角形扇

了几何数据之外,还有法线、纹理坐标等诸多数据,所以也减少了在 CPU 和显卡之间传送的数据量。这两种方式也是硬件直接支持的绘制方式,也是所有 API 都支持的图元类型。

四边形(GL_QUADS):每四个点定义一个四边形。

四边形带(GL_QUAD_STRIP):定义连续的四边形,顶点 $2n-1$、$2n$、$2n+2$、$2n+1$ 定义第 n 个四边形。四边形与四边形带如图 3 - 5 所示。

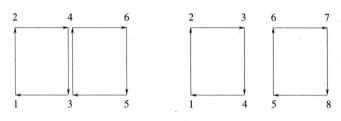

图 3 - 5   四边形与四边形带

凸多边形(GL_POLYGON):定义凸多边形。凸多边形,就是多边形任意两个顶点的连线都在多边形之内。凸多边形可以直接转化为三角形扇或三角形带进行绘制。

2. OpenGL 中的 Tesselator(镶嵌器)

以上是目前的绘制流水线所支持的图元类型,一般来讲,硬件所直接处理的是三角形、凸多边形等图元,但是在实际应用中,物体往往用更复杂的方式来表示。不管用何种复杂的模型和数据结构来描述,最后总是要归结为用一个个多边形来表示物体,而多边形则需要转换为一个个基本图元来进行绘制。

多边形三角化或凸剖分有很多的研究成果,可以查阅到很多相关论文,在 OpenGL 中,也提供了辅助函数来实现这个功能。由于这是一个成熟的商业系统,所以其功能相对而言还是比较完善的,这里对其应用及拓展做一介绍。

Tesselator 的本质是将复杂的多边形剖分为基本图元,而在其实现机制中,实际上提供了非常灵活的机制。但是在一般的书上都笼统地把这些封装到显示列表中,这样既不利于揭示其本质,在很多情况下也会导致效率的下降。

首先要介绍一下显示列表的机制。显示列表的作用是将一系列的命令封装起来,供后续重复执行,且显示列表中的所有命令编译并存储在显存中,这样在后续执行时,可以显著减少在 CPU 和显卡之间传送的数据量,提高绘制速度。显示列表以 glNewList 函数开始,以 glEndList 函数结束,其中的所有命令被编译到 gl-NewList 所指定的显示列表中,以后可以通过 glCallList 执行。

显示列表对于重复调用的命令可以显著提高绘制速度,但是并不是对于所有情况都如此,在有些情况下会使得效率下降。由于显示列表的建立也需要时间,同时显示列表还要占用显存资源,所以并非所有情况使用显示列表都合适。

回头来看 Tesselator 的机制,最重要的一个机制是回调函数机制,回调函数,就是按规定格式构造一个函数,然后把函数地址传递给相应的接口,而函数何时何处被调用是由开发包决定,可以理解为回调函数就是提供一个函数指针。

Tesselator 中设置回调函数利用如下函数:

void gluTessCallback(GLUtesselator ∗ tess,GLenum which,void (∗ fn)( )),其中的 which 指定回调函数的类型,可以指定为 GLU_TESS_BEGIN、GLU_TESS_VERTEX、GLU_TESS_END 等。一般书上建议将其指定为 glBegin、glVertex、glEnd 等,然后再将整个剖分的过程置于某个显示列表中,通过显示列表来绘制这样一个多边形。

Tesselator 剖分的结果可能为三角形、三角形带、三角形扇等。

正如前面所说,出于各种原因,可能不希望使用显示列表,或者要更具体地操作剖分的结果,则可以应用如下技术:

自己定义一个命令类,每个命令类由命令和顶点数组组成,如可以定义为

```
class  CGlCmd2D{
  GLenum m_Cmd ;
  CPoint2D*  m_pPt ;};
```

定义自己的回调函数,在 GLU_TESS_BEGIN 类型的回调函数中,创建一个新的命令对象,并在 GLU_TESS_VERTEX 类型的回调函数中,将所有的顶点输出到命令类对象中,而在 GLU_TESS_END 类型的回调函数中完成命令类对象的整个创建生成工作。

如此处理,则利用 Tesselator 实现了多边形剖分,而且可以对剖分结果进行操作,不必利用显示列表,不占用显存资源。

3.3.3　几何阶段

几何阶段主要负责大部分多边形和顶点操作,可以将这个阶段进一步划分为如图 3 - 6 所示的几个功能阶段:模型与视点变换、光照、投影、裁剪和屏幕映射。

根据具体的实现,这些阶段可以和流水线阶段相同,也可以不同。

图 3-6 几何阶段的功能阶段

在一种极端的情况下,整条流水线都由软件实现,这时可以认为整条流水线的流水线阶段和概念阶段基本一样。例如,在 DirectX 中,支持两种设备类型:一种是设备抽象层(Hardware Abstraction Layer,HAL),是硬件所支持的;另一种是硬件模拟层(Hardware Emulation Layer,HEL),完全用软件来模拟整个绘制流水线,此时,整条流水线都是用软件实现的。另一种极端情况是把每个功能阶段都划分为不可再分的流水线阶段。

需要注意的是,几何阶段执行的是计算量非常大的任务,例如,在只有一个光源的情况下,每个顶点需要 100 次左右的浮点运算。

但是由于这里的很多运算都是硬件实现的,所以其速度较之于在 CPU 中进行运算,还是要快得多。例如,无论在 OpenGL 和 DirectX 中都有一个参数,可以指定法矢量的归一化是由应用程序计算,还是交由硬件计算。在这种情况下,可以根据需要选择让硬件实现法矢量归一化,其效率可以有相当提升。

1. 模型和视点变换(Model and View Transform)

在绘制过程中,模型通常需要变换到若干不同的坐标系中。一般来说,模型都定义在自己的模型空间中,称为模型坐标系,可以认为它开始没有进行任何变换。而我们所处理的所有模型都存在于一个唯一的世界坐标系中,这样将一个模型放在场景中,需要设置其所处的位置、方向和大小。

每个模型可以和一个模型变换相联系,也可以和几种不同的模型变换联系在一起。这样,就可以在同一场景放置具有不同位置、方向和大小的同一模型,而不需要同时存储多个模型的数据。

模型变换的变换对象是模型的顶点和法线。图 3-7 表示了模型变换的过程,立方体开始定义在自身所在的局部坐标系中,经过模型变换之后,放置于世界坐标系。

在图形绘制流水线中,只对相机(视点、观察点)可以看到的模型进行绘制。相机在世界坐标系中有一个位置和方向。为了便于后续的投影和裁剪,需要对所有模型进行视点变换,视点变换的目的是把所有模型变换到以视点为原点的一个新的坐标系中。这个新的坐标系称为相机坐标系,或者叫观察坐标系。相机坐标系的原点是视点,视点到观察点构成观察坐标系的 z 轴(或 $-z$ 轴,取决于所用的 API),x 轴指向右边,y 轴指向上边。

图 3-8 表示了由世界坐标系变换为相机坐标系的过程。在这个变换中,需要

64

定义:视点的位置、观察点的位置、参考向上矢量等。在 OpenGL 中,可以通过调用辅助函数 gluLookAt 来设置这个变换的矩阵。利用观察点位置和视点位置,可以确定观察坐标系的 z 轴,然后利用参考向上矢量与 z 轴的叉积,确定观察坐标系的 x 轴,再利用 x 轴和 y 轴的叉积确定观察坐标系的 y 轴。

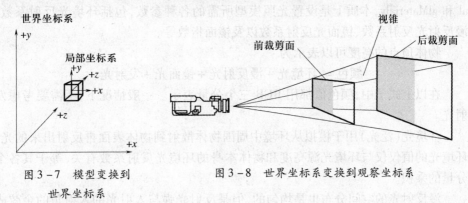

图 3 - 7　模型变换到
世界坐标系

图 3 - 8　世界坐标系变换到观察坐标系

由于几何变换和坐标系变换在很大程度上是一致的,可以互相转化,在实现上都是通过 4 × 4 的矩阵来实现的,考虑到效率因素,在绘制流水线中,在变换之前,将所有的矩阵级联起来,形成一个矩阵,然后应用到各个顶点。所以在此将模型变换和视点变换作为一个功能阶段,即模型由局部坐标系直接变换到相机坐标系,这也符合流水线的实现,在一般图形 API 中,也不对这两者进行严格区分。

2. 光照和着色(Lighting and Shading)

为了使模型看起来更加真实,可以为场景配上一个或多个光源;几何模型可以设定顶点的颜色或配上纹理。

明暗效应,指的是对光照射到物体表面所产生的反射、透射现象的模拟。当光照射到物体表面时,可能被吸收、反射或透射。被物体吸收的那部分光转化为热,而那些被反射、透射的光传到视觉系统。使用一些数学公式来近似计算物体表面按什么规律来反射、透射光,这种公式称为明暗效应的模型。

为进行绘制,必须在场景中定义光源,目前的 API 一般支持如下光源:

(1) 点光源。点光源是向四面八方发射光线的单点,又称全向光或球状光。点光源可代表许多常见发光物,如电灯、火把等。

(2) 平行光。平行光代表从无限远处射来的点光源的光线,场景中所有光线都是平行的,平行光没有位置,也没有衰减。

(3) 聚光灯。聚光灯是指从特定光源向特定方向射出的光,其照亮区域为圆锥形,如图 3 - 9 所示。

(4) 环境光。环境光是指不属于任何光源而照亮整个场景的光。

在现代图形实时绘制 API 中,一般都可以支持多个光源,而有系列的接口用于对光源进行设置。如在 OpenGL 中，可以利用 glLight 和 glLightfv 两个函数设置光源，第一个函数接收的是标量形式的参数，后者接收的是矢量形式的参数。可以设置光源的位置、方向、衰减系数、聚光灯的范围等参数。

同时对于每个顶点，也可以设置其材质，在 OpenGL 中，对应的函数为 glMaterial 和 glMaterialv，本质上是设置光照模型所需的各种参数，包括环境光反射系数、漫反射光反射系数、镜面光反射系数以及镜面指数等。

物体顶点的亮度可以表示为

$$颜色 = 环境光 + 漫反射光 + 镜面光 + 发射光$$

在以上式子中，颜色值都用 RGB 三个分量表示。一般情况下，不需要考虑发射光。

环境光（泛光）用于模拟从环境中周围物体散射到物体表面再反射出来的光。环境光的值仅仅与环境光源亮度和物体本身的环境光反射系数有关，等于其各个分量的乘积。

漫反射光的空间分布也是均匀的，但是反射光强与入射光的入射角的余弦成正比，这就是兰伯特余弦定律。

镜面光用于描述光滑表面，在视点所见的反射光强随视线与反射光线的夹角的增加而减少。其控制参数除了光强和材质反射系数之外，还有镜面指数，其值越大，表示反射光越集中在反射方向附近。图 3 - 10 中的物体反映了各种类型光的影响。

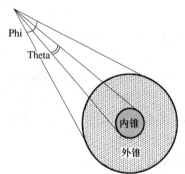

图 3 - 9　聚光灯的照射范围

图 3 - 10　光照模型影响

以上计算得到各个顶点的颜色值，而三角形内部的各个像素颜色值，需利用明暗模式来控制，这是光栅化阶段的工作。目前，主流 API 支持的明暗模式有 flat 模式和 Gouraud 模式（Smooth）。前者是利用顶点的颜色直接表示每个像素的颜色，后者利用三角形顶点颜色经双线性插值得到每个像素的颜色。图 3 - 11 表示了两种明暗模式得到的结果。

而随着 GPU 的发展，可以利用像素着色器技术来实现高级明暗模型，如 Phong

图 3 - 11   明暗模式的影响

模型,其本质上是利用双线性插值得到每个像素处的法线,然后再利用光照模型计算其颜色。

影响物体颜色的另一个要素是纹理,纹理映射的过程也是在光栅化阶段完成,但是在几何阶段需要设置每个顶点的纹理坐标,纹理映射的原理,在光栅化阶段再进行讨论。

3. 投影

投影的目的是将视体变换为一个单位立方体,这个立方体的对角顶点分别是(-1 , -1 , -1)和(1,1,1)。这个单位立方体称为规范视体(Canonical View Volume)。

目前,主要有两种投影方式,正投影(平行投影)和透视投影。平行投影的主要特性是平行线在变换之后仍保持平行,这种变换主要是平移与缩放的组合。

透视投影的主要特性的近大远小,物体距离相机越远,投影之后就会变得越小。此外,平行线会相交。透视投影与人眼观察物体的过程非常相似,也是一般情况下所采用的投影方式,透视投影变换的过程如图 3 - 12 所示。

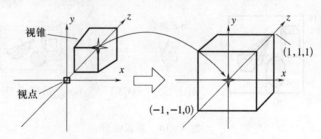

图 3 - 12   透视投影变换过程示意图

4. 裁剪

只有当图元完全或部分位于视体内部的时候,才需要将其发送到光栅化阶段。当一个图元完全位于一个视体内部的时候,可以直接进入下一个阶段;当一个图元完全在视体外部的时候,不会进入下一个阶段;而对于部分位于视体内部的图元,需要进行裁剪处理。这种裁剪与前述二维裁剪是一样的概念,在绘制流水线中,需要处理的基本为点、线和三角形。

67

投影变换之后的图元可以针对单位立方体进行裁剪,在裁剪之前进行视点变换和投影变换的目的是使得裁剪问题变得一致,而且可以根据单位立方体进行裁剪。裁剪过程如图 3 - 13 所示。

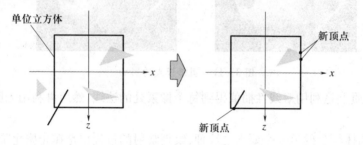

图 3 - 13　图元裁剪

需要指出的是,此处所指的裁剪是指在图形绘制流水线中由硬件所进行的裁剪,而不是在应用程序阶段,结合空间数据结构与视锥体所进行的大量物体剔除。

5. 屏幕映射

裁剪后的图元,进入屏幕映射阶段,此时的坐标仍然是三维的。每个图元的 x 和 y 坐标变换到了屏幕坐标系,屏幕坐标系连同 z 坐标一起称为窗口坐标系。屏幕映射的过程实际上是根据窗口大小和位置,对 x 和 y 坐标进行平移和缩放的过程,而 z 坐标不受影响。在 OpenGL 中,指定窗口大小的函数为 glViewport(cx,cy)。在屏幕映射阶段,将归一化的 (x,y) 坐标线性变换到 $(0,0)$ 到 (cx,cy) 之间。变换后的 (x,y,z) 坐标一起进入光栅化阶段。屏幕映射的过程如图 3 - 14 所示。

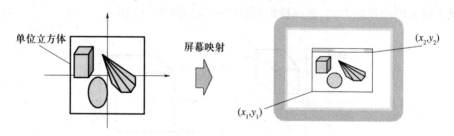

图 3 - 14　屏幕映射

3.3.4　光栅化阶段

各个图元经过几何阶段之后,其顶点信息包括窗口坐标系下的坐标、颜色(经过光照处理得到)、纹理坐标等。光栅化阶段就是要根据这些信息,计算图元内部每个像素的颜色值,图元内部既包括三角形内部像素,也包括线段中间的像素。这个过程称作光栅化或扫描转换。

为了决定屏幕每个像素的颜色,最主要的可以归结为两个问题:一个是究竟哪个图元或者图元的哪个部分是可见的;另一个是可见部分的像素颜色如何获得。

1. Z 缓冲器算法

Z 缓冲器算法是一个非常简单、非常适于硬件实现的消隐算法,也是目前几乎所有硬件都支持的算法。

有一个和窗口分辨力相同的颜色缓冲器和一个 Z 缓冲器,颜色缓冲器根据配置可以为 16 位、24 位、32 位等,Z 缓冲器也可以指定每个像素所占位数,存储每个像素所代表的图元到视点的距离。开始绘制时,颜色缓冲器所有像素都用某种颜色,Z 缓冲器的值都设置为最大。处理一个图元的时候,计算该像素位置处图元的 Z 值并与 Z 缓冲器中已有内容进行比较。如果新得到的 Z 值小于缓冲器中已有值,则说明即将绘制的图元在原有图元之前,同时更新颜色缓冲器和 Z 缓冲器的值;否则,颜色缓冲器和 Z 缓冲器的值都不变。

在以上算法中,图元的绘制顺序可以是任意的。但是对于透明的图元的绘制,则需要特殊的处理。

2. 纹理映射

如果仅仅使用光照模型得到的场景,往往由于表面过于光滑和单调,看起来反而不真实。现时世界中的物体,其表面往往有各种纹理,即表面细节,如木材的纹路、墙壁的装饰等。这些都是通过颜色色彩或明暗的变换体现出来的细节,这种纹理称为颜色纹理。另一类纹理是由于不规则的细小凹凸造成的,如橘子表面的皱纹和未磨光石材表面的凹痕。

生成颜色纹理的一般方法,是在一平面区域上预先定义纹理图案;然后建立物体表面的点与颜色空间的点之间的对应。当物体表面的可见点确定之后,以纹理空间的对应点的值乘以亮度值,就可以把纹理图案附到物体表面上。可以用类似的方法给物体表面产生凹凸不平的外观,不过这时纹理值作用在法矢量上,而不是颜色亮度上。

纹理映射的本质是对于要绘制的图元内的每个像素,根据其顶点的纹理坐标,通过双线性插值得到像素处的纹理坐标,然后根据纹理坐标计算对应的纹素值。

此外,在光栅化阶段,还涉及到颜色混合、模板缓冲器等。

3.3.5 DirectX 中的绘制流水线

DirectX 的绘制流水线是一个定义得非常出色的流水线,在这里对其做简要介绍。

DirectX 中的流水线描述如图 3 - 15 所示。其中的顶点处理阶段和图元处理阶段构成了几何阶段,像素处理阶段即为光栅化阶段。

在输入端,或者是定义在世界坐标系下的基本图元(顶点坐标),或者是一些

69

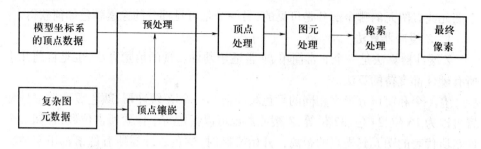

图 3 – 15　DirectX 中的图形绘制流水线

复杂的图元如复杂多边形,后者还需要经过三角化等预处理,这些构成了应用程序阶段。然后分别是顶点处理阶段、图元处理阶段和像素处理阶段,最后得到渲染后的像素。可以看出,以上阶段划分与前述略有不同,多了一个阶段。

顶点处理阶段的流水线可以展开,如图 3 – 16 所示。在这个阶段,输入的是在世界坐标系下以顶点形式定义的图元,输出的是投影坐标系下的图元顶点坐标。在这个阶段,可以进一步划分为世界变换、顶点混合、观察变换、顶点雾化、光照和材质计算、投影变换等阶段。

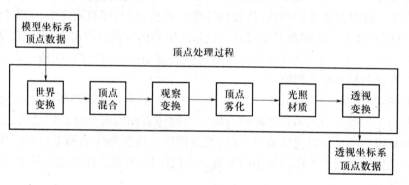

图 3 – 16　DirectX 流水线中的顶点处理阶段

图元处理阶段可展开如图 3 – 17 所示。输入的是投影空间的顶点坐标,输出的是经过插值等处理的窗口坐标系下的坐标。在这个阶段,分别要进行裁剪、齐次坐标转换到非齐次坐标、视口缩放、三角形设置等。三角形设置主要是确定三角形属性的插值方法。

分析以上两个阶段,可以知道,以上的流水线划分中,顶点处理和图元处理合并在一起,就构成了几何阶段。

流水线的最后一个阶段为像素处理阶段,也就是前面所讲的光栅化阶段,在这个阶段,输入是窗口坐标系下经过插值等处理的顶点坐标,而且包括了顶点的各种属性,输出为最后的像素颜色。像素处理阶段,还可以分为三个阶段,如图 3 – 18 所示。第一个阶段是纹理采样和颜色的混合,目前的各类图形 API 都支持同时使

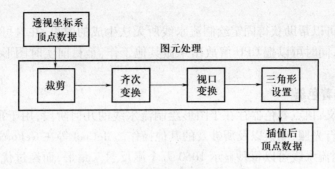

图 3－17　DirectX 流水线中的图元处理阶段

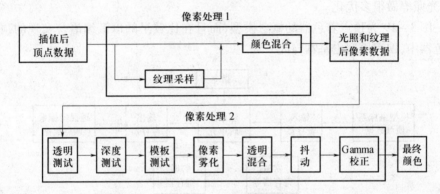

图 3－18　DirectX 流水线中的像素处理阶段

用多个纹理,所以需要将纹理颜色根据参数设置混合在一起;第二个阶段是利用光照和纹理为每个像素着色的过程,其原理如前所述;第三个阶段包括 Alpha 测试、深度测试、模板测试、雾化处理、Alpha 混合以及 Gamma 校正等,最后得到最终像素颜色。

3.3.6　可编程着色器

前面讲的图形绘制流水线实质上表示的是图形由构造到生成的一个固定的绘制过程,也称为“固定功能流水线(Fixed Function Pipeline)”。而在 DirectX8 之中,开始引入了可编程着色器(Programmable Shader),包括顶点着色器(Vertex Shader)和像素着色器(Pixel Shader),随后 OpenGL 也对这些功能提供了支持。从此,图形绘制流水线变得更加灵活,功能更加强大,选择范围更宽。

着色器本质上是一小段程序,这段程序以文本方式存在,DirectX 和 OpenGL 都提供了系列函数,将这段程序加载到内存中,然后经过编译和连接,绑定到 GPU 的程序对象上,变换为 GPU 上可以运行的代码,当处理顶点的时候(如调用 glVertex 函数),这段代码被执行。OpenGL 程序或 DirectX 程序可以与这段代码进行数据交换。

着色器可以帮助获得固定绘制流水线所无法生成的效果,并且可以取得更高的执行效率,同时可以把 CPU 解放出来做其他工作,是目前实时图形绘制的一项重要技术。

1. 顶点着色器

顾名思义,顶点着色器存在于图形绘制流水线的几何阶段,用于顶点之上,可以对顶点进行光照、变换以及所涉及的其他操作。McCool 等在 GeForce3 上做过试验,固定绘制流水线可以每秒显示 1060 万个漫反射三角形,而经过优化的顶点着色器可以显示 1330 万个三角形。主要原因是顶点着色器可以根据实际模型,对变换、光照等做很多优化。

图 3 – 19 为顶点着色器的概念模型,而且在比较早的以汇编语言实现的顶点着色器中,编程模型也基本与此一致。

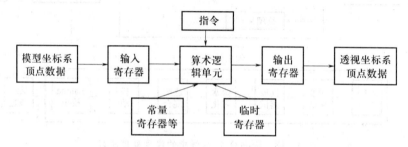

图 3 – 19 顶点着色器的概念模型

在顶点着色器规范的第一个版本中,一个顶点着色器程序有 128 个步骤,17 条汇编指令,没有流程控制和返回语句。

顶点着色器可以使用的寄存器类型有输入寄存器、输出寄存器、临时寄存器、常量寄存器等。

顶点着色器的典型应用有:阴影体创建;顶点混合;运动模糊;透镜效果,可以使屏幕看上去像一个鱼眼镜头或者像是在水下显示;物体定义,一次性生成网格,然后用顶点着色器对之进行变形;物体的扭曲、弯曲;过程变形,如旗帜的飘动。

2. 像素着色器

像素着色也称为片段着色(Fragment Shading),提供了一种灵活的方式,可以创建更具有真实感的光照模型和许多其他特殊效果。在整个图形绘制流水线中,像素着色器可以取代纹理阶段,支持进行逐像素的计算和处理。

图 3 – 20 是固定功能流水线中的像素处理过程,该过程表示由插值后得到的顶点坐标和纹理坐标最后生成像素颜色的过程。

图 3 – 21 则是在可编程流水线中像素着色器的虚拟机,可以看出,其输入和输

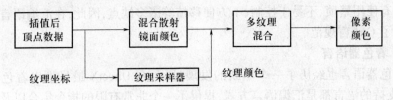

图 3 – 20   固定流水线中的像素处理

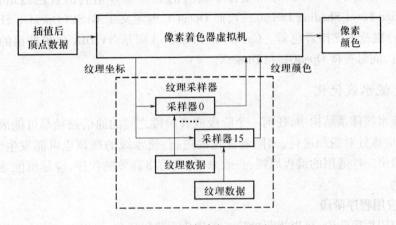

图 3 – 21   像素着色器的概念模型

出是基本一样的,只是此时对生成最终颜色的方法可以进行编程,根据自己的需要设计。

例如,可以实现 Phong 着色模式,在 Gouraud 着色模式中,是对顶点的颜色进行双线性插值,而 Phong 着色模式需要对法线进行插值,然后再计算光照。在原来的固定功能绘制流水线中,是无法支持这种着色模式的,但是在像素着色器中,可以编程实现了。

而图 3 – 21 中的像素着色器虚拟机展开后如图 3 – 22 所示,同样其也是由一系列的寄存器和算术逻辑运算单元组成,对编写汇编语言的着色器起着直接的作用。着色器中的汇编语言与普通计算机中的汇编语言一样,具有效率高的特点,但

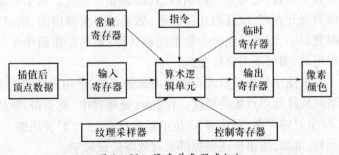

图 3 – 22   像素着色器虚拟机

73

是也具有使用繁琐、不易于控制、不方便移植等诸多缺点，因此，在汇编语言基础上也产生了 C 语言规范。

3. 着色器语言

着色器语言也经历了一个不断的发展过程，在 DirectX 最早推出着色器的时候，所支持的语言都是汇编语言方式，提供了一个非常有限的指令集合以及相应的支撑接口。后来，DirectX9 开始支持了高级的类似于 C 语言的着色器语言，即 HLSL(High Level Shading Language)，而 OpenGL 则定义了 GLSL(OpenGL Shading Language)规范来支持着色器。Cg(C for Graphics)则是 NVIDIA 公司推出的 GPU 编程语言，同时支持 OpenGL 和 DirectX。

3.3.7　流水线优化

在流水线体系结构中，任何一个阶段或者阶段之间的通信路径都可能成为瓶颈，优化应该针对瓶颈进行，而随着优化的进行，流水线的瓶颈也可能发生变换。此处只给出一些通用的编程原则，一般来说，要写出高效的程序，应尽可能地遵循这些原则。

1. 应用程序阶段

在应用程序阶段，可以进行的第一类优化为代码优化，可以在如下方面进行：

（1）尽可能避免除法。除法运算所需时间可以达到加减和乘操作的 4 倍 ~ 39 倍，因此要尽量避免。例如，如果有多个值都要除以某个值，则可以先计算其倒数，然后变除法操作为乘法操作。

（2）条件分支的开销非常高，可以用 res = a > b？ c1:c2 形式来代替 if – else 形式，对于有多个条件分支的语句，可以尽量将常发生的条件放在前面，或者将条件分支改为查找表来完成。

（3）为了去掉过多的循环，可以将小的循环展开。但是，这样会导致代码膨胀，降低高速缓存器的效果。

（4）将数据结构对齐，会充分利用高速缓存器功能，提高效率。

（5）许多数学函数，尤其是三角函数，其计算非常耗时。如果不需要高精度，则可以使用级数展开方式，取其前几项即可；如果是多次调用的，则可以预先计算并存储在临时变量中，以后以临时变量来代替计算；如果是在循环使用，且各次循环之间有规律可寻，则可适当进行变换。

（6）对于经常使用的小函数或在循环内部的函数，使用内联或宏等方式。

（7）适当时候降低浮点数的精度。在 Intel 处理器中，要获得 80 位的精度，浮点除法需要 39 个时钟周期，而获得 32 位的精度仅需 19 个时钟周期。

（8）虚函数、继承，按值传递参数都会对效率造成影响。

在应用程序阶段可以进行的另一类优化是内存优化，包括以下几方面：

（1）数据存储顺序与访问顺序保持一致，连续访问的内容连续存储，充分利用缓存。

（2）尽量避免间接指针、跳转和函数调用等。

（3）根据需要自己构造内存分配和释放函数。

以上各点，归根到底就是充分利用缓存和流水线。

2. 几何阶段

几何阶段的功能有变换、光照、裁剪、投影以及屏幕映射，其中只有变换和光照部分是容易做优化的部分，投影和屏幕映射基本不可能，裁剪部分如果优化也是在应用程序阶段，通过构造相应的算法和数据结构来进行，注意那和流水线中的裁剪又不是一个概念了。

（1）连接和压缩图元。尽量使用三角形带和三角形扇，尽量使用以数组形式直接调用的接口，而非逐个传送顶点。

（2）光照。平行光源比点光源快，点光源比聚光灯光源快；距离足够大或不需要时关闭光源。如果可能，用环境图等技术代替光源；法线计算通过预处理完成，或指定硬件完成，都比实时计算快得多；不要计算背面多边形的光照。

（3）使用顶点着色器进行优化。

3. 光栅化阶段

（1）打开背面裁剪，但是需要注意的是，如果所有物体都是正向的，打开背面裁剪反而会降低效率。

（2）如果需要，关闭 Z 缓冲器。如果空间数据按 BSP 树或其他结构组织，已经保证了绘制的顺序，则不必再利用 Z 缓冲器进行消隐。

（3）使用纹理压缩和固定纹理格式，避免发生格式转换。

（4）降低窗口分辨力。

（5）在缩小情况下，使用 Mipmap 纹理要比直接使用纹理快得多。

（6）使用像素着色器进行优化。

4. 总体优化

（1）尽量减少必须通过流水线的绘制单元数量，可通过模型简化或裁剪等各类技术实现。

（2）尽可能选择低精度的顶点、法线、颜色和纹理坐标。精度越低，则需要内存少，通过流水线的速度快。

（3）构造合适的预处理方法。

（4）减少 API 调用次数。

（5）按相近的绘制状态分组绘制。

（6）尽量保证所有纹理在纹理内存中，避免数据交换。

（7）运行阶段避免调用 glGet 之类的函数。

（8）帧缓冲器的读取开销较高,应避免。

（9）根据需要使用显示列表。过小或不是频繁调用的显示内容都没有必要使用显示列表。

3.4 三维图形变换与坐标系变换

在整个图形绘制流水线中,图形变换与坐标系是一个非常关键的环节。正确理解和掌握变换,是进行战场可视化相关工作所必须的基础。在前面已经学习了二维变换的相关知识,本节将阐述三维变换。需要指出的是,在二维变换中,点以行向量形式表示,而在此处,考虑到结合具体的 API,点以列矢量形式表示。

3.4.1 几何变换

1. 平移变换

平移变换从一个位置移到另一个位置,平移距离用矢量 $t = (t_x, t_y, t_z)$,则平移变换可以用如下矩阵形式表示,即

$$T(t) = \begin{bmatrix} 1 & 0 & 0 & t_x \\ 0 & 1 & 0 & t_y \\ 0 & 0 & 1 & t_z \\ 0 & 0 & 0 & 1 \end{bmatrix} \qquad (3-4)$$

平移变换的逆矩阵为 $T^{-1}(t) = T(-t)$,即平移矩阵中的对应值取负即可。

2. 旋转变换

旋转是绕某一轴进行的,而绕任意空间任意轴的旋转可以用绕各个坐标轴旋转的组合表示,因此,这里分别给出绕 x 轴、y 轴和 z 轴旋转的矩阵,即

$$R_x(\varphi) = \begin{bmatrix} 1 & 0 & 0 & 0 \\ 0 & \cos\varphi & -\sin\varphi & 0 \\ 0 & \sin\varphi & \cos\varphi & 0 \\ 0 & 0 & 0 & 1 \end{bmatrix} \qquad (3-5)$$

$$R_y(\varphi) = \begin{bmatrix} \cos\varphi & 0 & \sin\varphi & 0 \\ 0 & 1 & 0 & 0 \\ -\sin\varphi & 0 & \cos\varphi & 0 \\ 0 & 0 & 0 & 1 \end{bmatrix} \qquad (3-6)$$

$$R_z(\varphi) = \begin{bmatrix} \cos\varphi & -\sin\varphi & 0 & 0 \\ \sin\varphi & \cos\varphi & 0 & 0 \\ 0 & 0 & 1 & 0 \\ 0 & 0 & 0 & 1 \end{bmatrix} \qquad (3-7)$$

旋转矩阵的逆矩阵为 $\boldsymbol{R}^{-1}(\varphi)=\boldsymbol{R}(-\varphi)$。

3. 缩放矩阵

缩放矩阵的作用是使得物体分别沿 x 轴、y 轴、z 轴进行放大和缩小，其形式为

$$\boldsymbol{S}(s)=\begin{bmatrix} s_x & 0 & 0 & 0 \\ 0 & s_y & 0 & 0 \\ 0 & 0 & s_z & 0 \\ 0 & 0 & 0 & 1 \end{bmatrix} \tag{3-8}$$

缩放矩阵的逆矩阵为 $\boldsymbol{S}^{-1}(s)=\boldsymbol{S}(1/s_x,1/s_y,1/s_z)$。

如果缩放变换在各个方向基本一致，则也可以通过改变矩阵的 w 分量来达到相同的目的，如

$$\boldsymbol{S}=\begin{bmatrix} 5 & 0 & 0 & 0 \\ 0 & 5 & 0 & 0 \\ 0 & 0 & 5 & 0 \\ 0 & 0 & 0 & 1 \end{bmatrix}=\begin{bmatrix} 1 & 0 & 0 & 0 \\ 0 & 1 & 0 & 0 \\ 0 & 0 & 1 & 0 \\ 0 & 0 & 0 & 1/5 \end{bmatrix}$$

4. 变换的级联

将多个矩阵级联为单个矩阵可以获得比较好的效率。例如，对于由很多顶点组成的物体，需要进行平移、缩放、旋转等多种变换，如果对每个顶点都按顺序进行各个变换，显然，效率是比较低的，此时，先将所有的变换矩阵相乘，级联为一个矩阵，效果与分别应用各个矩阵是完全一样的。

例如，$\boldsymbol{C}=\boldsymbol{TRS}$，则表示首先进行缩放 $\boldsymbol{S}$、然后进行旋转变换 $\boldsymbol{R}$，最后是平移变换 $\boldsymbol{T}$。实际上，对于每个点，相当于其最终的变换 $\boldsymbol{p}'=\boldsymbol{Cp}=\boldsymbol{TRSp}=\boldsymbol{T}(\boldsymbol{R}(\boldsymbol{Sp}))$。

由于矩阵乘法运算不满足交换律，因此，矩阵相乘的顺序反映的含义是不同的。如图 3-23 所示，上图表示先进行旋转，然后进行缩放所得到的结果，而下图表示按相反顺序进行矩阵级联得到的结果。

因此，必须要注意矩阵运算的顺序。无论是哪种图形 API，在进行开发时都要注意这一点。

5. 刚体变换与法线变换

刚性物体的变换称为刚体变换，即物体的位置和方向发生改变，但是形状并没有受到影响。刚体变换由平移和旋转两类变换级联而成，具有长度和角度不变的特性。

法线必须通过用来变换几何图形的逆矩阵的转置矩阵进行变换，如果几何变换矩阵为 $\boldsymbol{M}$，则用来进行法线变换的矩阵为 $\boldsymbol{N}=(\boldsymbol{M}^{-1})^{\mathrm{T}}$。

3.4.2 OpenGL 中的几何变换

可以将 OpenGL 视为一个状态机，而相应的变换也是其中的一种状态，称为当

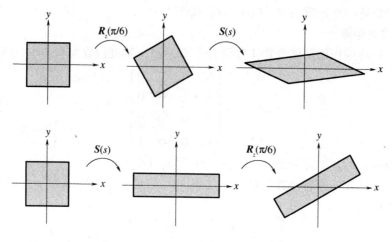

图 3 - 23　矩阵的级联

前变换矩阵(Current Transformation Matrix,CTM)。作为一个状态机,任何状态都对其设置之后定义的顶点起作用。CTM 的改变和设置是通过一系列函数完成的,正确设置后,就可以输出三维物体到二维屏幕上了。

　　下面介绍几个关键的函数。

　　(1) void glMatrixMode(GLenum mode)。这个函数的作用是设置矩阵类型,在 OpenGL 中,一共有三种不同的矩阵。函数参数 mode 的值可以为 GL_MODEL-VIEW、GL_PROJECTION 和 GL_TEXTURE。其中的 GL_MODELVIEW 即是流水线中的世界观察变换,在 OpenGL 中,将这两个变换视为一个。

　　(2) void glLoadIdentity(void)。这个函数的作用是将当前矩阵设置为单位矩阵。

　　(3) void glPushMatrix(void) 和 void glPopMatrix(void)。在 OpenGL 状态机中(硬件中),存在一个矩阵堆栈,用来保存和恢复矩阵状态。这对于比较复杂的造型尤其有用,如一个人手部的变换矩阵是与前臂的矩阵存在一定关系,而前臂又受上臂控制,上臂又与身体的变换矩阵存在关系。而通过矩阵堆栈可以方便地保存和恢复状态。矩阵堆栈的大小可以由 glGet( )函数获得。

　　(4) void glLoadMatrixd(const GLdouble ∗ m)。获得当前的变换矩阵到一个数组中。

　　(5) void glMultMatrixd(const GLdouble ∗ m)。当前矩阵与由数组形式表示的矩阵相乘。

　　上述五个函数可以作用于三类不同的矩阵,而下面的几个矩阵主要用于表示图形的几何变换。

　　(6) void glTranslated(GLdouble x,GLdouble y,GLdouble z)。进行平移变换,即

78

将当前矩阵与一个由 x、y、z 所表示的平移矩阵相乘。

（7）void glScaled（GLdouble x，GLdouble y，GLdouble z）。比例变换，即将当前矩阵与一个由 x、y、z 所表示的比例变换矩阵相乘。

（8）void glRotated（GLdouble angle，GLdouble x，GLdouble y，GLdouble z）。旋转变换，当前矩阵与一个绕由原点到 (x,y,z) 的矢量逆时针旋转 angle 角度（以度表示）的旋转矩阵相乘。

以上的函数都是以 gl 开始的，即都是由硬件实现，硬件所支持的功能。

假设有如下变换：

```
glMatrixMode(GL_MODELVIEW);
glLoadIdentity();
glTranslatef(0.0,0.0,-5);
glRotatef(60,1.0,0.0,0.0);
glScalef(2.0,1.0,1.5);
glRotatef(30,0.0,1.0,0.0);
glVertex3d();
…
```

以上过程表示要对物体进行的变换是：首先绕 y 轴旋转 30°，然后分别进行缩放，然后在绕 x 轴旋转 60°，最后在沿负 z 轴平移。

3.4.3 OpenGL 中的观察变换

可以将以上的过程认为是物体在世界坐标系中的平移、缩放和旋转操作，而另一个重要的变换就是所谓的观察变换，但是对于流水线或者对于 OpenGL 而言，这个变换与几何变换是一致的，修改的是同一个矩阵。

观察变换的本质是将物体从世界坐标系变换到照相机坐标系（观察坐标系），在 OpenGL 中，可以用辅助函数设置观察变换矩阵：

void gluLookAt（GLdoubleeyex，GLdouble eyey，GLdouble eyez，GLdouble centerx，GLdouble centery，GLdouble centerz，GLdouble upx，GLdouble upy，GLdouble upz）；

这个函数由 glu 开始，即为辅助库函数，它是由软件实现的函数，而非硬件直接支持的函数。这个函数的作用是计算一个变换矩阵，通过该矩阵的运算，将点由世界坐标系变换到观察坐标系下。

其中（eyex，eyey，eyez）定义了视点的位置，即照相机放置在世界坐标系中的什么位置；（centerx，centery，centerz）定义了观察中心，即照相机朝向哪里；由以上两个点之间构成的矢量定义了观察坐标系的 z 轴；（upx，upy，upz）定义了参考向上矢量。

由以上几个参数确定的新的坐标系为

zaxis = normal(At - Eye)

xaxis = normal(cross(Up,zaxis))

yaxis = cross(zaxis,xaxis)

对于世界坐标系中的任何一个点,其在世界坐标系下可以表示为 $p = xi + yj + zk$;同样,设观察坐标系下,其坐标基分别为 i', j', k',则其在新的坐标系下可以表示为 $p = x'i' + y'j' + z'k'$,利用坐标基可以很容易地将一个坐标系下的值变换到另一个坐标系下。

3.4.4 投影变换

对于一个实际的照相机,当把它的位置和方向设置好之后,下一个工作即是调镜头,通过镜头的距离和底片的大小,最后决定照相机前面的景物哪些会成像在底片上。而对于绘制流水线来说,这个过程对应为选择投影类型和设置视图参数。投影变换的目的是将三维空间坐标投影到二维平面上。

1. 正交投影

正交投影也称为平行投影,其特征是平行线经过投影后仍然保持平行,一个非常简单的正交投影矩阵为

$$P = \begin{bmatrix} 1 & 0 & 0 & 0 \\ 0 & 1 & 0 & 0 \\ 0 & 0 & 0 & 0 \\ 0 & 0 & 0 & 1 \end{bmatrix} \qquad (3-9)$$

可以看出,这个矩阵的作用是 x 和 y 坐标保持不变,而将 z 坐标设置为 0,这样就实现了将三维空间坐标投影到二维平面上了。图 3-24 为进行正交投影的例子。

在 OpenGL 中,正交投影变换函数为

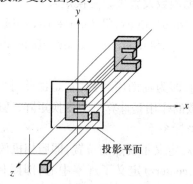

图 3-24 正交投影

80

void glOrtho(GLdouble left,GLdouble right,GLdouble bottom,

　　GLdouble top,GLdouble zNear,GLdouble zFar)

这六个参数都是在照相机空间定义的,分别定义了投影体的左、右、下、上、近平面和远平面,如图 3 – 25 所示。

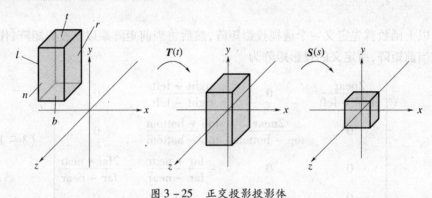

图 3 – 25　正交投影投影体

这个函数定义了一个投影矩阵,然后将当前矩阵乘以这个投影矩阵作为新的当前矩阵,函数定义的投影矩阵为

$$
\begin{bmatrix}
\dfrac{2}{\text{right} - \text{left}} & 0 & 0 & -\dfrac{\text{right} + \text{left}}{\text{right} - \text{left}} \\
0 & \dfrac{2}{\text{top} - \text{bottom}} & 0 & -\dfrac{\text{top} + \text{bottom}}{\text{top} - \text{bottom}} \\
0 & 0 & \dfrac{2}{\text{far} - \text{near}} & -\dfrac{\text{far} + \text{near}}{\text{far} - \text{near}} \\
0 & 0 & 0 & -1
\end{bmatrix}
\tag{3 – 10}
$$

这个矩阵将由六个平面所定义的长方体变换为左下角为(-1, -1, -1),右上角为(1,1,1)的单位立方体。变换到这样的单位立方体之后,在通过视口变换,将单位立方体内的坐标变换到屏幕上。

而在 DirectX 中,规格化之后的 z 范围在 $[0,1]$ 之间,而 x 和 y 坐标的范围与 OpenGL 之下相同。

2. 透视投影

透视投影与人类观察世界的过程类似,距离物体越远,看到的越小。假设相机位于原点,将点 p 投影到平面 $z = -d$ 上,则可以得到透视投影矩阵,即

$$
p = \begin{bmatrix}
1 & 0 & 0 & 0 \\
0 & 1 & 0 & 0 \\
0 & 0 & 1 & 0 \\
0 & 0 & -\dfrac{1}{d} & 0
\end{bmatrix}
\tag{3 – 11}
$$

81

在 OpenGL 中,透视投影的函数为

void glFrustum(GLdouble left,GLdouble right,GLdouble bottom,

GLdouble top,GLdouble znear,GLdouble zfar)

以上函数的各个参数也在照相机坐标系定义,定义了一个视锥,如图 3 – 12 所示。

以上函数首先定义一个透视投影矩阵,然后将当前矩阵乘以该投影矩阵,作为新的当前矩阵,所定义的投影矩阵为

$$
\begin{bmatrix}
\dfrac{2near}{right-left} & 0 & \dfrac{right+left}{right-left} & 0 \\
0 & \dfrac{2near}{top-bottom} & \dfrac{top+bottom}{top-bottom} & 0 \\
0 & 0 & -\dfrac{far+near}{far-near} & -\dfrac{2far*near}{far-near} \\
0 & 0 & -1 & 0
\end{bmatrix}
\qquad (3-12)
$$

在 OpenGL 中,还有另外的一个辅助函数,完成类似的功能:

void gluPerspective(GLdouble fovy,GLdouble aspect,

GLdouble zNear,GLdouble zFar)。

其中近平面和远平面的意思与上一函数相同,而 fovy 定义了视角,在 y 方向(垂直方向)的视角,而 aspect 定义了长宽比,为了保证显示不变形,其值需要等于 width/height。

以上变换的结果都是将原来在照相机坐标系下表示的视锥变换到一个单位立方体中。

3. 单位立方体变换到屏幕

经过投影后的变换到单位立方体后的坐标也要进行相似的处理,以将其投影到二维平面。但是此处的二维平面应该是指屏幕或窗口,所以此时直接利用 xy 坐标显然是不行的。我们知道,在屏幕或窗口中,都是以像素来表示坐标系的,也即是说,最后要变换到一个像素表示的整数二维直角坐标系中。

这里必须介绍另一个函数:

void glViewport(GLint x,GLint y,GLsizei width,GLsizei height)。

这个函数的作用是指定视口的参数,而将前面得到的归一个的坐标变换为屏幕坐标或窗口坐标,其计算公式为

$$
\begin{cases}
x_w = (x_d+1)\left[\dfrac{width}{2}\right]+x \\
y_w = (y_d+1)\left[\dfrac{height}{2}\right]+y
\end{cases}
\qquad (3-13)
$$

4. Z 缓冲器精度

正如前面所介绍的 Z 缓冲器算法所展示的那样,Z 缓冲器的值对于能否进行正确的消隐,对于结果能否正确绘制,都起着非常重要的作用。而在以上的变换中,由于达成透视效果,所以变换后的 Z 值与变换前的 Z 值并非线性变换,而是非均匀分布。

如图 3–26 所示,保持远平面和近平面之间的距离不变,而调整近平面与视点之间的距离,则在不同的距离下,其 Z 值在整个视锥内的分布情况如图中曲线所示。可以看出,视点离近平面的距离越近,其 Z 值的分布越集中在近平面附近的一小段距离内。

实际上,各种编程接口都可以指定 Z 缓冲器的深度值,如可以为 24 位或 32位。虽然 Z 值本身是按浮点表示的,但是其中的不同值毕竟只有 16MB 或 4GB,这样对于比较接近的 Z 值,是非常容易产生错误比较结果的。这样对于比较接近的面,经过透视变换后很容易产生不正确的结果。这也是需要值得注意的地方,适当拉大视点到近平面的距离可以使得 Z 值分布更均匀,有效减少错误消隐的发生。

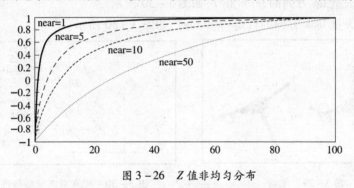

图 3 – 26　Z 值非均匀分布

3.4.5　Camera 类的设计

在一个虚拟的战场环境中,灵活地调整观察者的位置是一个非常重要的交互手段,诸如放大、缩小、移动等都可以归结为照相机调整。因此,一个灵活的照相机类对于战场可视化是非常重要的一环。

可以用四个矢量来表示一个照相机:右矢量、上矢量、观察矢量和位置矢量,其表示的含义如前面观察变换中所讨论的那样,只是此处应该是已经经过两次矢量积之后,完全构成正交坐标系的矢量。这样的四个矢量已经完整地定义了一个新的照相机坐标系。

此外,如果想将投影和视口参数都封装到这样的类中,也是合理的。因为真实的照相机也有底片大小、焦距等参数可以调节。这类定义可以用六个平面参数的方式,也可以用近平面、远平面加上视角的方式来定义。

此处,仅仅讨论照相机本身可以具有的运动,透视投影的描述不进行讨论。照相机可以进行如下六种变换:

(1) 绕矢量 right 的旋转(俯仰,pitch),如图 3-27 所示。

(2) 绕矢量 up 的旋转(偏航,yaw),如图 3-28 所示。

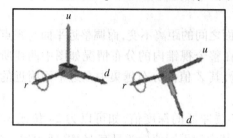

图 3-27 俯仰   图 3-28 偏航

(3) 绕矢量 look 的旋转(滚动,roll),如图 3-29 所示。

(4) 沿矢量 right 方向的扫视(strafe),如图 3-30 所示。

(5) 沿矢量 up 方向的升降(fly),如图 3-30 所示。

(6) 沿矢量 look 方向的行走(walking),如图 3-30 所示。

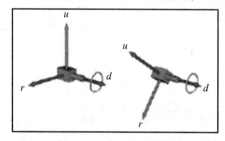
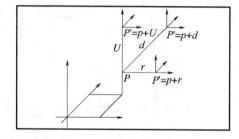

图 3-29 滚动   图 3-30 视点沿三坐标轴移动

在不同的应用中,照相机所能拥有的自由度也有区别,对于飞行模拟器来说,上述六个变换都可以进行;而对于坦克或者士兵,其只能执行有限个变换。

3.5 空间数据结构

对于战场可视化而言,并不一定应用非常复杂的计算机图形学技术,有时也不一定追求高度真实感,不一定使用诸如辐射度算法、光线跟踪等技术。但是一般而言,实时性是一个非常重要的要求,即使是面对海量空间数据或超大规模场景的情况下,实时性也是不断追求的目标。而以下要介绍的几个内容是对于图形绘制效率有很大影响的问题。首先介绍的是空间数据结构。

空间数据结构的组织通常是层次结构,这种结构具有嵌套和递归的特点。使用层次结构的原因主要是效率原因,但是空间数据结构的构造开销比较大,很多时候无法做到实时更新,而是需要利用预处理过程建立。

3.5.1 包围体层次

顾名思义,包围体层次(Bounding Volume Hierarchies,BVH)就是包围体所形成的层次结构。包围体或者包围盒是图形学中的一种非常常用并且很有效的技术,包围体就是包含一组物体的空间体,由于包围体一般选择形状简单的形状,所以使用包围体进行测试的速度要比使用物体本身快得多。主要包围体类型有以下几种:

(1)包围球。包围物体的最小球体,物体包围球的中心即是物体的中心,包围球的直径是物体表面各点之间的最大距离,包围球往往存在较大冗余。

(2)轴对齐包围盒(Axis-aligned Bounding Boxes,AABB)。AABB 结构简单,内存开销小、计算速度快,也存在冗余,其有些测试比球体慢。

(3)有向包围盒(Oriented Bounding Boxes,OBB)。最贴近物体的长方体。

其他的凸多面体也可以用作物体的包围体。

选定包围体的类型后,可以应用包围体建立空间数据的层次结构,图 3-31 为一个场景的示意图,其中包含六个物体,每个物体有自己的包围体,而包围体在形成一个更大的包围体,依次类推,直到构成一个包含所有物体的包围体为止。

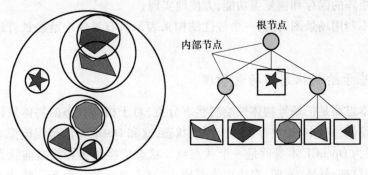

图 3-31　包围体层次

另外,还可以多次应用不同的包围体技术,如可以首先应用球体进行粗测试,然后再应用 AABB 或 OBB 进行细测试。

3.5.2 场景图

上面介绍的包围体层次只是对几何体进行了管理,而在实际的绘制过程中,场景中除了几何体之外,还存在很多其他要素,如纹理、光源、相机、变换等,而场景图则将所有相关要素都管理起来。

场景图是一种将场景中的各种数据以图的形式组织在一起的场景数据管理方

85

式,它是一个树结构,根节点是整个场景,树中的每一个节点可以有任意多的子节点,每个节点存储场景的数据,包括几何物体、光源、相机、纹理、变换等。

现在以星系为例来说明场景图的构造与遍历。设星系中有一个恒星和两颗绕它旋转的行星,每颗行星又有两颗绕其旋转的卫星。则其场景图可以构造如图3-32所示。

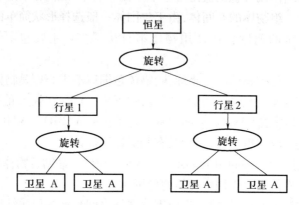

图 3 - 32   场景图示例

整个星系的运动都可以利用这样一个场景图来递归描述,而在实际的绘制中,可以利用矩阵的保存和恢复等功能,方便地实现。

如果不利用场景图,构造一个线性结构来表示所有星体会给场景管理增加很多复杂度。

3.5.3   基于绘制状态的场景管理

其基本思路是把场景物体按绘制状态分类,对于相同状态的物体只设置一次状态。在绘制过程中,始终存在一个当前状态,这和 OpenGL 的编程模型本身就是一致的,因为 OpenGL 本身就是一个状态机。状态切换是指影响当前状态的函数调用,包括纹理、材质、光照、多边形光照模式、融合等函数。由于一些状态切换是一个耗时的操作,所以在实际绘制时尽量减少状态切换的次数。例如,纹理设置就是一个最耗时的状态切换;同样,如果使用光照的情况下,切换物体的材质也是比较耗时的。

可以根据场景情况,构造多个状态集合,每个状态集合由多个状态组成,然后根据各个状态的耗时情况,对状态进行排序;然后根据状态的排序,将状态集合构造出一颗状态树,最耗时的操作作为树根,次之的向后,按诸如此类的顺序。这样一棵树即可以构造成一棵二叉树,也可以构造成一棵普通的多叉树。

而在绘制时,按深度优先顺序对树进行遍历,每条路径可以构造一个状态集合,到达该状态集合后,绘制所有的使用该状态集合的物体。

设有状态为｛纹理1,材质1,SMOOTH 插值方式｝,｛纹理1,材质1,FLAT 插值方式｝,｛纹理1,材质2,SMOOTH 插值方式｝,｛纹理2,材质2,SMOOTH 插值方式｝,则可以构造状态树如下。

图3－33为一棵以普通多叉树形式构造的状态树,其中默认左子节点的优先级高于右子节点。如果将其转化为二叉树形式,具有的优点是隐含优先级信息,但是其遍历并不简洁。这是一棵均衡的树结构,即如果某一状态集合缺少某一状态,还需要将其补上一个无切换代价的状态。

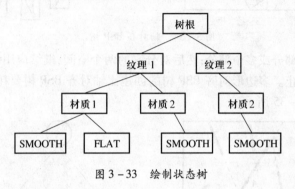

图3－33　绘制状态树

3.5.4　空间二分树

BSP 树(Binary Space Partitioning Tree)的创建思路是:首先用一个平面将空间一分为二,然后将几何体按位置分别划分到这两个空间中,然后以递归形式反复进行这个过程,在分割过程中,与分割平面相交的物体,可以被平面分割为两个物体,也可以不分割,直接存储。形成的树结构要尽量平衡,否则其效率太低。BSP 树可以用于视锥裁剪、射线与几何体求交等。

1. 轴对齐 BSP 树

顾名思义,轴对齐 BSP 树(Axis – Aligned BSP Tree)选择的分割平面是与坐标平面平行的平面。最简单的分割面选择原则是固定选择沿某个轴的平面进行分割,例如,如果场景中的物体沿 x 轴分布比较均匀,则可以选择与 yz 平面平行的平面对其进行分割,如此不断递归下去;也可以交替选择各个轴对齐的平面进行分割,此时,应该根据当前集合中物体的分布情况来选择分割平面。

轴对齐 BSP 树的优点是简化了树的建立和遍历过程,因为对于任何一个物体,判断其落在平面的哪一侧,可以通过坐标比较完成。

2. 多边形对齐 BSP 树

多边形对齐 BSP 树(Polygon – Aligned BSP Tree)的思想是将多边形所在平面作为分割平面,来对空间进行分割。在根节点处,选取一个多边形,用这个多边形所在平面将场景中剩余的多边形分为两组,对于每个与分割平面相交的多边形,沿交线将

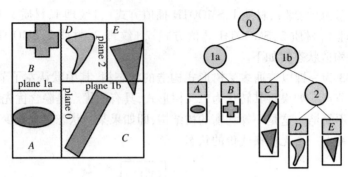

图 3 - 34　轴对齐 BSP 树

多边形分割为两部分或多个部分;然后对分割的两个空间,继续应用此方法,直到细分到一定程度为止。多边形对齐 BSP 树的创建比轴对齐 BSP 树要耗时。多边形对齐 BSP 树如图 3 -35 所示。

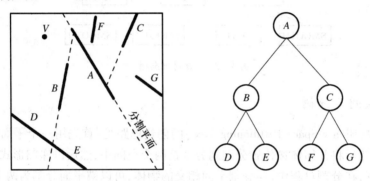

图 3 -35　多边形对齐 BSP 树

3. BSP 树的作用

　　BSP 树的最突出优点是可以对多边形进行排序,在没有硬件加速的深度缓冲之前,以及有了硬件加速的深度缓冲中,需要绘制透明物体的情况下,必须保证物体按顺序绘制才可以得到正确的结果,此时,常用的消隐算法不是 Z 缓冲算法,而是画家算法,而 BSP 树可以看作是画家算法的扩展:将视点置于 BSP 树中,根据视点与 BSP 树中分割平面的关系,采用某种原则按深度优先遍历,即保证了多边形按顺序绘制;同时,对于多边形互相循环遮挡的情况,画家算法无法正确处理其前后关系,而 BSP 树由于进行了多边形剖分,却可以正确处理绘制顺序。

```
void RenderBsp(BSPTreeNode*  pNode){
if( pNode ！ = NULL ){
if( 视点在剖分面左侧 ){
RenderBsp(pNode - >rightchild);
RenderBsp(pNode - >leftchild);
```

88

绘制当前节点的多边形;}

    else{

      RenderBsp(pNode - >leftchild);

      RenderBsp(pNode - >rightchild);

      绘制当前节点的多边形;}

    }

}

    这是一个典型的深度优先遍历,保证了按与视点由远到近的顺序绘制场景所有多边形。

    BSP 树的缺点:一是不太适合动态场景,如果有动态物体在场景中运动,必须解决动态物体与 BSP 树的融合问题;二是构造时间长,只能以预处理的方式进行;三是 BSP 树需要剖分多边形,增加了多边形的数量。

3.5.5　八叉树

    八叉树类似于轴对齐 BSP 树,但是构建时间短,且易于使用。首先建立场景的长方体包围盒;然后沿着长方体的三个轴同时对长方体进行分割,分割点必须位于这个长方体的中心,这样就生成八个新的长方体;判断场景中每个多边形与小长方体的位置关系,如果多边形与某个小长方体相交或者位于小长方体的内部,将多边形加入到小长方体的多边形集合中;如果小长方体的多边形数量大于某一值,则对其继续递归剖分下去。八叉树如图 3 - 36 所示。

    如果一个多边形与两个以上的节点相交,可以将多边形添加到各个与它相交的节点中,也可以将多边形沿节点之间的边界面剖分。前者增加了处理的复杂性,即在遍历时必须保证这类多边形只被处理一次,后者增加了场景中的多边形数量。

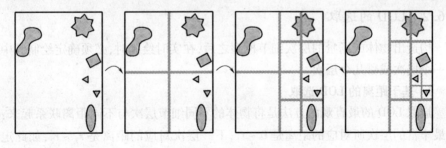

图 3 - 36　八叉树

3.6　层次细节技术

    层次细节技术(Level of Detail,LOD)的基本原理是利用透视投影的特性,距离当前视点越远的物体,其在成像平面上的投影面积越小,因而对于远处的物体可以用较少的等效绘制元素来表现它。例如,一个由 5 万个三角形组成的飞机模型,投影到 100 个屏幕像素,此时绘制全部 5 万个三角形显然造成了极大的浪费,此时,也许用 100 个或者更少的三角形就可以表现飞机的样子了。

通常,LOD 算法包括三个主要部分:生成、选择以及切换。LOD 的生成就是生成具有不同细节程度的模型表示,LOD 的选择就是基于某种准则选取一个细节层次,LOD 切换则是要构造方法来实现由一个细节层次切换到另一个细节层次。

3.6.1　LOD 的生成

一种 LOD 生成方法是根据不同应用构造算法自动生成,另一种是利用建模工具手工生成不同层次细节的模型。图 3 - 37 为一个层次细节的例子。

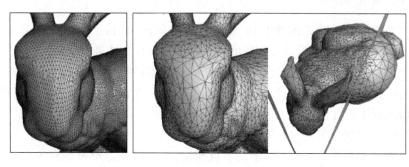

图 3 - 37　层次细节

3.6.2　LOD 的选取

构造出物体或场景的层次细节模型之后,在实时绘制时,必须确定绘制其中的哪一个层次或哪几个层次。

1. 基于距离的 LOD 选取

选取 LOD 的最直观的方法是将物体的不同细节层次与不同距离联系起来:细节最丰富的层次所对应的距离是 $0 \sim r_1$,下一层次对应的距离是 $r_1 \sim r_2$,如此定义下去。根据物体距离视点的距离落在哪个距离区间,就可以选取对应的细节层次进行绘制。基于距离的 LOD 选择如图 3 - 38 所示。

2. 基于投影面积的 LOD 选取

直接应用物体的投影面积显然是不可行的,因为精确计算物体的投影面积显然是一个很耗时的工作,其效率损失将抵消 LOD 带来的益处。因此,一般采用的

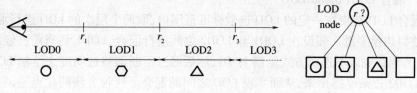

图 3 - 38　层次细节选择

办法是根据包围体的投影面积或其他的近似值。一般选择的包围体为球体或长方体。

3. 滞后方式 LOD 选取

用于确定 LOD 的度量标准围绕某个值频繁变化,将导致频繁的 LOD 切换,场景不断发生突变。如采用基于距离的度量标准,物体到视点的距离一直在某个临界状态下来回变换,如在 r_1 附近摇摆不定,则会出现上述情形。为此,可以引入一个滞后值来解决。如图 3 - 39 所示,上面的距离划分针对距离增加的情况,而下面一行划分针对距离减小的情况。这样,当距离在一个小的范围内变化的时候,不会造成 LOD 层次的频繁切换。

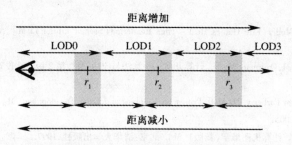

图 3 - 39　滞后方式层次细节选择

4. 其他 LOD 选取准则

基于距离和投影面积的 LOD 选取是最常用的度量准则,还有一些其他可用准则:物体的重要程度、运动、颜色、纹理等。其出发点是在场景中,观察者的注意力集中的物体使用更高层次的细节,而对于观察者不注意的地方,则使用比较粗糙的细节。

3.6.3　LOD 的切换

当从一个细节层次切换到另一个细节层次的时候,通常会产生一种突变现象,称为"Poping"。有很多研究致力于解决这个现象。

1. 离散 LOD(Discrete LOD)

DLOD 是一类最简单的算法,不同的层次是不同的模型,而根据 LOD 选取原则,选到哪一个层次则绘制哪一个层次,这样带来非常明显的突变现象。

2. 混合 LOD(Blend LOD)

混合 LOD 是指在一定的 LOD 选取标准范围内,取两个层次的 LOD 进行混合,从而使得切换平滑。假设在 LOD1 和 LOD2 之间进行混合,LOD1 是当前已经使用的 LOD,则首先以不透明方式绘制 LOD1,然后通过不断调整透明度来绘制 LOD2,实现 LOD2 逐渐显露出来,从而实现 LOD 之间的混合。这种方法的优点是硬件支持,易于实现,缺点是效果仍然未必理想,甚至有可能更不理想。

3. CLOD(Continuous LOD)

连续层次细节是对层次细节技术的更高要求,要求在视觉上基本看不出细节层次的切换,也已经提出了很多的连续层次细节算法,这方面的一个经典算法是 Hoppe 等人于 1995 年提出的渐近网格技术(Progressive Mesh),而且这样的一个层次细节模型已经被成功地应用在 DirectX9 中,其中的网格对象即支持渐近网格对象,如果要在 OpenGL 中使用,则还需要做一些工作。在后面的地形可视化中,将根据需要对其详细介绍。图 3 – 37 即是渐近网格的例子。

参 考 文 献

［1］ Tomas Akenine-Moller, Eric Haines. Real – Time Rendering(Second Edition)［M］. American:A K Peter, LTD,2002.

［2］ Berg M,Kreveld M,Overmars M,等. 计算几何——算法与应用［M］. 第 2 版. 邓俊辉,译. 北京:清华大学出版社,2005.

［3］ Fletcher Dunn,Ian Parberry. 3D Math Primer for Graphics and Game Development［M］. American:Wordware Publishing,Inc,2005.

［4］ 孙家广,杨长贵. 计算机图形学(新版)［M］. 北京:清华大学出版社,1997.

第4章 战场二维可视化

态势是战争过程中敌对双方作战要素的部署和行动所造成的形势和状态的变换。态势图是态势的可视化表现形式,是指挥员进行决策和作战指挥的基础,传统上一般以二维平面地图作为态势表现的工具,典型战场二维态势图如图4-1所示。

图4-1 态势图

战场二维可视化是以军队标号为主要手段,综合利用图形、图像、二维动画等技术,在地图上把战场环境以及对抗双方的部署和机动情况等作战要素展现出来,为战斗指挥员指挥作战提供形象直观的帮助,可以作用于战斗的全过程。

4.1 地图及其军事应用

地图不仅能够以其特有的图形符号直观地展现整个地球,而且能够根据需要表示地球任一部分的细节;不仅能表示地球的大气圈、水圈、岩石圈和生物圈的时空现象,而且能够反映地球上人类的政治、经济、文化和历史各个方面的情况。因此,地图在军事上有着非常重要的应用价值。

4.1.1 地图的定义及特点

20世纪中叶以前,人们将地图说成是"地图在平面上的缩写",这个定义不确切、不全面,也不科学。随着地图使用范围的扩大和科学价值的提高,人们逐渐认识并归纳出一些反映地图本质的特性。

1. 地图的特点

（1）由特殊的数学法则产生的可量测性。地图是按照严格的数学法则编制的,它具有地图投影、比例尺和定向等数学基础,从而可以在地图上量测位置、长度、面积、体积等数据,使地图具有可量测性。

（2）由使用地图符号表达事物产生的直观性。地图符号称为地图的语言,它们是按照世界通用的法则设计的,是同地面物体对应的经过抽象的符号和文字标记。

① 地面物体往往具有复杂的外貌轮廓,地图符号由于进行了抽象概括,按性质归类,使图形大大简化,即使比例尺缩小,也可以得到非常清晰的图形。

② 实地上形体小而又非常重要的物体,如控制点、路标、灯塔等,在相片上不能辨认或根本没有影像,在地图上则可以根据需要,用非比例符号表示,且不受比例尺限制。

③ 事物的数量和质量特征不能在影像上确切显示,如水质、温度、深度、土壤性质、路面材料、人口数等,在地图上可以通过专门的符号和注记表达出来。

④ 地面上一些被遮盖的物体,在相片上无法表示,在地图上则可以通过专门的符号显示出来。如等高线表示的地貌形态可以不受植被覆盖的影响。

⑤ 许多无形的自然和社会现象,如行政区划界、经纬线、磁力线、太阳辐射等,在相片上都没有影像,地图上确可以表达。

（3）由于制图综合产生的一览性。制图综合是在缩小比例尺制图时的第二次抽象,用概括和选取的手段突出地理事物的规律性和重要目标,在扩大阅读者视野的同时,能使地理事物一览无余。

2. 地图的定义

根据上述地图具有的三个特性,可以给地图下一个比较科学的定义:地图是按照一定的数学法则,使用地图语言,通过制图综合,表示地面上地理事物的空间分布、联系及在时间中发展变化状态的图形。

随着科学技术的进步,地图的定义也在不断地发展变化,如将地图看成"反映自然和社会现象的形象、符号模型"、"空间信息的图形表达"、"空间信息载体"、"空间信息的传递通道"等。

3. 地图符号

地图符号是地图的语言,是实现战场二维可视化的最关键、最基础要素。

（1）地图符号的本质。地图符号本身可以说是一种物质的对象,用来代指抽象的概念,并且这种代指是以约定关系为基础的。这是地图符号的本质特点。

地图符号的形成过程,实际上是一种约定过程。在某种程度上具有"法定"的意义。地图符号中,尤其是以表现地球表面为对象的普通地图,某些符号经过多少个世纪的考验,由约定而达俗成的程度,为广大读者所普遍熟悉和认可。

（2）地图符号的分类。

① 点状符号。地图符号所代指的概念可认为是位于空间的点。这时,符号的大小与地图比例尺无关且具有定位特征,如控制点、居民地、矿产地等符号。

② 线状符号。地图符号所代指的概念可认为是位于空间的线。这时,符号沿着某个方向延伸且长度与地图比例尺发生关系,如河流、渠道、道路、航线等符号。而有一些等值线符号(如等人口密度线)是一种特殊的线状符号,尽管几何特征是线状的,但它表达的却是连续分布的面。

③ 面状符号。地图符号所代指的概念可认为是位于空间的面。这时,符号所处的范围与地图比例尺发生关系,且不论这种范围是明显的还是隐喻的,是精确的还是模糊的,如水部范围、区域划分范围等。色彩对于地图上的面状符号的表现有着极大的意义。

（3）地图符号设计。

① 基本图形变量。巴黎大学图形研究室经过 20 多年的研究,总结出一套图形符号的规律——视觉变量,也称为基本图形变量。

形状:由有区别的外形所提供的图形特征,形状变量由不同的图形和结构组成,是符号在视觉上最重要的差别。

尺寸:符号大小(直径、宽度、高度、面积甚至体积)的变化。这里的尺寸变化只涉及点状符号和各种非比例尺的几何图形,也包括线状符号的宽度。依比例尺轮廓图形的大小是位置的函数,不能理解为尺寸的变化。

方向:符号的方位变化,是对地图上的一定系统而言,如地图上的地理坐标系或平面直角坐标系统。

色彩:图形变量中色彩变量主要指色相变化,即红、黄、蓝等。

亮度:图形色调的明暗程度。

密度:保持亮度不变的条件下改变像素的尺寸和数量。

② 符号变化。符号用于表示不同对象的位置、类别、级别及各种不同的含义,因此,不同的符号要保持一定的差别,而这种差别是通过改变六个图形变量中的一个、多个或全部来实现。

形态变化主要用于点状和线状符号设计,由不同的图形及其方向变异来实现。只反映制图对象间质的差别,不反映数量关系。点状符号的基本形态可以是规则的或不规则的,包括平面形态、侧面形态和会意形态;线状符号的形态与所代表的实际物体之间有着丰富的内涵,稳定性好的用实线、稳定性差的用虚线,重要的用实线、次要的用虚线,精确的用实线、不精确的用虚线,地面上的用实线、地面下的用虚线。

尺寸变化用于表达点状符号的各种数量关系。点状符号的大小用于表示物体的次序、等级或数值;为了区别重要程度,点状符号的尺寸常常要放大到使其面积达到可以比较的程度;线状符号的尺寸通常指线的粗细,对于组合线则表示线距大小及基本单元大小间隔等。

颜色变化中,色相变换主要表达实物的性质,亮度则用于表达各种与数量有关的数据类型,主要是分级数据。

4.1.2 地图的军事应用

地图始终同社会的需要紧密联系在一起,地图在国民经济建设、科学文化研究、宣传教育等各个方面都有着广泛的应用,在军事上更是必不可少的要素。

地图是现代战争的重要工具之一。现代战争,各军兵种协同作战,战场范围广阔,战争的突然性和破坏性增大,情况复杂多变,组织指挥复杂,对地图的依赖性更大,地图成了军队组织指挥作战必不可少的工具。经验证明,指挥员如能正确地利用地图,就能顺利地完成战斗任务,如不能正确地利用地图,就可能在战争中遭受挫折。从现代战争的用图量看,第二次世界大战期间仅苏联一个国家消耗的地图就达 5 亿多张;美英联军在北非战役中,仅两个步兵师、一个装甲师、两个步兵旅、四个加强团及八个营,约 107000 人,就使用地图 1000 种以上,数量达 1000 万份(约 200t 重)。而英美联军在诺曼底战役时,陆军三个集团军,共 30 个师,海军舰艇 5000 余艘,飞机 12800 余架,共约 200 万人,使用地图近 3000 种,达 7000 万份(约 1400t 重);美军侵朝时,第一个月只有四个师参战登陆,就用了一千万张地图,比第一次世界大战的全部用图还多;现代条件下的战争,诸兵种协同作战,地图用量更大,据估计,现在组织一个军的进攻,需要地图 300 万张左右;平时,部队战备训练也需要大量的地图。

军队使用地图的情况十分复杂,概括起来主要有以下几个方面:

(1)用于各种国防工程的规划、设计和施工,各种规划图通常比例尺较小,而施工图通常采用较大比例尺。

(2)用于各种军事训练和演习,需要许多不同类型、不同比例尺的地图。

(3)用于各种战术作业,如研究战区敌我双方的地形,选择阵地、观察所、遮蔽地和接近地,工事构筑的设计和施工,确定兵器的布置,计算射击死角、判定方位,准备射击,确定进攻方向和行军路线,空军的飞行、投弹,海军的作战、登陆等,都需要依靠地图,而且往往是比例尺较大的地形图或特定的专题地图。

(4)用于作战指挥,诸军兵种作战的协调,往往比例尺较小,包括较大区域的地图。

(5)用于战略研究,如研究地形态势、交通条件、自然资源、供应条件等,作为战略部署的参考资料,这类地图通常都是小比例尺的、比较概括的地图。

(6)现代化的军事手段,如导弹飞行、卫星侦察等,几乎任何一项都和地图有关。

1. 地图的分类

地图有各种分类方式,而并非所有的地图都具有军事价值,因此,在阐述地图主要分类的基础上,进一步明确各类地图的军事应用。

地图分类的标志很多,主要有地图的内容、比例尺、制图区域范围、地图用途、使用方式及其他各种标志。

(1) 按内容分类。地图按其所表示的内容分为普通地图和专题地图两大类。

(2) 按比例尺分类。地图按比例尺通常分为大比例尺地图、中比例尺地图和小比例尺地图三类。由于地图比例尺并不能直接决定地图特点,而只是在其他类型之下的二级分类标志,所以其大、中、小也是相对的。

(3) 按用途分类。地图按用途可以分为通用地图和专用地图两类。通用地图是没有设定专门用图对象的地图,适用于广大读者做一般参考或科学参考;专用地图是针对专门用途制作,如教学地图、航空图、航海图等,也可以分为军用地图、民用地图等。

(4) 按使用方式分类。地图按其使用方式可以分为桌面用图、挂图、野外用图、屏幕地图等。

2. 地形图及其军事应用

地形图是按一定的比例尺,表示地物、地貌平面位置和高程的正射投影图。我国规定大于1:100万的普通地图统称为地形图。其中1:5000、1:10000、1:25000、1:50000、1:100000、1:250000、1:500000、1:1000000作为我国基本比例尺地图。

在这个基本比例尺地图系列中,还可以进一步划分:1:5万及更大比例尺称为大比例尺地形图;1:10万、1:25万比例尺称为中比例尺地形图;1:50万、1:100万称为小比例尺地形图。其中小比例尺地图,内容较为概况,精度亦相应降低,因此称为"地形地理图"或"地形一览图"。

地形图的内容主要包括测量控制点、居民地、独立地物、管线及垣栅、道路、水系、地貌及土质、植被、注记、图外整饰等。随着比例尺的缩小,表示的内容也逐渐减少和概括。

不同的比例尺,相应于不同的精度和详细程度,因而有不同的用途。

(1) 大于1:10000的地形图。在军事上,主要用于军事基地、要塞等国防工程建设等。

(2) 1:25000~1:100000地形图。军事上称为战术用图,分别供团、师指挥机关研究地形、部署兵力、指挥作战,以及各兵种战场作业使用。

(3) 1:250000的地形图。军事上作为战役用图,供机械化部队作为道路图或军师以上指挥机关协同指挥和合成作战使用。

(4) 1:500000地形图。军事上主要供统帅部及方面军等高级机关使用。由于包括范围较大,在合成军队协同作战中应用较多。

（5）1:1000000 地形图。军事上是一种战略用图,供统帅部解决战略、战役任务,航空兵飞行等用。

3. 海图及其军事应用

海图以海洋为主要表示对象,包括海岸、海底地质、与航行有关的要素及海洋水文、海洋化学、海洋生物等各项内容。

海图分为四类:

（1）航行图。供舰船航行使用的地图,是海图中最重要的一类,详细表示与航行有关的一切细节,确保航行安全,细分为四类。

① 港湾图。供舰船驶入港湾、狭水道、港口及停泊场服务,可用于海军的作战、训练。比例尺较大,一般为 1:5000～1:50000。

② 海岸图。详细表示海岸地带及导航标志,供近岸航行及海军作战使用,以1:10 万、1:25 万为常用比例尺。

③ 航海图。供近海及远洋航行使用的地图,可用于海军作战训练,以 1:50万,1:100 万为常用比例尺。

④ 海洋总图。供远洋航行使用,比例尺一般小于 1:100 万。

（2）专用海图。为解决某种专门任务编制的海图,如无线电导航、卫星导航等。

（3）海洋地理图。以研究海洋自然地理为目的编制的地图。

（4）海洋地图集。以海洋学、海洋地理为研究目的的地图集。

为了航行方便,海图通常都采用墨卡托投影,它的最大特点是保持等角航线成直线。两极地区采用方位投影,小比例尺海洋地理图多采用球心投影,目的是将大圆航线投影成直线。海湾图与陆地地图一致,采用高斯—克吕格投影或圆锥投影。

根据各种海图的不同用途,或详或简地表示如下内容:

（1）海岸,包括海岸线的形状、海岸带的组成物质、地形特征等。

（2）水深及等值线,用水深注记和等深线表示海底地形。

（3）底质,为了航行安全和选择锚地等,需要表达海洋底质,用文字按颜色、质地、物质种类的顺序描述注出。

（4）障碍物,表示海上的天然障碍物和人工障碍物。

（5）助航标志,用于引导舰船航行并指示航行障碍的标志。

（6）陆上方位标,航行时能迅速辨明的陆上目标。

此外还有可靠航道、推荐航道、禁区界等内容。以上这些内容对于海军的战役战术行动以及联合登岛战役等,都具有重要的应用价值。

4. 航空图及其军事应用

航空图是空中领航、地面导航和空中寻找目标的工具。可以利用航空图拟定飞行计划、确定航线、研究飞行区域并通过量算获得所需的数据。在飞行过程中通过地面目标确定飞行位置和方向,并记录航线,确定飞行高度。

航空图按用途可以分为普通航空图和专用航空图。普通航空图是以地形图为基础加上飞行要素构成,往往覆盖一个大的区域,比例尺较小,最常用的为1:100万。

专用航空图是针对专门任务的,通常有:航线图,沿固定航线编制的带状地图;基地图,以航空基地或重要目标为中心,以飞机最大航程为半径编制的地图;着陆图,详细表示机场设施及机场附近地形地物,引导飞机起降;目标图,对于预定的目标区域编制的地图,供执行特定任务接近搜索目标;领航图,为无线电领航编制的地图,通过无线电设备判定飞机位置和航向。

航空图的比例尺决定于航行速度和特定用途,航速在200km/h～500km/h时通常使用1:100万地图;航速较慢使用较大比例尺;航速较高使用较小比例尺。着陆图、目标图等通常用更大的比例尺。

航空图的内容包括地理内容和航空要素。

航空图的地理要素与普通地图一致,但其选取和显示的着眼点有所区别。居民点主要选择有特殊位置,在空中容易辨认的居民点、河流交叉点、交通枢纽等;道路包括铁路、公路等,强调交叉、急转弯等特征;水是昼夜航行均容易发现的地面目标,要明确表示;地貌上主要强调山顶的高度、形状、轮廓等;独立地物既有作为地表确定方位的作用,又对航行安全影响有警示作用,如高烟囱、水塔、油气井等。

航空要素包括:机场,表示机场的类别、位置、跑道长度、方向、标高等;助航标志,机场控制塔、导航设备、无线电频率等;空中特区,表示空中禁区、危险区、限制区、飞行通道等;地磁资料,等磁差线、磁力异常区、磁差年变率等。

4.2　战场二维态势

现代战争是复杂条件下的一体化联合作战,是高技术武器装备体系之间的对抗,战场态势瞬息万变,传统的态势图表现手段不能适应现代战争的需要,需要向指挥员以及各类作战人员提供动态的实时战场通用态势图,增强战场感知能力,提高应急速度。

虚拟战场是未来一体化联合作战训练的支撑环境和信息基础设施,如何综合采用多种形式和丰富的手段来完整、全面、准确、及时地反映战场态势,是一个非常重要的问题。虚拟战场中的态势表现有面向指挥员把握战场总体情况的二维态势、面向武器系统操作员和观察者的三维态势、信息战场中传感器的电磁态势以及面向高层战略决策的多媒体态势等,有时这几种态势还互相融合。虚拟战场态势表现涉及到数字地图技术、三维建模技术、视景仿真技术等,技术复杂,开发工作量大。

计算机图形学、多媒体技术和可视化技术的快速发展,改变了作战过程中情报处理人员传统的数据处理方式。作为虚拟战场的一个重要组成部分,二维态势模块是指挥人员总揽战场全局的重要工具,它提供给指挥人员动态变化的态势信息,实时显示对抗双方的位置、毁伤情况,为指挥人员把握战场态势、调整作战方案、进行辅助决策提供重要支持。二维态势显示主要有以下作用:

(1)显示整体战场环境二维可视化界面,帮用户建立战场全局印象。

(2)显示战场中实体位置,帮助用户站在全局角度把握实体位置。

(3)用约定标识显示实体毁伤状态等信息,使指挥人员直观了解战损情况。

(4)反映实体的属性信息。

二维态势显示模块的功能结构如图4-2所示。

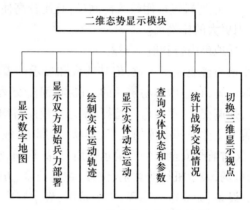

图4-2　二维态势显示功能结构

4.2.1　电子地图

地形图一直以纸质的形式被广泛应用,曾被生动地比喻为指挥员的眼睛,部队行动的向导。随着计算机技术的发展,为了能够在计算机环境下使用和生产地形图,要求将地图上的内容以数字的形式来组织、存储和管理,这种形式的地图就是数字地图(电子地图)。

军语中数字地图的定义是:以数字形式存储于磁带、磁盘、光盘等介质上的地图。需要时可经由电子计算机处理,由输出设备制作成纸质地图或显示在屏幕上。主要用于作战指挥和地形匹配等。

1. 计算机地图制图

计算机地图制图又称为自动化制图或机助地图制图,是以传统的地图制图为基础,在计算机软硬件的支持下,采用数据库技术和图形数字处理方法,实现地图信息的获取、变换、存储、处理、识别、分析和输出。

计算机地图制图的发展大致可划分为三个阶段。

（1）初期阶段。计算机地图制图技术酝酿于 20 世纪 50 年代，经历了 10 余年的试验与探索。20 世纪 50 年代，地图工作者对如何实现制图自动化进行了理论方法和技术的探讨与试验，1958 年，美国 Gerber 公司和 Calcomp 公司分别研制了平台式绘图仪和滚筒式绘图仪；60 年代，英国牛津完成第一个自动化制图试验系统，用模拟手工的方法绘制了一些地图。这个阶段的主要产品为纸带、纸卡机、手扶跟踪数字化仪、数控绘图机。

（2）发展阶段。20 世纪 60 年代后期至 80 年代后期，对地图图形的数字表示和数学描述、地图资料的数字化、地图数据处理、地图数据库、地图综合和图形输出等方面的问题进行了深入研究，在制图硬件的速度、交互性和制图软件的算法上都有很大的突破，推出了各种类型的地图数据库和地理信息系统，为军事、规划、设计和管理等部门提供方便的地理信息服务。

（3）飞跃阶段。从 20 世纪 80 年代至今，地图和地理信息的应用走向全面和深入；随着数据库技术、面向对象技术、图形图像处理技术、动画技术、多媒体技术和网络技术的发展，出现了电子地图、多媒体电子地图、互联网地图等全新的地图表现和应用形式；遥感技术、全球定位系统和地理信息系统（简称 3S 技术）进一步发展和集成。

2. 地理信息系统

地理信息是指与所研究对象的空间地理分布有关的信息，它表示地表物体及环境固有的数量、质量、分布特征、联系和规律。

地理信息系统（Geographic Information System，GIS）是一种特定而又十分重要的空间信息系统，它是以采集、存储、管理、分析和描述整个或部分地球表面与空间和地理分布有关的数据的空间信息系统。

地理信息系统是在计算机地图制图的基础上发展起来的，地理信息系统应该包含数字制图系统的所有功能，此外还应具有丰富的空间分析功能。

地理信息系统与一般的数据库管理系统的主要不同在于，地理信息系统除了需要功能强大的空间数据管理的功能之外，还需要具有图形数据的采集、空间数据的可视化和空间分析等功能。

GIS 的主要内容包括：有关的计算机软硬件；空间数据的获取；空间数据的表达与数据结构；空间数据的处理；空间数据的管理；空间数据分析；空间数据的显示与可视化；GIS 的应用；GIS 的项目管理、开发、质量保证和标准化。

目前的地理信息系统商用化发展很好，应用比较广泛的地理信息系统包括 MapGIS、ArcGIS、SuperStar、MapInfo 等，下面简要介绍 MApGIS 和 ArcGIS 两个系统的情况。

（1）MapGIS。MapGIS 是中国地质大学开发的地理信息系统基础软件，在地图编辑出版系统 MapCAD 的基础上发展而来，包括输入、图形编辑、空间分析、输

出、实用服务等,共计 16 个子系统。该系统在地图制图方面的优势非常明显:

① 图形输入操作比较简便、可靠、能适应工程需求。具有扫描仪和数字化仪等多种输入手段,具有自动进行线段跟踪、节点平差、多边形拓扑结构自动生成等能力。

② 可以编辑制作具有出版精度的地图。具有丰富的图形编辑工具及强大的图形处理能力,其功能设计符合我国的地图制图工艺,具有和标准页面描述语言 PostScript 的接口。

③ 图形数据与应用数据的一体化管理。图形数据以严格的点线面拓扑结构存储,并用图形数据库管理,各种应用数据由属性数据库管理,二者通过关键字进行连接,实现一体化管理。

④ 可实现多达数千幅的地图无缝拼接。

⑤ 矢量数据与栅格数据并存,能有效、方便地互相转换和准确套合。

(2) ArcGIS。ArcGIS 是由美国环境系统研究所公司(ESRI)开发的地理信息系统产品,目前的版本是 ArcGIS 9。它是建立完整地理信息系统应用的一个软件产品集成体系。该体系建立在 ArcObjects 这个共享的 GIS 软件组件公用库基础之上。ArcGIS 9 由四个关键部分组成:

ArcGIS Desktop——高级 GIS 应用程序的一个集成套件。

ArcGIS Engine——通过多种应用程序接口建立自定义应用程序的嵌入式 GIS 组件库。

ArcGIS Server——为企业和 Web 计算框架建立服务器端 GIS 应用程序的一个平台,可用于建立 Web 服务和 Web 应用程序。

ArcIMS——通过开放 Internet 协议发布地图、数据和元数据的 GIS Web 服务器。

ArcGIS Desktop 包括一系列具有用户界面组件的 Windows 桌面应用程序框架(如地图、目录、工具箱和 Globe 等)。ArcGIS Desktop 有三个功能层次(ArcView、ArcEditor 和 ArcInfo),而且可以使用 ArcGIS Desktop 开发工具包进行定制和扩展。ArcGIS Desktop 的软件开发工具包(SDK)包含在 ArcView、ArcEditor 和 ArcInfo 中,而且支持 COM 和 .NET 编程框架。许多开发人员应用 ArcGIS Desktop 的软件开发工具包来增加扩展功能、添加新的 GIS 工具、自定义用户接口,甚至对 ArcGIS Desktop 应用程序进行完全扩展以提高专业 GIS 的生产能力。

ArcGIS Server 定义和实现了一系列标准的 GIS Web 服务(如地图、数据访问、地理编码等服务),并支持基于服务器 ArcObejcts 的企业级应用程序开发。

ArcGIS Engine 是开发人员用于建立自定义应用程序的嵌入式 GIS 组件的一个完整类库。开发人员可以使用 ArcGIS Engine 将 GIS 功能嵌入到现有的应用程序中,包括 Microsoft Office 的 Word 和 Excel 等产品,也可以建立能分发给众多用户的自定义高级 GIS 系统应用程序。ArcGIS Engine 由一个软件开发工具包和一个可以重新分发的、为所有 ArcGIS 应用程序提供平台的运行时(Runtime)组成。

3. 基于 GIS 的军用电子地图

地理信息系统与军事应用相结合,产生了军事地理信息系统,在军事地理信息保障方面发挥着巨大的作用。应用 GIS 技术制作的军用电子地图和以往的军用地图相比,具有精度高、信息量大、可编辑性强、操作简便、携带方便等特点,而且通过设计可具有路径优化等功能。这些特点使得基于 GIS 的军用电子地图必将在现代战争中发挥更大的作用。

对于一般的二维态势显示,只是利用电子地图作为态势信息显示的底图。但是目前的 GIS 系统提供了功能强大的二次开发接口,可以容易地实现一般所需的功能,如图层控制、地图缩放等,还可以方便地在地图上加入所需的图标或运动轨迹等。

基于 GIS 的电子地图模块可以有各种组成结构,但一般来说可以包含如下六个部分:

(1) 地图数据采集。主要完成军用电子地图系统的数据输入任务,既可以集成到军用电子地图系统中交给用户,也可以作为独立的数据采集系统。数据采集的方式有通过扫描输入、通过数字化仪输入以及直接外部文件输入等。

(2) 地图数据预处理。采集来的数据只有经过预处理后才能适合系统所采用的特殊数据结构、空间坐标参考系统、分析操作等要求。主要包括地图数据的修改与转换、建立拓扑关系、输入数据属性等。

(3) 地图数据分析与操作。通过对空间对象的分析与处理为用户提供图形操作和信息查询工具。这也是一般地理信息系统提供的空间分析功能和空间查询功能。

(4) 地图数据库。地图数据库是军用电子地图系统的信息中心,为系统的其他操作提供数据支持。

(5) 地图数据库管理。军用电子地图的控制中心,为用户提供安全、可靠而有效的存取和管理地图数据库的工具。

(6) 人机交互界面。

基于 GIS 的军用电子地图一般提供如下功能:

(1) 视图操作。地图的放大、缩小、平移、漫游等。

(2) 信息查询。对单个目标的查询和某一属性目标集的查询。

(3) 量测操作。测量距离、表面积、面积、体积等。

(4) 地图编辑。修改、插入、删除空间目标和属性。

(5) 自动显示。空间对象显示的自动处理。

(6) 坐标匹配。完成各坐标系统之间的互相转换。

（7）路线引导。当参谋人员输入起始地址和目的地址后,电子地图能按照一定的约束条件,指出多种可能的进攻/撤退路线,且可按照各种最优准则标绘出最佳引导路线。这些功能基本上是利用地理信息系统提供的最短路径分析等功能支持。

（8）战术计算。主要是根据数学模型,根据地理底图库等提供的数据完成各种空间数据及关系的计算工作,为首长决策和战术行为提供准确的数据。

4.2.2 作战标图

作战标图是军事标图的主体工作。作战标图的成果称为"要图",是作战文书的重要组成部分。

1. 作战标图的定义

在地图等载有地形信息的载体上,用规定的符号和文字标绘有关军事情况的工作,称为军事标图。

军事标图可分为作战标图和非作战标图两类。作战标图按军种可分为陆军作战标图、海军作战标图、空军作战标图和二炮作战标图等;按层次可以分为战斗作战标图、战役作战标图和战略作战标图。

作战标图可以定义为:在地形图等载有地形信息的载体上,用军队标号和文字标绘作战情况的工作。作战标图的这一定义,表达了三层意思:一是"在何处标"——地形图、地形略图、遥感图像、数字地图等载体,统称"底图";二是"用什么标"——总参谋部颁布实行的"军队标号";三是"标什么"——不同军兵种作战情况或联合作战情况。

2. 作战标图的类型

在载有地形信息的载体上标绘有作战情况的图统称为作战要图,简称要图。作战要图根据标绘内容和用途的不同可分为四种类型。

（1）情况图。情况图是指标绘有敌我双方态势、部署,以及指挥员定下决心所需情报信息的图。根据需要可标绘成单项情况图或综合情况图,前者如敌情图,后者如敌我态势图。

（2）指挥图。指挥图是指标绘有指挥员决心、指示,部队行动计划等内容为主的图。常见的指挥图,有行军计划图、首长决心图、协同动作计划图等。

（3）战况图。战况图是指标绘有部队作战进展情况的图,如作战经过图(演习推演图)、战例图等。

（4）工作图。工作图是指指挥员和机关工作人员在遂行作战指挥任务的过程中,随时标注与本职工作有关情况的图,如首长工作图、处长工作图、参谋工作图、单位工作图、后方工作图(图4-3)等。

陆军第XX师XX地区进攻战斗后方工作图

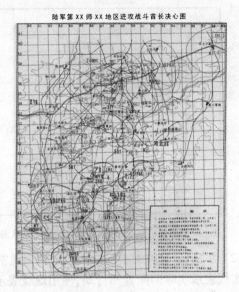

陆军第XX师XX地区进攻战斗首长决心图

图4-3　首长决心图与后方工作图

3. 作战要图的作用

（1）要图既可以作为命令、计划等文书的附件,也可以作为主件。要图具有简明、直观、形象等特点。与文字表述形式相比较,要图使作战情况座落于一定的地理空间,从而使标示的作战情况更直观、更形象。标绘要图是记录作战情况、拟制作战文书、组织指挥作战、总结作战经验的一种比较科学的方法。

（2）要图标绘工作虽然多由参谋人员和作战保障人员承担,但要图在组织作战指挥过程中是不可缺少的,尤其是在高技术条件下的诸军兵种联合作战中,不利用要图实施指挥是不可想象的。标绘要图和运用要图是参谋人员和指挥员应当具备的指挥技能。

4. 军队标号

军队标号是军事标图的依据。由简单的线段、圆弧等称为图元的基本单位组成,并根据实际需要标注在军用地形图和其他形式的地图上,形成表示敌我双方的作战态势,战斗队形,首长决心,部队、武器装备布局等一系列与军事相关活动的态势图,是拟制军用文书、表达首长决心、记录战场情况、反映战场态势、组织指挥作战、总结作战经验的重要手段。军队标号是队标和队号的统称。队标是指标示部队、机构、武器装备、设施和军队行动的图形符号。队号是指用于注明队标的阿拉伯数字、代号汉字,如图4-4所示。

军队标号是传输军事信息不可缺少的媒介,自身成为一套完整的符号系统体系,它不失一般符号的共性,也有其自身的特点。

（1）军队标号的颜色有其特定的意义。

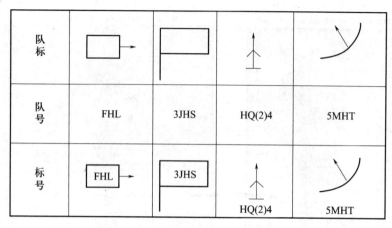

队 标				
队 号	FHL	3JHS	HQ(2)4	5MHT
标 号	FHL	3JHS	HQ(2)4	5MHT

图 4 - 4　军队标号

（2）军队标 号的大小、方向、线划结构通常也有相应的适用原则。例如,队标使用实线表示实际的配置和行动,使用虚线表示预定的或假定的配置和行动。

（3）军队标号是队标和队号的总称,它不仅仅包含有图形、颜色、形状等信息,还包含有代字（汉字）和数字。代字是队号的重要组成部分,大致分为四类:军（兵）种、专业（勤务）代字,部队级别代字,武器装备、车辆代字和其他代字;数字是用来说明火器、车辆、线路、建制单位等数量和时间、编号注记的。这些都是军队标号所特有的。

（4）每一个军队标号不仅有其所代表的属性信息,同时还应有精确的定位点以确定每一个标号的具体位置。

（5）常规军标可以分为两类:规则军标和不规则军标。规则军标比较简单,用简单图元即可表示,不规则军标无法用一定的标准化数据来描述。

5. 标号的表示规则

（1）标号的颜色。标号的颜色通常使用红色、黑色、蓝色和绿色,特殊需要时加衬黄色或使用其他颜色。

标示我军的队标,除炮兵、防空兵、电子对抗兵、工程兵、通信兵和雷达兵用黑色外,均用红色（队号用黑色）;标示敌军的标号用蓝色;标示不明国籍或者中立国（地区）的标号用绿色;标示核、化学、生物武器与使用,以及核、化危险源的队标,在队标内加衬黄色;标示不同作战时节情况的队标,可在队标内加衬不同的颜色加以区别;用一种颜色标图时,我军队标用单线,敌军队标用双线;标示不便区分敌对双方情况的标号,使用的颜色或线种,应以图例说明。

（2）标号的方向。标号根据性质和标示的情况,分直立标绘、按实际方向标绘和垂直标绘三种方向:

① 直立标绘的队标和队号。有直立含义和直立特性且有实际意义的队标,通

106

常直立标绘。例如,驻止时指挥所(旗面展向右方)、观察所、分队指挥观察所、高射机枪、高射炮、地空导弹、电台、雷达、调整哨、仓库、医院、保障组等。部(分)队、保证分队队标水平标绘时,其短边直立。绝大多数队号,通常由左至右直立注记。队标直立标绘、队号直立注记。

② 按实际方向标绘的队标。有行动方向和规定方向的队标,通常按实际行动方向规定方向标绘。如进攻队形指向进攻方向、火器指向射击方向、行军纵队和战斗车辆指向行进方向、通信联络指向联络方向、行进时指挥所队标的旗面展向行进的相反方向、工程类队标(如堑壕、掩体、防坦克壕、崖壁或断崖等)以规定部分指向敌方。

③ 垂直标绘的队标和队号。分队级别队标垂直于长边或竖线。行进时指挥所队标的旗杆垂直于行进纵队。部(分)队和预备队队标内兵种队标垂直与长边或长半径。当队号与队标合成一体时,队标应当以队标方向垂直标注。

(3) 标号的大小。标号的大小,应根据标号的不同类型、级别和底图比例尺的大小合理确定。

① 队标的大小。标示地域范围的面状队标,如部队占领(集结)地域、炮兵群阵地、染毒地域、巡逻空(海)域等,通常依比例尺标绘。有时因地图比例尺较小,依比例尺标绘的队标可转为半依比例尺标绘的队标。标示长度或正面宽度的线状队标,如行军纵队、进攻队形、登陆地段等,通常半依比例尺标绘。不依比例尺表标绘的点状队标和说明队标,其大小应视标图情况而定。在同一幅要图中,同类型、同级别的队标应等大,不同性质的队标大小应相称,级别高的、重兵器的队标要大些,反之要小些。

② 队号的大小,应与其注记的队标相称。在同一幅要图中,同级番号的队号大小应一致,不同级别番号的队号大小应上级大于下级,上下级彼此协调。队号连写时,以本级队号的大小为准,队号的字体类型应当统一。在同一幅要图中,可以下一级队号与本级基本指挥所旗面上下宽同高为基准,设计各级队号的大小。

4.2.3 军标系统

态势标绘是将战争过程中发生的情况用军队标号、文字、符号等形式标记在电子地图上的过程,即生成二维态势图的过程。二维态势图是军用文书的组成部分,具有形象直观、概括力强、简明易读、清晰醒目等特点。它不仅能够代替繁琐的文字材料,而且还可弥补文字不易说明的复杂情况,便于分析判断和了解敌我情况并且组织战斗,同时便于拟制命令、计划等军用文书和总结作战经验。基于军用电子地图的态势信息具有可编辑性、无极缩放等功能,使得对各种军队标号的定位点、颜色、大小、实虚要求等都可实时编辑,操作非常简便。

二维态势显示的目的是综合采用多种形式和丰富的手段来完整、全面、准确、及时地反映战场的态势。首先,各种表现形式所显示出来的信息应该是一致的;其次,它们各有所长,取长补短。例如,实体数据表显示的数据量大,信息丰富,非常准确并且实时刷新,缺点是不够直观;军标与轨迹显示,可以借助数字地图,直观显示实体位置;曲线显示则可以表示感兴趣参数的变化过程。

二维态势显示中最重要的工具就是军标,下面介绍军标类的一种设计思路。

1. 总体设计思想

军标显示在态势显示中占有重要地位,因为作战的态势只能通过把有特定意义的军标绘制在作战地图上来表现。为了能让计算机完成标绘军标的功能,就必须要开发军标绘制模块,以便为态势显示系统提供底层支持。

通过对《军标手册》上的各类军标符号特性和标绘规定的分析,结合计算机绘图特点,将军标分为三类:点军标、线军标和面军标。点军标是指在标绘时以一个点确定该军标位置而军标图形上各点保持线性关系的军标,如"指挥部"、"舰艇"、"飞机"等;线军标是指在标绘时随着实际地形变化而变化的线状军标,如"行军路线"、"防御工事"等;面军标指表示某一区域,并且随着标绘区域变化而变化的军标,如"部队占领地域"、"炮火封锁区"、"阵地"等。采用矢量图形方式,利用图形设备接口(GDI)实现,其优点有:绘制速度快,无需调用别的资源文件;占用资源少;可实现无级放缩。

2. 军标绘制方法

(1)点军标的绘制。点军标分为两种类型,有方向的和无方向的。其绘制方法有区别:无方向军标的第一个关键点是定位点,第二个点来决定其大小。其他辅助点的坐标根据这两个参数计算;有向军标绘制时,首先求出两关键点的距离,作为军标大小,然后求出第二点相对第一点的方向,各辅助点可根据相应的距离和方向求出坐标来,必要时进行旋转。

(2)线军标的绘制。绘制线军标的基本原理是根据给出的一系列点,按照给出的先后顺序用一条光滑曲线将这些点连接起来,绘成曲线图形,然后加入一些特征标志。采用抛物样条曲线拟合曲线。

(3)面军标的绘制。面军标绘制的基本原理和线军标的大致一样,也是根据给出的一系列点画出一条光滑的曲线。不同的是,这条曲线是闭合的,而且首尾相连处也应是光滑的。

3. 其他因素

二维态势显示中,也需要考虑其他因素。

(1)基本原则。在二维态势显示中,可以遵循一些通用原则,例如,红、蓝双方运动实体军标和轨迹的颜色分别以红、蓝颜色显示;鼠标移动到实体军标定位点附近,军标闪烁显示,并显示该实体参数;对发生关键事件的实体,其军标颜色应特殊显示等。

（2）运动军标。要达到军标的运动效果，一种办法是每一帧显示的内容全部重新绘制，这样当实体数据改变时，则对应的军标自然发生改变；另外的办法是采用类似"橡皮擦"之类的技术。

（3）包络线计算。在表示雷达侦察范围、武器射击覆盖范围时，往往需要显示多个圆的并，可用技术为：对于每个圆，求与其他所有圆的交点；交点根据其角度排序；对每两个交点确定的弧段，取其中点，确定该弧段是否可见。

（4）闪烁效果。实现军标的显示效果，需要利用 OnTimer 之类的函数，交替显示/隐藏军标，或者交替以不同颜色显示军标。更进一步，随着时间推进，以不同的图片或军标进行显示，可以实现爆炸等动态效果。

（5）多屏显示。多屏显示可以使用户的屏幕空间得到极大的扩展。在多屏显示时，可以采用硬件支持的办法，也可以采用软件支持的办法。要解决的关键技术有时钟同步、多屏无缝拼接等。

（6）多视图显示。可以采用窗口切分技术，充分利用屏幕空间，采用丰富的显示方式达到理想的表现效果。

（7）多分辨力显示。需要随着显示区域变化，动态调整显示对象的分辨力，以达到显示效果和效率之间的平衡。

4.2.4 军事航天军标

根据未来联合作战标图对军事航天军标队标的需求，军事航天军标的设计注重"精、简、系、平"。

"精"指队标的数量精炼。队标选择时，尽量设置一个根队标，通过派生、增加注记等方式形成新队标，减少队标的数量。军事航天中，涉及的装备、设施种类繁多，如军用卫星、航天测控站、指挥中心等队标，各选定一个根队标，经过增加不同的图标或注记，形成各种类型的队标，既满足实际标图所需，又精炼易记，并能满足对军事航天军标的要求。

"简"指队标的图形要简单、形象、直观。队标选择时，多用规则图形，多用直线，少用曲线等方式来标示。因军事航天设备大多形状独特，尤其是新概念武器更是形式各异，标图中注重形象的同时，更多采用简单的矩形、圆、三角形等规则图形来表示，便于参谋人员标绘。

"系"指队标的设立成系统。依照未来军事航天需求，建立军事航天体系，依照体系细分涉及的单位与人员、装备、设施及行动，确保队标的设置不遗漏、不重复。

"平"指平面化处理军事航天标图。军事航天的作用空间包括陆、海、空、天多维空间，并且其地域基本为全球范围，而作战标图是在二维的平面上标绘，多在相对较小的区域内实施，因此，军事航天队标必须考虑联合作战的需求。通过平面化的处理方式,将三维立体空间向二维平面投影等方式,标绘军事航天队标。如星下点轨迹,采用实虚相结合的方式标绘三维立体空间的内容。再如天基武器对地进攻,只标绘空间武器击毁目标,不标绘攻击方向等。

图4-5为军事航天军标的示例。

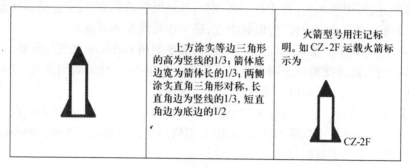

图4-5 军事航天军标

关于军事航天军标的研究,下面两个问题需做进一步深入研究:

(1)军事航天涉及到的许多装备尚处在规划论证阶段,相关联的一系列战术战法多停留在理论探讨的层次,其体系结构尚不完备,未来的发展充满了不确定性,这为军标的设计指定工作带来了较大的困难。应密切关注军事航天领域的发展,及时更新军事航天军标。

(2)军事航天在立体的空间内展开,而作战标图是在二维空间内实施,对于军事航天的表现手段上受到一定的限制,可以开展三维空间中军事航天军标的标绘研究。

4.3 二维可视化数据模型

在战场二维可视化过程中,效率问题至关重要,而这在很大程度上取决于数据组织方式的优劣。一种高效率的数据模型,必须使组织的数据能够表达要素之间的层次关系和非层次关系,能够反映各种实体的地理关系,便于对数据进行存取、插入、修改、删除及检索等操作。

4.3.1 矢量数据模型

无论地图图形多复杂,都可以将其分解为点、线、面和混合型四种数据类型,其中混合型数据是由点状、线状和面状三种基本要素组成的更为复杂的地理实体或地理单元。而这几种基本的地理要素均可用矢量数据模型来表示。

1. 基本概念

矢量数据是最常见的图形数据结构,也是一种面向目标的数据组织方式。在矢量数据模型中,地理现象或事物被抽象为点、线、面三种基本图形元素,并将它们放在特定空间坐标系下进行采样记录。因此,矢量数据就是代表地图图形的各离散点平面坐标的有序集合。各图形元素的表示方法如下:

点——用一对 x、y 坐标表示,记录点坐标。

线——用一列有序的 x、y 坐标对表示,记录两个或一系列采样点的坐标。

面——用一列有序的且首尾相同(或相连)的 x、y 坐标对表示其轮廓范围,记录边界上一系列采样点的坐标。

可以认为,线由点组成,面由线组成。这样的表示方式也就是通常所说的数字线画图 DLG。

2. 无拓扑关系的矢量数据模型

无拓扑关系的矢量数据模型,又称面条数据模型,是指在表达和组织空间数据时,只记录空间对象的位置信息和属性信息,不记录其拓扑关系的数据组织方式。使用无拓扑关系矢量数据的优点是:能比拓扑数据更快速地进行显示。

目前,无拓扑数据格式已经成为标准格式之一,并在 ArcGIS、MapInfo 等软件中得到应用。例如,对等高线、等值线、等势线等各种抽象数据的表达和组织时,应用无拓扑格式更为理想。

无拓扑关系的矢量数据模型有两种实现方式:一种方式是用点、线、面对象分别记录其坐标对;另一种方式是用一个文件记录点对坐标(称为坐标文件),而线、面由点号组成。

按第一种方式,简单易行,每个空间对象的坐标均独立存储,不顾及相邻的点、线和面状对象。但是需要将除边界线以外的所有公共边均存储两次,所有公共节点存储两次以上,因此这种方法会造成数据冗余,并产生数据裂缝、数据重合和点位不重合等问题。按第二种方法,由于所有的点号及其点位坐标均在坐标数据文件内记录并且仅记录一次,而线、面对象仅记录组成它的点号序列。因此,既避免了数据冗余,也不会引起数据裂缝和重叠,更没有点位不重合的问题,但是实现复杂,且在有些情况下效率略低。

3. 有拓扑关系的矢量数据模型

拓扑关系是一种对空间结构关系进行明确定义的数学方法,是指图形在保持连续状态下变形,但图形关系不变的性质。点(结点)、线(链、弧段、边)、面(多边形)是表示空间拓扑关系最基本的拓扑元素。能够表达拓扑关系的矢量数据结构就是拓扑数据结构。拓扑数据对于空间分析、地图综合等空间运算都是不可或缺的。

拓扑关系常用的有拓扑关联、拓扑邻接、拓扑包含和拓扑相邻,其中关联拓扑关系是 GIS 中应用最广,而且最容易记录的关系。至于其他关系,一般可以从关联关系中导出,或通过空间运算得到。关联拓扑关系通常有两种表达方式,全显示表达和半隐含表达。

全显示表达是指节点、弧段、面块之间的所有关联拓扑关系都用关系表显示地表达出来。如果仅仅使用全显示表达中的部分表格,则称为部分隐含表达。

4.3.2 栅格数据模型

1. 基本概念

栅格数据结构实际就是像元阵列,每个像元由行列号确定它的位置,且具有表示实体属性的类型或值的编码值。点实体在栅格数据结构中表示为一个像元,线实体则表示为在一定方向上连接成串的相邻像元集合,面实体由聚集在一起的相邻像元集合表示,如图 4 - 6 所示。

```
0 0 0 0 0 0 0 0        0 0 0 0 0 0 0 0        0 4 4 7 7 7 7 7
0 0 0 0 0 0 0 0        0 0 0 6 0 0 0 0        4 4 4 4 4 7 7 7
0 0 0 0 2 0 0 0        0 6 6 0 6 0 0 0        4 4 4 4 8 8 7 7
0 0 0 0 0 0 0 0        0 0 0 0 6 0 0 0        0 0 4 8 8 8 7 7
0 0 0 0 0 0 0 0        0 0 0 0 0 6 0 0        0 0 8 8 8 8 7 8
0 0 0 0 0 0 0 0        0 0 0 0 0 6 0 0        0 0 0 8 8 8 8 8
0 0 0 0 0 0 0 0        0 0 0 0 0 0 6 0        0 0 0 0 8 8 8 8
0 0 0 0 0 0 0 0        0 0 0 0 0 0 8 8        0 0 0 0 0 8 8 8
        (a)                    (b)                    (c)
```

图 4 - 6 栅格数据模型

(a) 点;(b) 线;(c) 面。

这种数据结构很适于计算机处理,因为行列像元阵列非常容易存储、维护和显示。栅格数据是二维表面上地理数据的离散化值。

2. 栅格数据的组织

栅格数据结构假设地理空间可以用平面笛卡儿坐标系来描述,每个笛卡儿平面中的像元只能有一个属性数据,同一像元需要表示多种属性时则需要多个笛卡儿平面。每个笛卡儿平面表示一种地理属性或同一属性的不同特征,这种平面称为"层"。

组织数据可以有如下方式:

(1) 以像元为记录的序列,不同层上同一个像元位置上的各属性值表示为一个列数组。

(2) 以层为基础,每一层又以像元为序记录它的坐标和属性值,一层记录完后再记录第二层,这种方法需要的存储空间较大。

(3) 以层为基础,但每一层以多边形为序记录多边形的属性值和充满多边形的各像元的空间坐标。

112

3. 矢量与栅格数据结构的比较

空间数据的栅格结构和矢量结构是地理信息系统中记录空间数据的两种重要的方法。栅格结构和矢量结构各有其优点和局限性,具体比较如表4-1所列。

表4-1 矢量结构与栅格结构的比较

	优 点	缺 点
矢量数据	表示地理数据的精度较高 数据结构严谨,数据量小 能够完整描述拓扑关系 图形输出美观 能够实现图形数据的恢复、更新和综合	数据结构复杂 叠加分析与栅格图组合难 数学模拟比较困难 空间分析技术上比较复杂
栅格数据	数据结构简单 空间数据的叠置和组合方便 便于实现各种空间分析 数学模拟方便 技术开发费用低	数据量大 降低分辨率时,信息损失严重 地图输出不够精美 难以建立网络连接关系 投影转换较为费时

4.3.3 矢量栅格一体化结构

矢量与栅格结构是一逻辑对偶。矢量结构的基本逻辑单位是空间实体,这些实体的空间组织是按其实体的标识显示存储的;栅格结构的基本单位是实体的空间位置,已知物体在哪个位置上的存储是以位置属性显示存储的。

为了将矢量与栅格数据更加有效地结合与处理,可以构造矢量栅格一体的数据结构。在这种数据结构中,同时具有矢量实体的概念,又具有栅格覆盖的思想,即它具有栅格矢量两种数据结构的特点。

该数据结构的理论基础是多级格网方法、三个基本约定和线性四叉树编码。

多级格网方法是将栅格划分为多级格网:粗格网、基本格网和细分格网。粗格网用于建立空间索引,基本格网的大小与通常栅格划分的原则一致。由于基本栅格的分辨力较低,难以满足精度要求,所以在基本格网的基础上又划分为细分格网。当然,不是所有的基本格网都划分为细分格网,而是有点线通过的格网,再进行细分,这样线划图的精度就可以大大提高,甚至达到矢量的精度要求。粗格网、基本格网和细分格网都采用线性四叉树编码方法。

以上这些编码规则都是基于栅格的,为了使它具有矢量特点,需要如下三个约定:点状地物仅有空间位置没有形状和面积,在计算机内仅有一个位置数据;线状地物有形状没有面积,在计算机内需要由一组元子填满的路径表达;面状地物有形状和面积,在计算机内由一组填满路径的元子表达和内部区域组成。对于线目标和多边形的边界,采用线性四叉树的编码和边界线与基本格网的交点位置来表示。

矢量栅格一体化数据结构具有重要的理论与方法意义,具有如下优点:

（1）遥感数据是建立在栅格基础上的,因此很容易实现 RS 与 GIS 的一体化。

（2）大部分的空间分析,基于栅格形式比较高效,因此可以有比较强的空间分析能力。

（3）有助于采用面向对象的程序设计方法,提高系统的功能。

4.4 二维可视化算法

地图符号是地图的语言,是用来表示自然或人文现象的各种图形,它是表达地理现象与发展的基本手段。地图符号实际上是空间点集在一个二维平面上的投影,它们都可以分解为点、线、面三种基本图形元素。其中点是最基本的图形元素,这是因为一组有序的点可以连成线,而线可以围成面,面域内则由各种线划符号、点符号或文字表示其属性。

现实世界从几何角度可以分为点状地物、线状地物和面状地物。因而表达地物的符号也可以相应地划分为点状符号、线状符号和面状符号。注记作为一种直接的地理信息描述手段,在地图中起着非常重要的作用,因此,有时也将注记视为一种特殊的符号。

4.4.1 地图符号化方法概述

1. 地图符号绘制方法

地图符号绘制的实质是将符号坐标系中图形元素点的坐标变换到地图坐标系并按给定顺序绘制。目前,计算机制图中符号绘制（符号化）方法有两种,即编程法和信息法。

（1）编程法。由绘图子程序按符号图形参数计算绘图矢量并操作绘图仪绘制地图符号。这种方法中每一个地图符号或同一类的一组地图符号可以编制一个绘图子程序,这些子程序就组成一个程序库。在绘图时按符号的编码调用相应的绘图子程序,并输入适当的参数,该程序便根据已知数据和参数计算绘图矢量并产生绘图指令,从而完成地图符号的绘制。

这种方法的优点是实现简单,适合于那些能用数学表达式描述的地图符号;缺点是增加、修改符号不方便,通用性差,即使增加或修改一个符号,或者修改符号的一点形状、颜色等信息都要重新编写代码,重新对程序库进行编译,用户没有自主权,因而很难作为商业软件进行流通。

但是这种方法对于实现战场二维可视化仍是非常必须的。如对于军标绘制而言,其中的点状军标虽然可以利用后面介绍的信息法加以实现,但是线状军标、面状军标以及象形军标,都不是信息法能够直接支持的,而必须运用编程法或者各种组合绘制技术来完成。

（2）信息法。信息法也称为符号库方法。绘图时只要通过程序处理已存在符号库中的信息块，即可完成符号的绘制。信息块即为描述符号的参数集。信息法又可以进一步分为直接信息法和间接信息法。

直接信息法存储符号图形点的坐标(矢量形式)或具有足够分辨力的点阵(栅格数据)，直接表示图形的每个细部点。这种方法获得符号信息较为困难，占用存储空间大，当符号精度要求较高时尤为突出，对符号放大时容易变形。但这种方法可以使得绘图统一算法，它面向图形特征点而与图形形状无关。

间接信息法存放的是图形的几何参数，如图形的长、宽、间隔、半径等信息，其余数据都由绘图程序在绘制符号时按相应算法计算出来。这种方法占用存储空间小，能表达复杂的图形，绘图精度高，可以进行无极缩放，符号的图形参数可以方便地利用符号库编辑系统输入得到。但是此方法程序量大，结构复杂，编程工作复杂。

目前，绝大多数 GIS 软件都采用间接信息法来绘制符号，并提供相应的符号设计模块。

2. 典型软件符号化技术

目前，较为流行的 CAD 软件和 GIS 软件都具有地图制图功能，但在符号库的组织、设计方法、二次开发、空间实体与符号的联系等方面存在一定的差异。

AutoCAD 是 AutoDesk 公司研制的通用 CAD 软件。其点符号采用形文件方法或块文件方法：形文件(SHX)方法，图素较为单调，只有直线、圆弧、抬落笔等，难以生成复杂的点符号，实心填充比较繁琐，可用文本编辑器进行编辑设计，调用速度快；块文件(BLOCK)方法，可用 AutoCAD 的绘图功能生成符号，设计较为简单，可直接看到符号的设计效果，但管理和调用的效率不如前者。

AutoCAD 中的线符号包括通用线型和 ISO 线型。线型文件是一个文本文件，用户可以通过 LINETYPE 命令随时定义线型或在文本编辑器中直接编辑线型。AutoCAD R13 以上版本增加了复合点划(符号)线型，它使线型的定义不再局限于划线、点和空格。用户可在定制的线型中嵌入单个文本字符串或 SHX 文件中的点符号。

AutoCAD 中的面符号采用阴影图案的方法实现。阴影图案由不同倾角的阴影族构成，但不能生成具有圆弧图形的图案。

ArcGIS 支持四种符号形式：阴影符号、线型符号、标志符号和文本符号。它提供了一些常用符号，用户可以用它提供的符号编辑器添加新的符号。每个符号集文件以二进制数据存放，包括了 999 种不同的图形符号。点、线、面以及文本符号分开制作和存放，对用户来说更加直接和透明，使用起来也更方便。ARC/INFO 包含色彩管理部分，各种色空间之间的转换比较方便，另外还具有输出 ps 文件的功能。但它在制作复杂线符时灵活性不够,而且整套软件的价格比较昂贵。

MAPGIS 提供了强大的符号制作和编辑功能。它的系统库目录下包括子图库、填充图案库、线型库,对各个库中符号的编辑制作统一在一个系统库编辑工具下进行。每个符号由若干图元组成。图元可以是线段、圆、曲线、圆弧等。图元可以组成结构复杂的各种符号,但 MAPGIS 符号库中每个符号包含的图元数不能太多,系统规定每个符号最多只能包含 64KB 的信息。虽然一般情况下一个符号的数据量不会超过这个限制,但这也给符号设计带来不便,如不能设计制作一些结构相当复杂的符号。另外,MAPGIS 进行色彩转换时只是根据互补色进行转换,而不是依据色空间转换公式进行转换,无法达到所见即所得的效果。

模块化 GIS 环境 MGE 是 Intergraph 公司开发的大型 GIS 系统。支持它的图形环境是 Microstation(MS),MS 提供了建立符号库的功能和二次开发工具。点符号以符号单元的形式出现,每个符号单元可以包含多个图元,如点、线、圆弧;线符号以线型的形式出现,提供一些默认线型,用户可以利用符号编辑器进行设计;面符号一是以"铺盖"的形式拼接位图,二是使用单元符号进行区域符号化。

4.4.2 点状符号库系统设计

点状符号是不依比例尺表示的小面积地物或点状地物符号,如油库、水塔、测量控制点等。点状符号有以下特征:点符号的图形固定,不随它在图幅中的位置变化而变化;点状符号都有确定的定位点和方向性;点状符号大都比较规则,由几何图形构成。

对于点状符号绘制而言,更多的是解决工程上的具体问题,而不是复杂的理论。所以下面阐述我们所实现的一个点状符号库系统。

系统界面如图 4 - 7 所示。界面左侧显示的是符号库中的符号,以树状结构组织,在左侧下方是以列表形式显示当前目录下的所有符号;对于每个符号可以打开进行各种编辑操作,工具条中显示了可以使用的各种图元,包括矩形、椭圆、圆、自由线集、自由多边形、Hermitte 曲线、Hermitte 多边形、圆弧、扇形、文字等。系统支持符号的复制、删除、移动,图元的复制、删除、显示层次调整,符号旋转中心的设置等各种操作。

1. 总体设计

(1) 直接信息法和间接信息法结合的设计思想。采用直接信息法和间接信息法结合的思想来设计符号库:在编辑系统中提供各种图元供用户设计符号,在库文件中存储图元的几何信息;在符号绘制和驱动算法设计中,将几何图形离散为基本图形,应用直接信息。

以上设计的优点如下:

① 用户基于图元进行输入,方便易用。

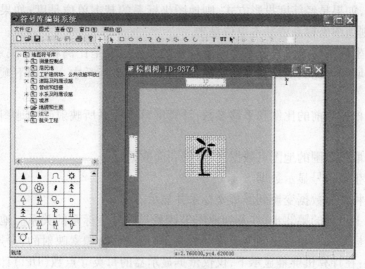

图 4-7　符号编辑软件界面

② 符号绘制以一致的接口进行,便于修改扩充,分别设计实现了基于图形设备接口(Graphics Device Iibrary,GDI)和 OpenGL 的符号显示驱动。

③ 线状符号和面状符号的绘制需要实现相应驱动算法,以上设计可以实现一致高效的驱动算法。

如果完全应用间接信息法,则各种图元的绘制固化,加入新的驱动或算法需要的工作量巨大,并且各种显示接口对图元的支持并不完全(如 Hermite 曲线等),只能显示时实时运算计算图元,效率低。

(2) 三坐标系架构。在地图制图的国家标准中,对于每个符号的大小、符号中线宽等都有具体的规定,以毫米为单位定义。而在计算机屏幕上,基于像素进行显示。一些符号库基于像素进行设计,无法兼顾打印和计算机屏幕显示,无法同时产生理想的显示效果。为此设计了三坐标系架构来解决此问题。

定义 1:符号坐标系。符号坐标系是二维笛卡儿坐标系,是符号定义所在坐标系,符号编辑系统中所用即为符号坐标系。符号坐标系的基本单位为毫米,在符号坐标系中需要定义各个图元的控制点坐标(相对于符号坐标系的原点)、颜色、有宽度线的线宽、符号的定位点等,其中的几何信息都以毫米为单位定义。

定义 2:屏幕坐标系。屏幕坐标系也称窗口坐标系,即显示窗口所描述的矩形区域,屏幕坐标系的单位是像素,以窗口左下角为原点,水平向右为 x 轴方向,垂直向上为 y 轴方向,这种方式与 OpenGL 下的视口坐标描述一致,而对于 GDI,则需要在垂直方向进行反转。

定义 3:地图坐标系。地图坐标系也是二维笛卡儿坐标系,定义要绘制的地图的范围,可以是整个地球表面范围或地球范围中的一部分。地图坐标系的基本单位不固定,如果是经纬度投影方式,则地图坐标系的基本单位是度;如果是地图投影方式,则地图坐标系的基本单位是米。

屏幕坐标系与地图坐标系之间所存在的关系主要是比例和位移关系,地图中的某个区域经过比例变换和平移变换,映射到屏幕坐标系中。按如下顺序进行显示调度:

(1)根据当前的比例和平移参数,计算屏幕坐标系所映射到的地图坐标系的范围。

(2)取该范围的地图点数据、线数据和面数据。

(3)生成符号显示数据。

(4)将符号数据变换到屏幕坐标系并显示。

在以上过程的第③步,涉及到地图坐标系与符号坐标系的关系。地图坐标系与符号坐标系之间通过比例关系建立关联,即指定每个像素映射的符号坐标系中的毫米数:在计算机屏幕显示下,仅仅依据显示器的每英寸点数(DPI)计算的比例关系得到的显示效果并不理想,需要提供可调的参数;在打印时,依据打印参数中的DPI来计算比例关系。根据上述比例关系,在上述第③步中,计算生成符号显示数据。

2. 符号库设计

以 VC + +6.0 为平台,采用面向对象思想设计符号库系统。点状符号库、线状符号库和面状符号库采用了基本一致的结构,因此以点状符号库为主进行阐述。

每个符号库由多个符号组成,每个符号又由一个或多个图元组成,符号库、符号和图元之间的关系如图 4 - 8 所示。

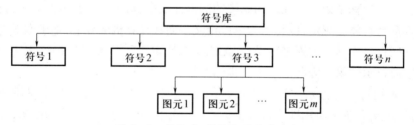

图 4 - 8 符号库、符号与图元的关系

符号库文件包括文件头、目录区和数据区。文件头中存储的信息包括版本号、符号的基本单位等。测绘标准中对符号的定义以 mm 为单位,但是其粒度往往小于 1mm,如测量控制点的高度为 0.8mm。符号基本单位是库所支持的最小粒度,以便在编辑系统中输入更为精确。

库中可以容纳大量的符号,以树形目录管理符号。如地图符号库可以分为测量控制点、居民地、水系等。树状库结构使得库的层次清晰、易于使用和维护。

数据区存储符号数据,包括每个符号的 ID、定位点、符号名字,以及符号所有组成图元的信息。

3. 图元设计

（1）面向对象的图元设计。面向对象技术的重要特征之一是抽象和继承,非常适于描述和定义图元。定义基本图元为

```
class    CBasicPrimitive{
protected:
CPoint2D*    m_pPt ;
COLORREF    m_Color ;
DWORD    m_CtrlMask ;
…
public:
virtualvoid    LoadFromFile(FILE* & file) ;
virtualvoid    Draw(CDC*  pDC) ;
virtualvoid    DrawByGL(CDC*  pDC) ;
…
} ;
```

基本图元将所有图元的共性抽取出来,并定义一系列的接口(虚函数),对图元的存储、绘制、编辑等提供支持。在上述定义中,m_pPt 代表组成图元的点集,m_Color代表图元的颜色,m_CtrlMask 为控制字。控制字定义如表 4－2 所列。

表 4－2　图元控制字定义

控制字位	含　　义
0	图元是否封闭,为 1 则图元首尾相连,为 0 不封闭
1	图元类型,为 1 表示多边形,需要填充,为 0 表示线集,按线进行绘制
2	图元是否具有宽度,为 1 具有宽度,为 0 表示单像素线
24	图元是否为衬色图元,为 1 代表衬色图元
其他	保留

其他各类图元都由基类图元派生得到,支持基类图元所定义的接口,同时在基类图元所定义的共同属性之上,定义各类图元的专门属性。支持的图元类型包括矩形图元(CRectPrimitive)、椭圆图元(CEllipsePrimitive)、圆形图元(CCirclePrimitive)、扇形图元(CFanPrimitive)、椭圆弧图元(CArcPrimitive)、文字图元(CTextPrimitive)、Hermite 曲线图元(CHermitePrimitive)、自由曲线图元(CCurvePrimitive),各图元类的继承关系如图 4－9 所示。

（2）Hermite 曲线图元。Hermite 曲线是由端点及其切矢量定义的三次参数曲线,定义为

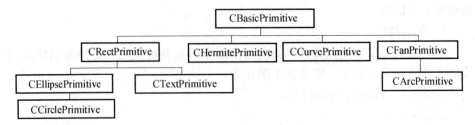

图 4-9 图元类继承关系

$$\boldsymbol{p}(t) = \begin{bmatrix} t^3 & t^2 & t & 1 \end{bmatrix} \times \begin{bmatrix} 2 & -2 & 1 & 1 \\ -3 & 3 & -2 & -1 \\ 0 & 0 & 1 & 0 \\ 1 & 0 & 0 & 0 \end{bmatrix} \times \begin{bmatrix} p_0 \\ p_1 \\ p'_0 \\ p'_1 \end{bmatrix}, 0 \leq t \leq 1$$

(4-1)

式中:p_0、p_1、p'_0、p'_1 分别为曲线的起点矢量、终点矢量、起点切矢量和终点切矢量。

在对应图元的实现上,以三个点表示曲线的一个控制点:第一个点表示控制点的位置;第二个点与第一个点之间构成的矢量表示前一条曲线终点切矢量;第三个点与第一个点之间构成的矢量表示后一条曲线起点切矢量。如图 4-10 所示,控制点 p_0 处的三元组为 p_0、p_1、p_2,p_0 定义了控制点位置矢量,p_1、p_0 与 r 处对应的位置矢量和切矢量描述了第一段曲线,p_2、p_0 与 s 处对应的位置矢量和切矢量描述了第二段曲线。

(3)自由曲线图元。自由曲线图元是设计的一个非常灵活的编辑工具,在自由曲线中,可以分段组织多种形式的曲线,包括直线段、1/4 圆弧、三点圆弧、半椭圆弧、三次 0 阶连续 Bezier 曲线、三次 1 阶连续 Bezier 曲线、抛物线等。下面阐述其中的关键数学模型和实现方法。

① 三点圆弧。给定三个点,生成过这三个点的圆弧,其中第一个点为圆弧起点,第三个点为圆弧终点。

圆弧同时经过这三个点,即三个点到圆心的距离相同。而对于一直线段,其垂直中分线上的所有点到该直线段两个端点的距离相同。如图 4-11 所示,线段 p_0p_1 垂直中分线与线段 p_1p_2 的垂直中分线的交点 p_c 即为圆心。求得圆心,然后以圆心到任一关键点的距离为半径,最后以反正切分别计算 p_0 和 p_1 到圆心所构成的角度,即得到三点圆弧的数学描述。

② Bezier 曲线。Bezier 曲线的定义为:Bezier 曲线是由一组折线集,或称为 Bezier 特征多边形来定义的。给定空间 $n+1$ 个点的位置矢量 $\boldsymbol{p}_i$,则曲线上各点坐标的插值公式为

120

$$C(t) = \sum p_i \times B_{i,n}(t), 0 \leqslant t \leqslant 1 \qquad (4-2)$$

式中:p_i 构成曲线的特征多边形,$B_{i,n}(t)$ 是 Bernstein 基函数,是曲线上各点位置矢量的调和函数。

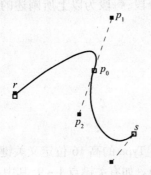
图 4-10　Hermite 曲线图元

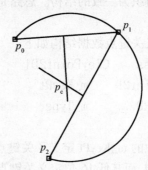
图 4-11　三点圆弧

$$B_{i,n}(t) = \frac{n!}{i!(n-i)!}t^i(1-t)^{n-i} = C_n^i t^i (1-t)^{n-i} \qquad (4-3)$$

选择三次 Bezier 曲线作为自由曲线图元造型工具,分段连续,分别设计 0 阶几何连续 Bezier 曲线和 1 阶几何连续 Bezier 曲线。三次 Bezier 曲线的矩阵形式为

$$C(t) = [\,t^3 \quad t^2 \quad t \quad 1\,] \times \begin{bmatrix} -1 & 3 & -3 & 1 \\ 3 & -6 & 3 & 0 \\ -3 & 3 & 0 & 0 \\ 1 & 0 & 0 & 0 \end{bmatrix} \times \begin{bmatrix} p_0 \\ p_1 \\ p_2 \\ p_3 \end{bmatrix} \qquad (4-4)$$

Bezier 曲线的主要性质如下:

端点性质:Bezier 曲线起点、终点与其相应的特征多边形的起点、终点重合。

切矢量:Bezier 曲线在起点和终点处的切线方向和特征多边形的第一条边和最后一条边共线。

凸包性:Bezier 曲线上的点是特征多边形各个顶点的凸线型组合,并且曲线上各点均落在 Bezier 特征多边形所构成的凸包之内。

由 Bezier 曲线的端点性质可知,要使曲线达到 0 阶几何连续性,使得相邻分段控制多边形的首尾相连即可:前四个点构成第一段 Bezier 曲线的控制多边形;后四个点构成第二段 Bezier 曲线的控制多边形。

由 Bezier 曲线的切矢量性质可知,要使得曲线达到 1 阶几何连续性,第一段控制多边形的最后两个点 p_2、p_3 和第二段控制多边形的前两个点 p'_0、p'_1 的关系为:p_3 和 p'_0 重合,p_2、p_3、p'_1 三点共线,且 p_2、p'_1 在 p_3 的两侧。为此对控制点进行插值:如控制点为 p_0、p_1、p_2、p_3、p_4、p_5,则取 p_2、p_3 的中点 p' 作为新的控制点,则

p_0、p_1、p_2、p'构成第一段曲线的特征多边形，p'、p_3、p_4、p_5构成第二段曲线的控制多边形，如此两段 Bezier 曲线达到 1 阶几何连续。

③ 自由曲线图元的关键点设计。自由曲线图元设计的关键在于将众多的曲线类型组织为一致的结构。思路是将自由曲线分段，每段为以上所阐述的各类具体曲线。

定义关键点数据结构如下：

```
class    CKeyPoint2D{
CPoint2D      m_KeyPt ;
DWORD         m_Type ;
} ;
```

其中的 m_KeyPt 定义了关键点的位置，而 m_Type 的高 16 位定义关键点前面的段类型，而其低 16 位定义关键点后面的段类型。如有关键点 1~9，其中点 1、2、3 定义了一个三点圆弧，点 3~8 定义 1 阶几何连续 Bezier 曲线。对于点 2~8，其 m_Type 的高位低位都是一致的；而对于关键点 3，其高 16 位值表示三点圆弧类型，低 16 位值表示 1 阶几何连续 Bezier 曲线类型。

经上述处理，所有不同类型曲线以一致的方式进行表示。

④ 离散算法。自由曲线需要先进行离散，然后才可以显示和运算，离散算法如下：

离散的过程是按顺序遍历关键点，根据关键点的不同类型将关键点解释为不同的段，逐段进行离散。逻辑如下：

```
BOOL Discrete(){
    while( 还有关键点未处理 ){
        得到当前关键点及其类型；
        if( 当前关键点是线段 ) 向离散点集加入当前关键点；
        else if(1/4 圆弧) 取出三个点,计算 1/4 圆弧,然后离散；
        else if( 三点圆弧 ) 取出连续三个点,计算得到圆弧,然后离散；
        else if( 半椭圆 ) 取出连续三个点,计算得到半椭圆,然后离散；
        else if( 0 阶几何连续 Bezier 曲线 ) 按 3n +1 的数量取点,计算
        得到各段 Bezier 曲线,然后离散；
        else if(1 阶几何连续 Bezier 曲线 )
            取得相应数量关键点,先插值得到中间关键点,计算得到各段
            Bezier 曲线,离散；
            else if( 抛物线 ) 取 3n 个点,计算得到各段 2 次 Bezier 曲
            线,然后离散；}
    }
```

4. 符号的绘制

符号由多个图元组成,其数据量很大,同时在显示中实际是有大量点对象,使用相同的符号数据。为了合理地反映上述关系,构造符号实例类来表示显示和存储所用的点对象,其实质是符号参数的集合。

```
class      CSymbolInstance{
public:
    DWORD      m_SymbolID ;
    DWORD      m_CtrlMask ;
    CPoint2D    m_Corner[4] ;
    COLORREF    m_Color , m_BkColor ;
    float      m_FitScaleX ,m_FitScaleY ,m_FitAngle ;
    …

}
```

符号实例类封装的参数包括符号的 ID、控制字、定位点、颜色、比例变换的系数、旋转角度等。

因此,绘制符号的过程为根据符号实例参数查询对应符号数据并进行显示,其逻辑可以用伪代码表示如下:

```
void      CSymbolInstance::DrawByGL(){
    根据需要绘制背景色,设置颜色等;
    if(无极缩放)
        根据四个角点计算比例、旋转和平移参数;
    else 根据三坐标系关系计算比例、旋转和平移参数;
    glTranslated();
    glRotated();
    glScaled();
    基于平衡树结构的显示列表进行绘制;
}
```

点状符号绘制的实现已经比较成熟,可以归结为工作量问题,而目前的一个比较重要的问题是尽可能以组件化的方式提供支持。

4.4.3 线状符号绘制方法

线状符号是长度在图上依比例尺表示而宽度不依比例尺表示的符号,它是地图上表示顺线状延伸分布的物体或制图现象的符号,如河流、道路、输电线等符号。

线符号的绘制方法有三种:

(1) 纯函数绘制法。这是一种按符号表示的地物类型分类实现的方法。如铁路符号用一类函数来绘制,各种管线用另一类来绘制。该方法完全是通过函数来实现的,绘制的速度比较快,但符号的可编辑性和维护性很差。

(2) 组合绘制法。将线状符号拆分为多个具有单一特征的基本线符号,并按顺序分别绘制每个基本线符号。该方法在绘制简单线状符号时算法简单,速度也比较快。但是在绘制复杂线状符号时效率很低。此外,该方法还需针对不同的线状符号单独进行线型的设计,这将大大降低符号的可编辑性与可维护性。

(3) 循环绘制法。即将线符号分解成基本点符号图元,然后沿线符号定位线连续配置点符号,这种方法的特点是每配置一个符号就要进行一次符号变换,变换速度随定位线的弯曲和符号的复杂程度而异,因而绘制速度较慢,但是通用性好。

1. 组合绘制算法

龚健雅在分析地形图图式线符号特点的基础上,设计了组成线符号的 13 种基本线型:实线、虚线、点虚线、双虚线(中心对称线)、双实线(对称中心线)、连续点符号(沿定位线按一定的间距配置符号)、定位点符号(沿中心线的转折点配置某点状符号,如通信线的电杆等)、导线连线(依次在定位点之间画线)、导线点符号(在线的定位点上沿与相邻点连线方向绘点符号,如电力线的箭头符号)、齿线符号(按一定间隔绘制连续的横向支线)、渐变宽实线、渐变宽虚线、带状晕线。可以将上述基本线型看成是组成线符号的基本图元,并建立相应对象类。一个线符号则是由不同线图元对象类实例对象聚集而成的复杂对象,如栅栏符号由如栅栏符号由虚线、连续点符号、齿线三种对象聚集而成(图 4 – 12)。

齿线　　　　虚线　　　　连接点　　　　栅栏

图 4 – 12　线符号的组合绘制

由于不同图元对象各有特点,因此,可以为不同的图元对象设计不同的描述方式。如实线可以用偏移量、线宽表示;双虚线可以用虚线之间间隔、起始位置、线宽、实部长、虚部长等表示;定位点符号可以用点状符号、缩放系数、方向等表示。

陶陶等从线型的规范性和可构建的角度出发,将线型符号分为四种图素,即四种基本线型:实线、断线、切线和点线。每一种都具有很多绘制参数(如线长、线宽、偏移、间隔等)使得基本线型的表现各异,GIS 中的线型就是一个或多个图素按绘制参数绘制并叠加起来的。基线是线型绘制的参照物,各种图素都是根据基线的坐标对串来绘制的。实线是按一定的偏移值、线宽和颜色绘制的平行或重合于基线的折线,断线表现为与基线平行或重合的定长线段、矩形或多边形,切线表示为与基线相交的直线段或矩形,点线是指圆心线平行或重合于基线,按一定的半径和填充方式绘制的圆。断线、切线和点线都是按首间隔、间隔、偏移、填充、线长、角度等参数在基线上的循环配置。

2. 变形至角平分线算法

本算法是蔡忠亮等提出的,属于重复配置点符号的算法。算法的思想是:将符号的基本信息描述为模板,再把模板在中轴线上分段串接并作相应的变形处理,尤其是拐弯处。取线状符号的基本最小循环单元(包括有效的空白)作为模板中的主要图元的描述,求出外接矩形,作为模板串接或变形时参与运算的图元的有效范围(即只考虑矩形内的图元信息)。按模板的长度在中轴线上分段截取,若模板超出拐点则将截去超出部分,截去部分转到下一折线段内处理。

对有截取部分的模板实行从矩形到四边形的变形处理(图4-13)。

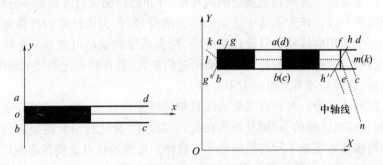

图4-13 图元的分割与点的重定位

线状要素的中轴线为 $k-l-m-n$,地图坐标系为 XOY,模板所在的局部坐标系为 xoy,模板的外接矩形为 $abcd$,节点 l 和 m 处的角平分线分别为 $g-g'$ 和 $h-h'$,模板在节点 m 处被分割为 $abef$ 和 $fecd$ 两段。分割线 ef 通过 m 且垂直于 lm。两条角平分线和分割线将模板分割为三个点集,并作不同处理。

(1) 在局部坐标系 xoy 中,若模板中的点 $p(xp,yp)$ 满足 $0<xp<xk$,且点 p 在两角平分线之间,则该点不作变形,直接从局部坐标系变换至地图坐标系。

(2) 在局部坐标系 xoy 中,若模板中的点 $p(xp,yp)$ 满足 $xp=0$ 或 $xp=xk$ 或 $0<xp<xk$,且 p 点不在两角平分线之间,则该点沿 x 轴正向或负向平移至附近的角平分线上,然后变换至地图坐标系。图中 Δalg、$\Delta emh'$ 内的点便属于这种情况。

(3) 点超出节点 m 的部分,即四边形 $fecd$ 内的点 $p(xp,yp)$,在局部坐标系中满足 $xp\geq xk$,则将这些点转入下一节 $m-n$ 中进行处理,重复以上过程,直至符号全部完成。

3. 水平等比变换算法

本算法为何忠焕提出,也属于重复配置点符号的算法。算法的原理是:将组成线型的图元分为两类,柔性图元和刚性图元。刚性图元不进行变形,而是根据刚性图元的定位点落在哪个线段上,则在哪个线段上绘制该刚性图元,而柔性图元则要进行变形处理。

柔性图元处理方法:对于柔性成员,在处理跨直线段时,分别裁出落在各直线段的部分,并在各直线段上沿该直线段方向进行绘制(图4-14)。

（1）不处理。这种方法最简单,但会形成外角处不接、内角处交叉的绘制效果。

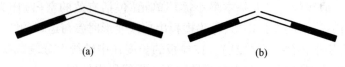

(a)   (b)

图4-14　线符号跨直线产生断裂

（2）传统处理。先判别交接处的内外角,外角处以圆弧过渡到角平分线,内角处裁截至角平分线。该方法适于绘制道路类的符号,在尖锐转角的外角处过渡圆滑。但在一个通用的线状符号设计系统中,跨直线段的成员可能是一个较复杂的图形,如五角星,这时传统的处理会使图形过份失真,且在较大比例尺的地图中,即使是对道路,这种处理方式也经常不合适。

（3）拉伸式处理。对跨直线段的线状单元的柔性成员,在一直线段上的成员部分,根据该成员区间的头、尾是否落在此直线段上,有三种情形需处理跨接。针对不同的跨接情形实施不同的拉伸处理。拉伸式处理的特点是将各裁截段整体变形,在直线段连接处的外角部分受到拉伸,内角部分受到挤压;裁截段的变形为线性,拓扑关系保持不变(图4-15)。

① 有头无尾。将裁截段从成员头处向与后一直线段的角平分线拉伸。x_0 为头的 x 轴向坐标,a 为角平分线的偏转角度,d 为成员在直线段上的截取段长度,则拉伸后点为 $P(x', y)$。

$$X' = (d + y \cdot \tan a)/d \cdot (x' - x) + x_0 \qquad (4-5)$$

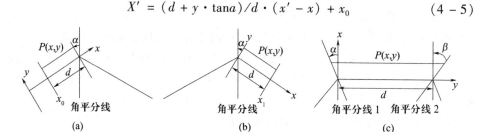

(a)   (b)   (c)

图4-15　图元的拉伸处理

（a）有头无尾；（b）无头有尾；（c）无头无尾。

② 无头有尾。将裁截段从成员区间尾端向与前一直线段的角平分线拉伸。此时,图中点 $P(x, y)$ 拉伸后点为 $P(x', y)$。

$$x' = (x - x_1)/d \cdot y \cdot \tan a + x \qquad (4-6)$$

③ 无头无尾。根据所处直线段与前后段的角平分线,对裁截段作两向拉伸。此时,图中点 $P(x, y)$ 拉伸后点为 $P(x', y)$。

$$x' = (d + y \cdot \tan a + y \cdot \tan b)/d \cdot x + y \cdot \tan a \qquad (4-7)$$

4. 双仿射变换算法

本算法是吴小芳等提出的,算法的思想是:算法相当于组合绘制和图元绘制的混合,既提供自定义线型支持组合绘制方式,也对重复配置图元的方式进行支持。在重复配置图元中,提出了自适应改变大小和双仿射变换两种方式来进行拐点的处理。

(1) 符号自适应改变大小。根据拐角点的角度及角平分线等控制条件自适应改变符号的大小,避免基本图元跨越多个直线段,从而避免拐角点处的符号产生变形。

① 计算定位线中的每一直线段的长度,根据每一段的长度确定可配置的符号的数目以及每一段所余留的不足配置完整符号的长度,即

$$n = l/(d+s) \ , \ m = 1\%(d+s)$$

式中:d 表示符号之间的间距;s 表示符号的宽度;l 表示每一直线段的长度;n 表示每一直线段可配置的符号数目;m 表示每一直线段所余留的空白长度。

② 根据 m 的大小重新确定每一直线段可配置的符号数目:如果 $s \leqslant m < d+s$,则 $n++$,即符号数目在原有的基础上增加一个,同时相邻的下一直线段的长度减去 $d+s-m$ 后,再计算配置符号的个数,确定符号配置的位置;如果 $s/2 < m < s$,则 n 保持不变,同时将 m 的值平均分给该线段上配置的最后两个基本图元;如果 $m < s/2$,则 n 保持不变,同时将 m 的值分给该线段上配置的最后一个基本图元。

③ 在配置每个基本图元之前,计算每个拐角点的角平分线。当配置拐角处附近的图元时,计算图元的外接矩形与相邻的角平分线是否相交。若不相交,按图元的原大小配置;若相交,根据交点的位置缩小外接矩形的高度或宽度,使得原交点位于外接矩形的边线外,即避免了图元与角平分线相交,然后再绘制各图元。采用此方式可避免符号之间的相交情况,保证整体视觉效果。

若其符号的缩放比例小于30%,则不显示符号,以免符号太小而无法识别,影响整体视觉效果。

此方法通过避开拐角点处的图元变形来满足整个线状符号的可视化效果,而且在拐角点处通过自适应方法及角平分线的控制来调整图元的大小,以保证符号整体的连续性效果。但这种方法仅适用于坐标稀疏的定位线,因为对于坐标密集的定位线,由于每一个直线段比较短,可能无法配置上一个基本图元,因而每一直线段上的图元均易发生大小变形,导致整条定位线上的大多数图元均有变形,从而影响整体效果。

(2) 双仿射变换。双仿射变换能保持边界的拓扑一致性,该变换可把任意指定的四边形一对一地连续变换到另一任意指定的四边形。实际上,实现的过程是由两个仿射变换组成。该方法的特点是:每一个三角形的仿射变换都只利用三角

形三顶点的坐标条件,故两邻接三角形公共边界上的点,其变换的像是唯一的。该变换能解决不同图形区域之间的坐标变换,十分稳定和迅速,且保持边界的拓扑一致性(图4-16)。

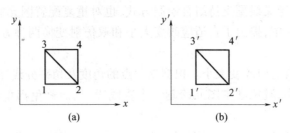

图4-16　双仿射变换

① 确定跨越拐角点的图元位置,根据拐角点将图元的外接矩形拆分为左右两个矩形 ABCD 和 CDEF,如图4-17所示,同时将图元的几何数据也沿此点的垂直方向拆分为左右两个局部图元。

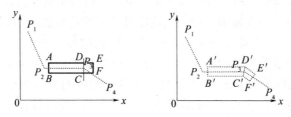

图4-17　图元外接矩形的拆分与仿射变换

② 计算拐角点的角平分线,通过角平分线确定图元两边的矩形变形后的四边形坐标。

③ 根据图元两边的矩形坐标以及变形后两边的四边形坐标,利用双仿射变换分别求得方程的参数。

④ 利用这些方程参数,对两个局部图元的所有坐标数据进行双仿射变换,转换到变形后的四边形坐标系内,即实现了图元数据在拐角处的坐标变形处理。

变换结果:在拐角点处,根据双仿射变换方法,图元产生变形,其外形、尺寸发生变化,避免了符号相交的情况,且图元衔接自然,无断裂情况出现。此方法对坐标稀疏或密集的定位线均适用(图4-18)。

图4-18　双仿射变换
算法绘制效果

线型绘制是三类算法中最为复杂的,主要涉及到拐点处的扭曲和变形处理。以上介绍的几个算法是针对拐点变形处理的几个比较有特色的技术,也是非常实用有效的技术。此外,人们还对于线状符号渐变、拉伸等很多特殊问题做了研究,如表示河流的符号和一些特殊的军标线符号,往往不是上述的通用算法所能处理的。即使做了以上的研究,还是有很多特殊的符号需要通过最基础的编程法实现,在这种情况下,更需要考虑的是软件工程方面的因素,如何尽可能地将这些模块组件化,可以容易地嵌入各类应用系统中。

4.4.4　面状符号绘制方法

面状符号是指在二维图上各方向都能依比例尺表示的符号,它是地图上用来表示面状分布的物体或地理现象的符号。通常用来表示诸如植被、土壤、行政区划等呈面状分布的地物。面状符号的特点是:由一条有形或无形的封闭的轮廓线;多数面状符号是在轮廓线范围内配置不同的点状符号、绘制阴影线或染色。

分析面状符号的特征可以发现,绘制面状符号有三种情况:一是在绘图区域内以不同倾角、不同间距、不同的实虚部长度的平行线族来构成不同的图案,即阴影线填充图案;二是在绘图区域内以不同的间距、不同的布点形式(井字形、品字形)、不同的旋转角绘制点符号以构成图案,即点符号填充图案;三是位图填充图案。因此,对面符号而言可设计三种图素对象类:阴影线填充、点符号填充和位图填充。

1. 位图填充

位图填充是一种常用的表现多边形内不同形态的方法,其优点是速度快,而且其一般的需求都已经由硬件或 API 提供了支持;缺点是不能无极缩放,打印输出效果也并不理想。

对于位图填充模式,应设计的控制参数包括位图长度、位图宽度、行间距、列间距、缩放系数、旋转角、填充形式(品字形、井字形)、位图。

所谓位图,即是一些由位组成的序列,如果某位为 1,则表示应该以某个颜色显示,如果该位为 0,则表示该位置的像素为透明的。

目前应用的开发平台,如 GDI、OpenGL 等,都直接对位图填充提供了支持。如使用 GDI 进行绘制,则生成对应的 CBrush 对象时,调用 CreateDIBPatternBrush() 函数生成对应的位图画刷,则绘制的多边形将以位图填充;而在 OpenGL 中,也只需要使用 glPolygonStipple() 设置位图数据即可。位图填充的效果如图 4 - 19 所示。

各类开发平台对位图的支持,对位图的大小都有一定的限制,一般是固定大小。所以如果需要支持更大更小的位图,则需要自己构造算法实现多边形的扫描转换。关于这部分技术,可参阅第 3 章内容。

2. 阴影线填充

阴影线填充可设计的控制参数有:阴影线填充类有倾角、线宽、起始位置(x, y)、偏移量(dx、dy)、实部长、虚部长、(线)色。

面符号绘制的关键是在面域内求晕线族,然后在晕线上绘虚线、线符号或按一定距离绘点符号。关于点符号的填充,再后面进一步讨论,此处介绍的晕线生成方法可以直接用于进行阴影线填充,即在求得的晕线上按阴影线填充控制参数绘制阴影线。

为求解方便和效率,对于倾斜晕线可以先对多边形进行旋转,使旋转后的 x 坐标轴与晕线平行,求解水平晕线后,再对晕线进行反旋转,即可得到倾斜晕线,如图 4-20 所示。

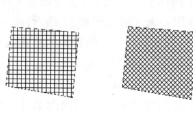

图 4-19   面对象的位图填充

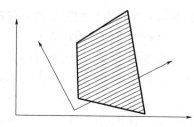

图 4-20   晕线计算

计算机图形学中多边形扫描转换的方法可以应用于求解晕线,求解水平晕线的方法一般有两种:一是基于晕线的算法,它是以晕线 y 值从小到大的顺序,逐条求出它与多边形的所有交点,然后对交点系列按它们的 x 值从小到大排序,最后每两个交点为一组输出,即可得到多边形内的晕线;另一种方法基于多边形边进行,以多边形边的顺序,逐条求出它与所有晕线的交点,并按交点的 y 值将交点放在一交点数据桶中的不同层,并记录不同 y 值层的交点个数,之后对交点数据桶中不同层的交点 x 值进行排序,成组输出。

3. 点符号填充

点符号填充本质是在绘图区域内以不同的间距、不同的布点形式、不同的旋转角度重复绘制点符号以构成图案。在这个过程可以应用晕线来确定重复配置点的位置,也可以直接计算每个点符号的位置,而间距、布点形式等既可以作为一个控制参数,也可以通过编辑符号本身达成目标。

在多边形内部,直接配置点符号即可,而对于落在边界处的点符号,还需要点符号的每个组成图元与多边形求交,求交的结果进行显示和绘制。

首先介绍多边形类图元与面对象的求交。平面简单多边形的布尔运算是计算几何、计算机图形学中的基础问题之一,在几何和实体造型等领域有着广泛的应用价值。在第 3 章所介绍的任意形状多边形的裁剪算法——Weiler - Atherton 算法的基础上,可以设计并实现多边形的求并算法。Weiler - Atherton 裁剪算法的原理是:被裁剪的多边形简称为主多边形,裁剪区域称裁剪多边形。将主多边形和裁剪多边形定义为顶点的环形列表,多边形取相同的时针方向。主多边形和裁剪多边形如果相交,则交点必然成对出现,其中一个交点为主多边形进入裁剪多边形内部时的交点,而另一个交点为离开时的交点。算法从进入交点开始,沿主多边形跟踪,直到找到下一个交点;在交点处切换到裁剪多边形,沿裁剪多边形进行跟踪;继续上述跟踪过程,直到回到跟踪起点。对上述算法稍加调整,即可用于多边形求并:不由交点开始跟踪,而是由主多边形在裁剪多边形外部的一个顶点开始跟踪,其他与裁剪算法一样。

而对于线集类图元,可以采用直接与面对象求交,每一对交点构成一个多边形链,判断该链与面对象的位置关系,然后输出即可。

参 考 文 献

[1] 庞国峰. 虚拟战场导论[M]. 北京:国防工业出版社,2007.

[2] 李献. 作战标图[M]. 北京:军事科学出版社,1999.

[3] 王宁. 计算机标图[M]. 北京:解放军出版社,2005.

[4] 黄安祥. 空战虚拟战场设计[M]. 北京:国防工业出版社,2007.

[5] 闫浩文,褚衍东,杨树文,等. 计算机地图制图原理与算法基础[M]. 北京:科学出版社,2007.

[6] 祝国瑞,郭礼珍,尹贡白,等. 地图设计与编绘[M]. 武汉:武汉大学出版社,2001.

[7] 廖克. 现代地图学[M]. 北京:科学出版社,2003.

[8] M. de Berg,等. 计算几何——算法与应用[M]. 第2版. 邓俊辉,译. 北京,清华大学出版社,2005.

[9] David Rogers F. 计算机图形学的算法基础[M]. 石教英,彭群生,等译. 北京,机械工业出版社,2002.

[10] 刘勇奎. 图形裁剪算法研究[J]. 计算机工程与应用,2005(21):18 – 23.

[11] 龚健雅. 地理信息系统基础[M]. 北京:科学出版社,2001.

[12] 吴立新,史文中. 地理信息系统原理与算法[M]. 北京:科学出版社,2003.

[13] 国家测绘局,国家测绘局测绘标准化研究所,中国标准出版社. 测绘标准汇编——综合卷[S]. 北京:中国标准出版社. 2003.

[14] 国家测绘局,国家测绘局测绘标准化研究所,中国标准出版社. 测绘标准汇编——地图制图及印刷卷[S]. 北京:中国标准出版社. 2003.

[15] 国家测绘局,国家测绘局测绘标准化研究所,中国标准出版社. 测绘标准汇编——摄影测量与遥感卷[S]. 北京:中国标准出版社. 2002.

[16] 潘正风,杨正尧. 数字测图原理与方法[M]. 武汉:武汉大学出版社,2002.

[17] 陶陶,张书亮,李秀梅. 面向地理信息共享的通用线型编辑器的设计与实现[J]. 计算机应用与软件,2005,22(2):52 – 53.

[18] 蔡忠亮,李霖. 普通地图符号的全开放式设计[J]. 武汉测绘科技大学学报,1999,24(3):259 – 261.

[19] 何忠焕. GIS 符号库中复杂线状符号设计技术的研究[J]. 武汉大学学报(信息科学版),2004,29(2):132 – 134.

[20] 吴小芳,杜清运,徐智勇,等. 复杂线状符号的设计及优化算法研究[J]. 武汉大学学报(信息科学版),2006,31(7):632 – 636.

[21] 李兵,叶海建,方金云,等. 图元法符号库的设计思想研究[J]. 计算机工程与应用,2005,17:36 – 38.

第5章 战场地形可视化

地形可视化是数字化战场的重要内容。美军国防部在地形建模与仿真执行主计划中这样定义"地形":地形是对地球表面的外形、组成及其特性的表示,包含地貌、自然特征、永久或半永久的人造特征,以及动态过程对地形的改变效果。地形构成战场自然环境的主体,是敌对双方的军事思想、作战意图、武器装备、作战编成、作战形式和作战手段在一定时间集中较量的场所。在所有影响战斗的自然条件中,地形条件对实施战斗的影响最大,地形既可能提供有利的条件,又可能造成意想不到的困难,从而引发采取不同的攻防战术以及导致不同的对抗结果。在整个战场可视化体系中,地形可视化是陆地战场可视化中的重要组成部分,占据着不可替代的关键地位。

5.1 地 形 模 型

地形模型是对真实地形属性的一种抽象和简化的表达。地球表面包括内陆水域和近岸、深度小于20m范围内的海底曲面,不包括海洋、大气、沿地面运动的非永久物体。

5.1.1 数字地形的表达

数字地形的表达可以分为两大类,即数学描述和图形描述。使用傅里叶级数和多项式函数来描述地形是常用的数学描述方法,规则格网、不规则格网、等高线、剖面等是图形描述的常用方式。图5-1是数字地形表达方式的分类示意图。

5.1.2 数字地面模型

地形模型是军事人员、规划人员、土木工程师和地球科学等许多学科的专家所要求的。过去,地形模型都是物质的,如在第二次世界大战中,美国海军制作的许多模型都是由橡皮制作而成的。1982年,在英国和阿根廷的福克兰岛战争中,英军大量使用由沙和泥制作而成的地形模型来研究作战方案。

1958年,Miller等人在解决道路计算机辅助设计这一工程课题时,提出数字地面模型(Digital Terrain Model,DTM)的概念,即使用采样数据来表达地形表面。

数字地面模型是利用一个任意坐标场中大量选择的已知 X、Y、Z 的坐标点对

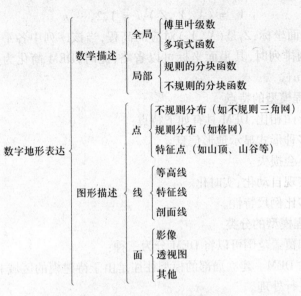

图 5-1　数字地形表达方式

连续地面的一个简单的统计表示,或者说,DTM 就是地形表面简单的数字表示。

从狭义来讲,数字地面模型指的是地形信息,因此,许多领域把数字地面模型也称作"数字地形模型"。

从广义上来讲,数字地面模型可以包括各类地面特性信息,包括以下几方面:

(1)地貌信息。如高程、坡度、坡向、坡面形态以及其他描述地表起伏情况的更为复杂的地貌因子。

(2)基本地物信息,如水系、交通网、居民点和工矿企业以及境界线等。

(3)主要的自然资源和环境信息,如土壤、植被、地质、气候等。

(4)主要的社会经济信息,如人口分布、工农业产值、国民收入等。

数字地形模型形成的过程中,实际只是得到大量的采样点,这些采样点是在一定的精度下获得的,而地表上其他位置的信息,则由采样点进行插值得到。

5.1.3　数字高程模型基本概念

自从 DTM 的概念被提出以后,又相继出现了许多其他相近的术语。如在德国使用的 DHM(Digital Height Model)、英国使用的 DGM(Digital Ground Model)、美国地质测量局使用的 DTEM(Digital Terrain Elevation Model)、DEM(Digital Elevation Model)等。这些术语在使用上可能有些限制,但实质上差别很小。

1. 数字高程模型(DEM)的定义

数字高程模型是由美国地质测量局所提出并被广泛使用的数据模型,表示对地球表面地形地貌的一种离散的数字表达,即

$$V_i = (X_i, Y_i, Z_i), i = 1, 2, \cdots, n \qquad (5-1)$$

式中:X_i、Y_i是平面坐标;Z_i是(X_i, Y_i)对应的高程,当该序列中各平面矢量的平面位置呈规则格网排列时,其平面坐标可以省略,此时,DEM 简化为一维矢量序列 $\{Z_i, i = 1, 2, \cdots, n\}$。

2. 数字高程模型的特点

与传统地形图相比,DEM 具有如下特点:

(1) 易以多种形式显示地形信息。

(2) 精度不会损失。

(3) 容易实现自动化、实时化。

(4) 具有多比例尺特性。

3. 数字高程模型的分类

按照大小和覆盖范围可以将 DEM 分为三种:

(1) 局部的 DEM。建立局部的模型往往是由于待建模的区域非常复杂,只能对一个个局部进行处理。

(2) 全局的 DEM。全局性的模型一般包含大量的数据并覆盖一个很大的区域,且该区域通常具有简单、规则的地形特征,或者为了一些特殊的目的如侦察,只需要使用地形表面最一般的信息。

(3) 地区的 DEM。介于局部和全局两种模型之间的情况。

按照模型的连续性,DEM 可以分为以下三类:

(1) 不连续的 DEM。每一个观测点的高程都代表了其邻域范围内的值,一系列局部的表面被用来表示整个地形。

(2) 连续的 DEM。每个数据点代表的是连续表面上的一个采样值,而表面的一阶导数可以是连续的,也可以是不连续的。

(3) 光滑的 DEM。它是指一阶导数或更高阶导数连续的表面,通常在区域或全局的尺度上实现,在这种模型中,表面不必经过所有原始观测点,待构建的表面比原始数据反映的变化平滑得多。

4. 数字高程模型的应用范畴

数字高程模型具有非常广的应用范畴:测绘中,可用于等高线、坡度、坡向图、立体透视图、立体景观图、制作正射影像图、立体匹配片、立体地形模型以及地图的修测;工程中,可用于体积、面积的计算,各种剖面图的绘制及线路的设计;遥感中,可以作为分类的辅助数据;环境与规划中,可用于土地现状的分析,各种规划及洪水险情预报等;军事上,可用于导航、精确打击、作战任务的计划等。

5. 数字高程模型的数据来源

数字高程模型数据采集本质上是获取地面上的采样点的过程,有如下方法:

(1) 摄影测量。摄影测量的基本原理:用立体像对来恢复三维物体的原始形状,即形成立体模型,然后在立体模型上量测物体的三维空间坐标以代替野外的量测。立体像对就是在两个不同的地方摄取的且具有一定重叠度的同一景物的两张影像,只有在重叠的地方,才可以恢复三维物体的形状。

(2) 地形图。从地形图上采集高程数据,最基本的问题是对地形图要素如等高线等进行数字化处理,如手扶跟踪自动化或者半自动扫描自动化,然后再用某种数据建模方法内插 DEM。由地形图上采集 DEM 的主要问题是现势性不强,主要是对于经济发达地区,由于土地开发利用使得地形地貌变化剧烈而且迅速,既有地形图往往不宜作为 DEM 的数据源。

(3) 地面本身及其他数据源。用全球定位系统全站仪或经纬仪配合袖珍计算机在野外进行观测获取地面点数据,经过适当变换处理后建成 DEM。一般用于小范围大比例尺(比例尺大于 1:2000)的 DEM。优点是精度高,可以用于有限范围内针对特殊工程目的的大比例尺、高精度的地形建模。缺点是工作量大、效率低、费用高。

常用 DEM 数据采集方式及特性如表 5 – 1 所列

表 5 – 1　常用 DEM 采集方式特性

获取方式	DEM 精度	速度	成本	更新程度	应用范围
地面测量	非常高	耗时	很高	很困难	小范围区域,特殊的工程项目
摄影测量	比较高	较快	较高	周期性	大的工程项目,国家范围的数据收集
立体遥感	低	很快	低	很容易	国家范围甚至世界范围的数据收集
GPS	比较高	很快	较高	容易	小范围,特别项目
地形图手扶跟踪数字化	比较低	较耗时	低	周期性	国家范围以及军事上的数据采集
地形图扫描	比较低	非常快	较低	周期性	国家范围以及军事上的数据采集
激光扫描、干涉雷达	非常高	很快	非常高	容易	高分辨率,各种范围

5.1.4　数字高程模型的表达方法

1. 表面建模方法

DEM 的内插是根据若干相邻参考点的高程求出待定点上的高程值,在数学上属于插值问题,任意一种内插方法都是基于原始地形起伏变化的连续光滑性,或者说,邻近的数据点间有很大的相关性,才可能由邻近的数据点内插出待定点的高程。

DEM 本身只是一些代表地形表面的离散点,而利用这样的一系列点来表示整个地形,就是地形表面建模。地形表面建模主要有四种方法:基于点的建模方法、基于三角形的建模方法、基于格网的建模方法和混合建模方法。在实际应用中,基于三角形和格网的建模方法使用较多,被认为是两种基本的建模方法。

通俗地讲,就是在准备好了地形的原始数据后,根据这些原始数据,生成三维地形网格。依据构网的方式,可以用规则格网(三角网)或 TIN 网构模等方法来构造。

(1) 规则格网(Regular Square Grids, RSG)。规则格网将区域空间切分为规则的格网单元,每个格网单元的一个元素,对应一个高程值,数学上可以表示为一个矩阵,在计算机实现中则是一个二维数组。每个格网单元或数组的一个元素,对应一个高程值,如图 5-2 所示。规则格网具有结构简单,数据存储量小,非常便于使用和管理,分析和计算也十分有效的优点。但规则格网在不改变格网大小的情况下,有时不能准确地表示地形的结构和细部。因此,就需要采用附加地形特征数据,如地形特征点、山脊线、山谷线、断裂线等,以描述地形结构。另外,规则格网在地形平坦的地方,存在大量数据冗余。

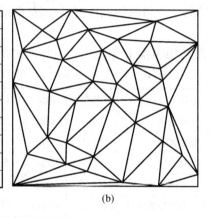

91	78	63	50	53	63	44	55	43	25
94	81	64	51	57	62	50	60	50	35
100	84	66	55	64	66	54	65	57	42
103	84	66	56	72	71	58	74	65	47
96	82	66	63	80	78	60	84	72	49
91	79	66	66	80	80	62	86	77	56
86	78	68	69	74	75	70	93	82	57
80	75	73	72	68	75	86	100	81	56
74	67	69	74	62	66	83	88	73	53
70	56	62	74	57	58	71	74	63	45

(a)   (b)

图 5-2 地形表面模型

(a) RSG;(b) TIN。

(2) 不规则三角网(Triangulated Irregular Network, TIN)。不规则网格是由一组无规则散落在空间的点,各自与其邻近点相连所生成的几何模型的三角面描述,如图 5-2 所示。TIN 可根据几何模型不同区域的平缓陡峭变化,形成大小各异、疏密不同的三角网格描述。不规则三角网能较好地表示地形特征,能精确地表示复杂地形表面,在地形表面相对单一时,需要量测的点数据最少。不规则三角网既减少了规则格网方法带来的数据冗余,同时在计算效率方面又优于基于纯粹等高线的方法。但总体来说,不规则三角网的数据量大,数据存储方式比规则格网复杂,因为它不仅要存储每个点的高程,还要存储其平面坐标、节点连接的拓扑关系、三角形及邻接三角形等关系。

2. 表面建模方法的比较

等高线是另一种常用的地形表达方法,等高线图是对用水平横截面截取地球表面的一种矢量描述,这个特定的横截面的边界线在二维面上的投影就是等高线。

等高线数据只是网格的抽样和筛选,而任何只是以源数据的一个子集作为样品进行的数据转换,是不可能将数据恢复到包含它的源数据本身的精度的。采用在等高线之间进行内插获取的高程值,也没有该位置处的实际网格值那么精确。所以,等高线数据不如网格数据精度高。采用等高线方法的另一个明显弱点就是缺乏标准的等高线算法。由于采用内插和平滑方式的处理,对于同样的数据,不同的算法产生了不同的等高线,特别是在多尺度的情况下,利用相同的已知高程数据,通过内插和平滑方式获得的同一位置的高程通常不同,这就产生了数据不一致性问题。

等高线相对于网格数据的一个明显优点在于,它的矢量描述有利于对地形的面向对象的模型表达。等高线数据是面向边界的,适用于不同密度的现象,适合拓扑处理和属性处理。地形现象的空间范围由外周长确定,可以很自然地通过等高线获得。等高线网的另一个好处是能自然地对地形进行分类,这有利于对等高线图进行研究。等高线数据库的另一个优点体现在数据压缩方面,10m 等高距的等高线数据库平均所需要的内存,比相同的网格数据库所需要的内存少一个数量级。

地形表达的等高线、规则格网和不规则三角网表达方式的比较如表 5 – 2 所列。

表 5 – 2　地形表达方式的比较

	等高线	规则格网	不规则三角网
存储空间	很小(相对坐标)	依赖格距大小	大(绝对坐标)
数据来源	地形图数字化	原始数据插值	离散点构网
拓扑关系	不好	好	很好
任意点内插效果	不直接且内插时间长	直接且内插时间短	直接且内插时间短
适合地形	简单、平缓变换	简单、平缓变换	任意、复杂地形

另外,还有研究表明,虽然从表面上看 TIN 似乎在存储空间等方面具有优势,但是在实践中,由于 TIN 需要的附加信息太多,实际上并不比 RSG 节省太多的空间。

3. 表达方式的转换

在各种不同的表达方式之间,存在着各种转换算法。如最早的基于等高线绘制真实感地形的时候,是直接使用等高线数据的,而这样的方式存在诸多问题,后来在方法上就开始应用在等高线之间构造狄洛尼三角网(Delaunay)的方法来进行绘制,这样效率明显提高,但是在等高线之间存在非常明显的"台阶"现象,因此,采用先利用等高线构造狄洛尼三角网,这相当于一个 TIN 表达,然后,在此基础上再构造规则格网来实现基于等高线的地形真实感显示。

数据的另外一种转换方式也是比较有意义的,即由规则格网产生等高线数据,这种转换在军事上也具有一定的意义,因为军事指挥人员毕竟是习惯于使用地形图来实际地进行作战行动,这样在具有高精度 DEM 的情况下,生成等高线地形图并提供给军事人员相对有意义。

(1) 等高线生成规则格网。目前,常用的等高线生成 DEM 的方法有三种:等高线离散化法、等高线内插法、等高线构建 TIN 法。

Kaneda 等提出了将等高线转化为 RSG 的算法,它将离散化的等高线投影于地平面均匀网格中,通过插值相邻两条等高线(其所夹带状区域包含该网格点)的高度值来确定网格点处的高度值,最后形成均匀网格上的高度场。该方法的优点是:网格细分程度随意,等高线能够得到足够精确的表示,输入也可采用最优的方法。该方法的缺点是:由于网格和等高线表示的分离,使等高线的高度信息不能被直接利用,只能通过相邻等高线的插值获得。等高线转换为 RSG 如图 5-3 所示。

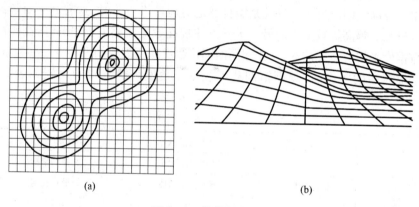

(a)　　　　　　　　　　　　　　(b)

图 5-3　等高线与 RSG

(a) 正视;(b) 侧视。

利用等高线生成 DEM ,是将等高线先离散后再内插,在离散的过程中使原有的等高线位置信息丢失,这样在从 DEM 返回等高线时不能保证原始等高线的还原。冯桂等人提出基于图像形态学变换的等高线内插 DEM 的高精度算法,很好地解决了上述问题。该算法的主要思路如下:

① 针对现有算法对等高线进行取样,从而丢失了等高线原有位置信息的缺陷,对原始等高线位置利用形态变换进行保护,使得原始等高线信息得以保护;将矢量等高线数据栅格化,并记录相应矢量数据的特征值。

② 根据等高线的栅格数据进行地形特征判别,按等高线号及其相应的高程值之间的关系,将地形分为斜坡、山脊、山谷、山顶、盆底、小山丘群和鞍部七类。

③ 对不同的地貌类型选择不同的结构元素(按高程差及欧氏距离)对等高线的栅格图像进行多刻度距离变换,从而得到对应的 DEM。

(2) 规则格网生成等高线。从格网 DEM 中提取等高线的方法可以分为高次曲面内插法和格网线性内插法。前者是在一定范围内的格网点上拟合曲面,然后在曲面上横截平面得到等高线,根据利用的格网点数目又可以分为整体曲面和局部分块曲面内插,这类方法实现较为复杂。线性内插法根据执行的策略不同,又可以分为先整体插值然后再统一搜索连接和边插值边搜索连接两类。

Snyder 首先提出了利用地形高程数据计算等高线的算法,随后又有许多研究者提出了各种不同的算法。但是,目前应用最广泛的依然是等高线传播算法。等高线传播算法的基本原理是:为了得到一条高程为 C 的等高线,首先找到一个有对应等高线穿过的栅格作为初始栅格,然后由这个初始栅格开始向邻近的栅格传播这条等高线。为了得到高程为 C 的一条等高线与栅格边的交点,需要利用已知高程的点(这里主要是栅格线四周的交叉点处高程),通过插值函数计算取得。具体的插值函数将会由栅格类型、栅格交点的高程数值和权重参数值三者共同决定。

此外,还有一些研究关注于对生成等高线的精度分析、对于地形特征点的描述以及批量生成等高线时的效率优化问题。

(3) 不规则点集生成 TIN。对于不规则分布的高程点,可以形式化地描述为平面的一个无序的点集,点集中每个点对应于它的高程值。将该点集转成 TIN,最常用的方法是 Delaunay 三角剖分方法。生成 TIN 的关键是 Delaunay 三角网的产生算法,下面先对 Delaunay 三角网和它的偶图 Voronoi 图作简要的描述。

Voronoi 图由一组连续多边形组成,多边形的边界是由连接两邻点线段的垂直平分线组成。N 个在平面上有区别的点,按照最近邻原则划分平面每个点与它的最近邻区域相关联。Delaunay 三角形是由与相邻多边形共享一条边的相关点连接而成的三角形。Delaunay 三角形的外接圆圆心是与三角形相关的多边形的一个顶点。Delaunay 三角形是 Voronoi 图的偶图,如图 5 – 4 所示。

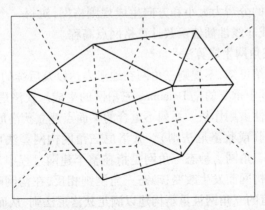

图 5 – 4 Delaunay 三角网与 Voronoi 图

对于给定的初始点集,有多种三角网剖分方式,而 Delaunay 三角网有以下特性:其 Delaunay 三角网是唯一的;三角网的外边界构成了点集的凸多边形"外壳";

没有任何点在三角形的外接圆内部,反之,如果一个三角网满足此条件,那么,它就是 Delaunay 三角网;如果将三角网中的每个三角形的最小角进行升序排列,则 Delaunay 三角网的排列得到的数值最大,从这个意义上讲,Delaunay 三角网是"最接近于规则化"的三角网。

将不规则点集转成 TIN,最常用的方法是三角剖分方法,生成过程分两步完成:利用点集的平面坐标产生 Delaunay 三角网;给 Delaunay 三角形中的节点赋予高程值。

(4) RSG 转成 TIN。RSG 转成 TIN 可以看作是一种规则分布的采样点生成 TIN 的特例,其目的是尽量减少 TIN 的顶点数目,同时尽可能多地保留地形信息,如山峰、山脊、谷底和坡度突变处。规则格网 DEM 可以简单地生成一个精细的规则三角网,针对它有许多算法,绝大多数算法都有两个重要的特征:筛选要保留或丢弃的格网点;判断停止筛选的条件。

其中两个代表性的算法是保留重要点法和启发丢弃法。

保留重要点法是一种保留规则格网中的重要点来构造的方法,它是通过比较计算格网点的重要性,保留重要的格网点。重要点是通过模板来确定的,根据八邻点的高程值决定模板中心是否为重要点。格网点的重要性是通过它的高程值与邻点高程的内插值进行比较而确定的。

启发丢弃法将重要点的选择作为一个优化问题进行处理。算法是给定一个格网和转换后 TIN 中节点的数量限制,寻求一个与规则格网的最佳拟合。首先输入整个格网,迭代进行计算,逐渐将那些不太重要的点删除,处理过程直到满足数量限制条件或满足一定精度为止。

(5) TIN 转成 RSG。TIN 转成 RSG 可以看作普通的不规则点生成格网的过程。方法是按要求的分辨力大小和方向生成规则格网,对每一个格网搜索最近的顶点数据,按线性或非线性插值函数计算格网点高程。

4. Delaunay 三角网生成算法

根据前面的介绍可知,不规则三角网在地形表达以及后续的可视化中,占据非常重要的地位,而其中重要的是 Delaunay 三角网的生成。狄洛尼三角形外接圆内不包含其他点的特性被用作从一系列不重合的平面点建立狄洛尼三角网的基本法则,可称作空圆法则(或狄洛尼法则)。狄洛尼三角网构网算法可归纳为两大类:静态三角网和动态三角网。静态三角网是指在整个建网过程中,已建好的三角网不会因新增点参与构网而发生改变;动态三角网则相反,在构网时,当一个点被选中参与构网时,原有的三角网被重新构建以满足狄洛尼法则,从而在三角网构网过程中可以判断哪些顶点的重要性大,这一特点可以用于对地表进行简化。

(1) 递归生长算法。递归生长算法的基本过程如下:

① 在所有数据中任取一点(一般从几何中心附近开始),查找距离此点最近的

点,相连后作为初始基线。

② 在初始基线右边应用狄洛尼法则搜寻第 3 点,形成第一个狄洛尼三角形。

③ 以此三角形的两条新边作为新的初始基线。

④ 重复步骤②和步骤③直至所有数据点处理完毕。

该算法主要的工作是在大量数据点中搜寻给定基线符合要求的邻域点。一种比较简单的搜索方法是通过三角形外接圆的圆心和半径来完成对邻域点的搜索。为减少搜索时间还可以预先将数据进行分块和排序。使用外接圆的搜索方法限定了基线的待选邻域点,如果引入约束线段,则在确定第三点时还要判断形成的三角形是否与约束线段交叉。

(2)凸包收缩法。凸包收缩法的基本思想是:首先找到包含数据区域的最小凸多边形,并从该多边形开始从外向里逐层形成三角形网络。平面点凸包的含义是包含这些平面点的最小凸多边形。在凸包中,连接任意两点的线段必须完全位于多边形内。平面点集凸包的计算问题,是计算几何的一个经典问题,有关文献之多可谓汗牛充栋。可以参阅计算几何方面的资料。

得到凸包之后,就可以从其中的一条边开始逐层构建三角网,具体算法如下:

① 将凸多边形按逆时针顺序存入链表结构,左下角附近的顶点在最前。

② 选择第一个点作为起点,与其相邻点的连线作为第一条基边。

③ 从数据点中寻找与基边最临近的点作为三角形的顶点,这样就形成了第一个狄洛尼三角形。

④ 将形成的三角形的新边作为基边,继续形成新的三角形。

⑤ 重复步骤④,当找到的新的点是凸包边界上点,则形成了一层狄洛尼三角网。

⑥ 适当修改边界点序列,一次选取前一层三角网的定县作为新的起点,重复前面的过程,建立起连续的一层一层的三角网。

该方法同样可以考虑约束线段。

(3)数据逐点插入法。前面的算法中,每个三角形的形成都涉及到所有待处理的点,因此效率较低,数据逐点插入法在很大程度克服了这个问题。

① 首先取整个数据区域的最小外界矩形作为凸包,并将起剖分为两个三角形。

② 将整个数据区的范围进行格网划分或者以其他方式建立数据点的有序线性表。

③ 按序将数据点插入到三角形中,首先找到包含数据点的三角形,利用该点将三角形剖分为三个新的三角形。

④ 根据狄洛尼法则,调整三个新形成的三角形及其相邻三角形。

⑤ 重复以上过程,直到所有点都插入到三角网中。

5.2　地形模拟技术

要想进行地形可视化,首先需要有地形数据。前面已经介绍了数字高程模型数据的获取方式,但是在实际应用中,往往因为各种原因,而缺乏数据,或者为了给使用者更多的体验,如在作战模拟中,往往需要令受训者尝试在各种地形条件下进行训练。以上情况下,都需要模拟产生地形。

地形仿真主要用于两种情况。一是根据地学图形数据的精确描述,进行真实地形的仿真,如根据地形特征参数生成地形,这些特征参数包括高程、最大/最小高程及其位置、高程标准差、相关长度、地形粗糙度等。这种地形的生成通常是在给定一定的地形特征或地形参数条件下,通过模拟符合地形的统计特征的随机过程,即用计算机自动产生符合要求的真实的三维地形。二是模拟自然场景中的地形,常用于具有真实自然视觉效果的虚拟环境中。这种方法不需要针对某个特定地区的地形来进行仿真,而是希望可以灵活地生成不同特征的地形以满足不同的需求或者是为保证整个虚拟环境的真实感,因此,这种方法评价的唯一标准是视觉上的可接受程度。

正如前面所介绍的,目前实际所应用的地形模型主要是规则格网 DEM,这样的一个地形模型可以看作是一个二维数组或者高度图,而地形模拟的目的也在于生成这样的一个二维数组。

5.2.1　地形模拟技术概述

目前,常用的地形生成方法如下。

1. 利用曲面来生成三维地形

这是一种传统的地形生成方法。它是利用常用的一些参数曲面,如 Bezier 曲面、Coons 曲面、有理 B 样条曲面,通过插值、曲面拟合来生成所需的三维地形。如用于散乱数据场可视化的曲面拟合技术,是对散乱数据进行插值或拟合,形成曲面并用图像或图形表示出来的技术,曲面不需作分段线性近似,仍可以保证相邻面的斜率连续性,因此比较灵活。该方法由于其数学计算的复杂性,对于复杂场景来说,计算量较大,而且要采用较复杂的曲面拼接技术,只适合中小规模的数据处理。另外,这种方法利用常用的参数曲面,通过插值、拟合来生成三维地形,也是采用方程来对地形建模,但由于地形的不规则和复杂性,用这种方法得到的地形真实感效果常不能令人满意。

2. 利用分形技术生成三维地形

进行地形模拟,就不得不提到"分形"的概念,分形(Fractal)一词是由美籍法国科学家 Mandelbrot 于 1975 年提出的,目前已经成为一个重要的研究方向。分形几何概括了自然界的固有特征,在对客观世界的描述上具有一些欧氏几何所不具备的优点。

分形几何使用过程而不是方程来对物体建模,具有无限以及统计自相似性的规律,它用递归算法使复杂的景物可用简单的规则来生成,可以产生任意水平的细节,为我们提供了一个很好地描述一般地面形状的数学模型。利用分形理论中的随机分维函数模型,来模拟自然景物中许多不规则的物体和表面,如云、山、树木、草地、烟火等,已经获得了极大的成功。由于分形显示自然景物具有非常逼真的特点,自从分形技术产生以来,人们就开始探讨用分形技术来生成三维地形,地景生成技术也达到了一个新的阶段。可以说,采用分形技术来生成三维地形是目前地景生成的主要方法。

关于分形本身的理论与众多方法的研究,读者可自行阅读相关书籍和论文,本章将重点放在地形模拟上,这些方法本身相对比较简洁,讨论时不去触及其背后的理论基础,但是读者还是应该通过对分形几何的学习和了解,可以建立更完整的概念。

分形地景建模方法有多种,包括泊松阶跃法(Poisson Faulting)、傅里叶滤波法(Fourier Filtering)、中点位移法(Midpoint Displacement)、逐次随机增加法(Successive Random Additions)和带限噪声累积法(Summing Band Limited Noises)、小波变换等。

泊松阶跳法是由 Mandelbrot 研究的一种地景生成算法,它是将泊松分布用于fBm(fractional Brownian motion,分数维布朗运动)的产物,它在服从泊松分布的间隔上,将高斯随机位移加到一个平面或球面上,其结果具有 fBm 特征。这种方法可用于生成复杂地形,很适合用球面生成类似星球的物体,它的主要缺点是算法的时间复杂度较高,达到了 $O(n^3)$。傅里叶滤波法是将一个二维的高斯白噪声进行傅里叶变换,其结果就是 fBm,可以形成非常逼真的地景模型。这种方法的优点是可以获得任意的纹理图像效果,缺点是最终形成的地表结果具有周期性,效率较低,且算法的时间复杂度是 $O(n\log n)$。逐次随机增加法是一个灵活的细分方案。这种方法是一种继承法,新的点可以通过在上一级细分水平基础上进行线性或非线性插值得到。具体方法是,将上一级细分过程中确定的点,增加一个服从某种分布的随机变量即可得到一个新的点。带限噪声累积法是一种基于函数的建模方法。它是将频率范围受到严格限制的信号反复叠加,而其中每一个信号的幅度是随机变化的,即噪声,因此这种方法也称噪声合成法。这种方法的独特之处,是每个点的确定独立于它所有邻接点。

5.2.2 断层构造技术

1. 算法原理

断层构造(Fault Formation)技术的原理非常简单:开始时,所有值都为 0,构造一条随机的直线穿过地形范围,为直线一侧的每个值增加一个偏移量 dHeight;然后减少 dHeight 的值,再重新构造新的直线,重复上述过程;不断重复下去,直到产生了足够的细节为止。

图 5-5(a)所示的情况,是分别进行了 4 次、8 次、32 次和 64 次迭代之后得到的高度图,可以看出,随着迭代的不断进行,地形的细节越来越丰富。

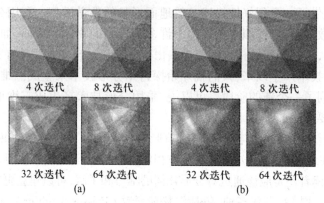

4 次迭代   8 次迭代   4 次迭代   8 次迭代

32 次迭代   64 次迭代   32 次迭代   64 次迭代

(a)   (b)

图 5-5   断层构造技术

下面要讨论算法实现中涉及的一些具体问题。

2. 随机直线的生成

在整个平面上随机生成直线是没有必要的,而且会导致错误的结果,因为考察整个平面的话,将会得出绝大多数直线都不会穿过高度图所限定范围的结论,也将导致绝大多数情况下,高度图中所有的值都被修改。为此,选择高度图范围内的两个随机点,并在两点间连线构造所需要的随机直线。

而关于高度图中任一点在高度图哪一侧的判断,可以通过构造三维矢量的矢量积,然后通过 Z 分量的符号来进行判断。

3. 腐蚀操作(Erosion)

断层构造技术在高度图的相邻单元间会产生显著的差异。对于较低的迭代次数,产生的地形非常不真实,即使对于较高的迭代次数,地形看上去其折痕也非常明显。

为此,可以采用类似于图像处理中的模糊操作来达到目的,或者说是通过一个低通滤波器。

Robert Krten 提出了一个简单的算式来实现腐蚀,即

$$y_i = ky_i - 1 + (1 - k)x_i \qquad (5-2)$$

式中: x_i 表示原有的值; y_i 表示转换后的值; k 为一个 $0 \sim 1$ 的过滤常数。

在水平和垂直两个方向分别应用上述公式,则对原有高度图进行腐蚀,得到更具真实感的地形图。

图 5-5(b)为对原来直接迭代结果进行了腐蚀的结果。

5.2.3　粒子沉积技术

粒子沉积(Particle Deposition)的思想是使粒子序列下落并模拟它们在一个先前落下的粒子所组成的表面上的流动,下落足够数目的粒子将产生看起来像是黏性流体流动图案的结构。

首先从一个空的高度图开始,落下一个单独的粒子;然后落下第二个粒子在第一个粒子之上,并且摇动它直到它的相邻粒子都不在一个更低的高度(图5-6)。

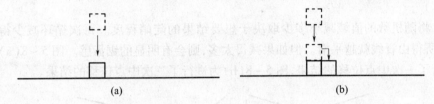

(a)　　　　　　　　　　　　　　　　(b)

图5-6　粒子沉积技术原理

不断重复以上过程,并周期性地改变下落点的位置,直到形成足够的细节。

通过控制落点的移动方式来控制地形的外貌,使下落点保持在一个单一的位置将产生一个高高的山峰,周期性地移动下落点将产生一群连绵起伏的山峦。图5-7为运用粒子沉积技术得到的高度图的效果图。

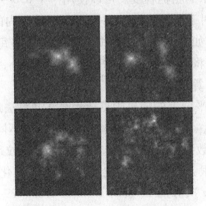

图5-7　粒子沉积技术效果图

5.2.4　Diamond-Square 算法

Diamond-Square 算法应该讲是应用得最广泛的地形模拟算法,比前面的算法效率更高、效果更好。

1. 一维中点位移法

要理解 Diamond-Square 算法,首先要理解什么是中点位移法,下面以一维情况来介绍中点位移法,一维的中点位移法可以用作山脊在远处出现时的情景,也可以

145

用于构造其他的随机曲线。算法描述如下：

以一条水平地平线段开始

重复足够多次{

对场景中的每条线段做{

找到线段的中点

在 Y 方向上随机移动中点一段距离

减小随机数取值范围　}

}

将随机数的值域减小多少取决于想要结果的陡峭程度。每次循环减少得越多，所得山脊线就越平滑。但如果减得太多，则会有明显的锯齿感。图5-8(a)为进行了一次中点位移的结果，图5-8(b)为进行了三次中点位移的结果。

(a)　　　　　　　　　(b)

图5-8　一维中点位移法

这里要介绍粗糙度常量的概念。这个值决定每次循环随机数值域的减少量，也就是说，决定分形结果的粗糙程度。可以使用一个0.0~1.0的浮点数并称之为 H。因此，2^{-H} 是1.0（对于小 H）~0.5（对于大 H）范围内的数。随机数范围在每次循环时乘上这个值。如果 H 设为1.0，则随机数范围将每次循环减半，从而得到一个非常平滑的分形。将 H 设为0.0，则范围根本不减小，结果有明显的锯齿感。

2. Diamond-Square 算法

算法实质上是二维平面上的随机中点位移算法。算法最终是要生成一个二维数组，数组中的数据服从一定的统计规律，当对数据予以不同的解释和处理时，就得到不同的分形图。这些数据可以作为地形几何数据、地形纹理数据和云纹理映射。

算法如下：从一个很大的空的二维数组开始，为了简化问题，数组设为行列相等的，且行列数为2的 n 次方加1（如33×33、65×65、129×129等）。开始时，只需为数组的四个角点设置值，值可以一样，也可以不一样，一般都设为0。

下面通过一个例子来说明算法，取一个5×5的数组，如图5-9所示。图5-9(a)的四个角点赋予了初始值，用黑点表示，其他的点都为空。现在就可以进行迭代细分了。

每一次细分过程分为两步：

Diamond 步：生成正方形的中心点，取正方形的四个顶点的值的平均值，再加上一个随机变量，作为中心点的值。经过一个钻石步得到的结果如图5-9(b)所示，中心点用黑色表示，原来的四个顶点用灰色表示，未做标记的点仍为未赋值点。

146

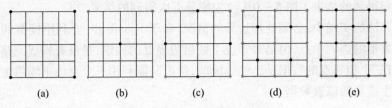

(a)　　　　(b)　　　　(c)　　　　(d)　　　　(e)

图 5-9　Diamond-Square 算法

对于本次细分的每个正方形,Diamond 步生成了四个三棱锥(当网格上分布着多个正方形时,有点像钻石,所以称为 Diamond 步)。

Square 步:取棱锥的四个顶点,用其平均值加上一个随机变量(与 Diamond 步的随机变量服从相同的概率分布)作为原正方形的四条边的中点的值。图 5-9(c)、(e)都表示了 Square 步的结果,但图 5-9(c)是第一次细分的特殊情况,图 5-9(e)代表了通常的情况。

第一次细分完成后,得到的结果如图 5-9(c)所示,其中,黑色和灰色的点表示已经生成数据的点,其他为未赋值点。可以看出,从一个正方形出发,经过一次细分得到了四个小正方形,当然,这里指的是生成了正方形相应顶点处的数据值。在现在的四个正方形的基础上继续进行细分,经过第二次细分的 Diamond 步后,得到的结果如图 5-9(d)所示,其中黑色点为本次操作所生成的点,灰色点为已生成数据的点;经过第二次细分的 Square 步后,得到的结果如图 5-9(e)所示,对于 5×5 数组,经过两次细分之后,就已经为数组中全部元素赋值完毕。对于更大的数组,则需要更多的细分次数。

如果将所生成的数据解释为高度值,然后用四边形来表示相邻的四个点,则得到的数据可以用来模拟地形。图 5-10(a)、(b)分别为用多边形绘制经过一次和

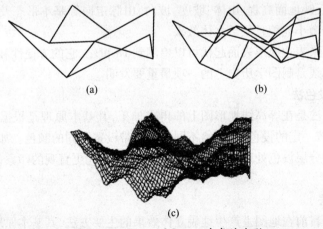

(a)　　　　　　　　　(b)

(c)

图 5-10　Diamond-Square 生成的地形

两次递归得到的结果。图 5 - 10(c)为细分五次得到的结果。

在算法的实现中,必须处理边界的情况,对于 Square 步,要利用棱锥的四个顶点求正方形的边的中点,但是对于位于数组边界处的棱锥,是没有构成完整的棱锥的,只有三个相邻点的数据是已经生成的,所以只能利用三个点的平均值加上随机变量来生成新的位置数据。

5.3   地形绘制技术

5.3.1   传统地形可视化方法

地图学者一直致力于地形图的立体表示,试图寻找一种既能符合人们的视觉生理习惯,又能恢复真实地形的表示方法,先后出现过写景法、地貌晕渲法、分层设色法等地图表示方法。

1. 写景法

在早期地图上,地貌形态的表示主要是采用原始的写景方法,表现的是从侧面看到的山地、丘陵的仿真图形。这种方法对作者的绘画技巧有很大的依赖性,作品的艺术性多于科学性。一般有透视写景法、轴测写景法和斜截面法等。

2. 半色调符号表示法

采用色调差异在平面上表示地形起伏。可以是不同的高程值对应不同的灰度符号,也可以是不同的坡度坡向对应不同的灰度符号。前者可以准确描绘高程等级,后者具有明显的立体感观。

3. 等高线法

用一组有一定间隔的等高线的组合来反映地面的起伏形态。这是一种很科学的方法,可以反映地面高程、山体、坡度、坡向、山脉走向等基本形态及其变化。缺点是无法描绘微小地貌且缺乏立体效果。

用等高线来表达地形表面起伏可以追溯到 18 世纪,它的方便性和直观性使得人们认为等高线是制图学历史上的一项最重要发明。

4. 分层设色法

分层设色法是在等高线地形图上的再次加工,其基本原理是根据等高线设置色感高度带,按一定的设色原则,给不同的高度带设置不同的颜色。如果直接给等高线数据进行分层设色处理,能给人以高程分布和对比更直观的印象,并具有一定的立体感。

5. 晕渲法

晕渲法是目前在地图上产生地貌立体效果的主要方法,其基本原理是:描绘出在一定的光照条件下地貌的光辉与暗影的变化,通过人的视觉心理间接地感受到山体的起伏变化。晕渲法的关键是正确设置光源和描绘光影,分为斜照晕渲、直照晕渲和综合光照晕渲三种。

6. 影像表示

从 1849 年开始,利用地面摄影像片进行地形图编绘。航空摄影由于周期短、覆盖面广、现势性强而被广泛采用,20 世纪 60 年代后,卫星遥感影像也得到广泛应用。

7. 建造三维几何相似的实物模型

可以取得比较全面的观察效果,但费时费力,成本高,看起来人工痕迹明显。

此外,还可以产生三维线框透视投影图以及利用计算机图形学进行地形的真实感显示等,这已经称为地形可视化的主流,也是本章重点讨论的内容。

5.3.2 地形可视化方法分类

早期的地形模型由于计算机硬件的限制,大多数都是静态的或者是非真实的。静态非实时地形绘制不能进行交互操作,非真实随机地形不能满足计算要求,因而有很大的局限性。随着计算机硬件性能的不断提高和相关算法的研究,实时地形绘制成为可能,用户可以在地形场景中交互式漫游,因而在三维游戏、飞行模拟训练、战场环境仿真、地理信息系统、虚拟现实等领域中有着广泛应用。为了实现地形实时可视化,层次细节 LOD 是广泛采用的技术。

与地形模型相对应,地形可视化方法可以分为基于等高线的地形可视化方法、基于 TIN 的地形可视化方法和基于 RSG 的地形可视化方法。目前采集和模拟的地形数据主要以 RSG 形式存在,相关的可视化算法一直是研究和应用的热点。基于 RSG 的算法根据是否考虑视点的位置可以分为视点无关算法和视点相关算法,按所采用的层次细节类型分为直接绘制、离散层次细节(DLOD)、半连续层次细节(semi – CLOD)和连续层次细节(CLOD)算法。其中 semi – CLOD 和 CLOD 的主要区分标准在于在构建地形的多分辨力表示时是否考虑了细节层次之间的高度差。地形分类如图 5 – 11 所示。

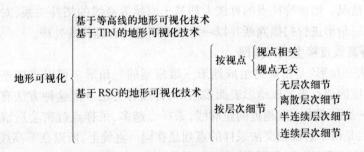

图 5 – 11 地形可视化技术分类

毫无疑问,目前地形可视化研究和应用的方向应该是视点相关的实时连续层次细节模型,其中的典型算法将在 5.4 节介绍。其他各类技术在某些情况下也有其存在和应用的价值,在本节将分别阐述。

5.3.3 基于等高线的地形绘制技术

等高线作为地形传统的表现手段,具有广泛的应用价值和丰富的数据资源积累。基于等高线的地形可视化也是地形可视化的一个有价值的研究方向。

一种常用的方法是将等高线转化为 RSG,然后在网格点上重构高度场。因此,地平面网格的剖分方式和如何填充相邻等高线之间的地貌信息是基于等高线的三维地形造型方法的关键技术,它关系到等高线所载信息的准确表达和地域造型的几何精度。

以上方法,前面已经作了介绍,因此,此处主要介绍由等高线生成 TIN 和由等高线直接进行绘制。

1. 从等高线生成三角网

从等高线生成三角网一般有三种算法:等高线离散点直接生成不规则 TIN;将等高线作为特征线的方法;自动增加特征点及优化 TIN 的方法。等高线离散点直接生成 TIN 方法是直接将等高线上的点离散化,然后采用前面所讲的从不规则点生成 TIN 的方法。由于这种算法只独立地考虑了数据中的每一个点,而并未考虑等高线数据的特殊结构,所以会导致很坏的结果,如出现三角形的三个顶点都位于同一条等高线上,或者三角形某一边穿过了等高线这样的情况。这些情形按 TIN 的特性都是不允许的,因此这种算法很少直接使用。

将等高线作为特征线,而在前面所述的狄洛尼三角网生成算法中适当改造,避免三角形与等高线求交,而对于每个三角形,至多只能从同一等高线取两个点。

自动增加特征点及优化 TIN 的方法是:仍将等高线离散化建立 TIN,但采用增加特征点的方式来消除 TIN 中的"平三角形",并使用优化 TIN 来消除不合理的三角形(如三角形与等高线有交),另外,对 TIN 中的三角形进行处理以使得 TIN 更接近理想情况。增加特征点的算法大都基于原始等高线的拓扑关系,对 TIN 的优化则需对三角形进行扫描判断并以一定的准则进行合理化的处理。

2. 等高线直接生成三角网

"地表三角形"是指最终组成地形三维模型的三角形。可以直接连接相邻等高线中对应的顶点来生成地形表面多边形,即放样方法。但这种方法有两个明显的缺陷:一是距离中心点越近的轮廓线,采样点越多,采样点过密会造成系统资源的浪费;二是由于射线相交法采样的点列是在同一直线上,所以在等高线的凹点附近有可能会出现反向三角形,从而引起图像上的错乱,故只适用于等高线没有凹点的情况。唐凯等提出了沿法线放样的方法来生成地表多边形,避免出现三角形面片错乱的问题。

5.3.4　基于 RSG 的地形直接绘制技术

当针对一个较小范围的地形进行可视化时,由于数据量小,所以可以采用直接绘制的方法。

1. 基于三角形和三角形带的绘制

对于一个规则格网,可以直接将每个网格剖分为两个三角形来完成显示,如图 5-12 所示。

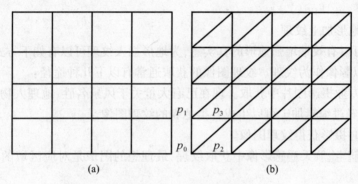

图 5-12　RSG 剖分为三角形

直接以三角形的形式绘制地形的伪代码如下:

```
RenderTerrainDirectByTriangles{
    for 所有行{
        for 所有列{
            glBegin(GL_TRIANGLES)
            glVertex3f(p0)
            glVertex3f(p2)
            glVertex3f(p3)
            glVertex3f(p0)
            glVertex3f(p3)
            glVertex3f(p1)
        glEnd() }
    }}
```

以上过程显然是存在很大的优化空间的,首先可以采用的办法是以四边形来代替三角形,这样会减少两次函数调用的开销,但是这样并没有明显的优化效果。而以三角形带来进行绘制,则可以显著优化。规则格网的数据组织形式,显然是非常适合用三角形带绘制的,其伪代码如下:

```
RenderTerrainDirectByTriangleStripe{
    for 所有列{
        glBegin(GL_TRIANGLE_STRIP)
        glVertex(p0)
        glVertex(p1)
        glVertex(p2)
        glVertex(p3)
        ...
    glEnd() }}
```

2. 为地形加上纹理

纹理可以有效地增强地形的真实感,为地形加入纹理可以有如下方式。

(1) 以影像作为纹理。纹理图像的获取通常有以下几种途径:

① 从专业摄影图片中获取。现在已有大量关于风景名胜、地理人物等方面的电子素材,经过编辑加工可以生成各类地貌的纹理图像。

② 实时摄影获得纹理图像。

③ 从航空、航天遥感影像中获取纹理,最理想的图像是对应区域的真彩色遥感影像。

④ 直接以该地区的地形图或其他专题图经扫描得到的数字图像作为纹理图像。

⑤ 将对应区域的矢量数据与地貌纹理图像复合,生成纹理图像。

得到纹理图像后,利用对应的函数将纹理加载到内存,或者可以更进一步地生成纹理对象,OpenGL 中,还需要打开相应的状态,而相应的绘制部分需要正确地设置纹理坐标即可,纹理坐标的计算需要将整个地形范围映射到坐标 $[0,1]$ 区间。设 RSG 的大小为 $N \times N$,则对于要绘制的点 $p(i,j)$,则纹理坐标为 $(i/N, j/N)$。前述伪代码改为

```
glBegin(GL_TRIANGLE_STRIP)
    ...
    glTexcoord2f(i/N,j/N)
    glVertex(p(i,j))
    ...
glEnd() }}
```

在有些时候,是没有办法得到地形区域的纹理的,尤其是利用地形模拟技术产生的地形,压根就得不到对象的自然地貌照片。此时,可以利用二维纹理的生成技术或者一维纹理来增强地形的真实感。

(2) 地形纹理混合生成。最简单的纹理生成方法是:为不同的高程指定颜色

值,如图 5－13 所示,将高程划分为一定的范围,然后根据要生成的纹理图像的大小,对于其中的每一个像素,根据原始的高度图插值像素高度从而计算其颜色,颜色的计算也可以通过插值进行。这样的过程得到的效果,和一维纹理映射基本一样,所以此处将这样的思想由颜色混合拓展为纹理混合。

图 5－13 高程映射颜色

一个理想的山地地形,山顶上是皑皑的白雪,下边是岩石、森林、草地,最后是沙地,一个由高到低的过渡。因此,一个地形纹理系统可以以雪地、岩石、草地、沙地作为最基本的纹理块,当然可以根据需求增加更多的纹理块,如森林、海洋等。然后采用适当的函数来计算地形点的纹理,一般基于高程来进行计算。图 5－14 为一个高度图和五个纹理,分别是水、沙地、草地、岩石和雪地的纹理。

图 5－14 不同地形的纹理

对于多个纹理的处理,第一种办法是计算像素处的高度,根据该高度选择对应的纹理图,然后取该纹理图的对应纹素的值作为当前像素值,此时得到的地形效果还是有明显的边缘,如图 5－15(a)所示。为了克服这种方法带来的边缘效果,另一种办法就是在不同的纹理之间进行插值,同样根据高度计算其相邻的两个纹理图,然后利用纹理图对应位置的像素值进行线性插值,得到的效果图如图 5－15(b)所示,可以看出,其效果明显好于直接取值。

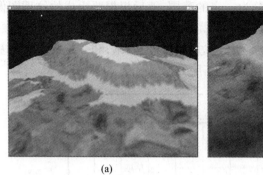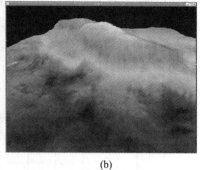

(a)   (b)

图 5 – 15　地形显示效果

更进一步,可以采用纹理混合贴图(Texture Blending)技术来获得更好的效果。一个地形场景通常不会只拥有单独一种样式的地貌,举例来说,可能依照地形高度的不同,在平地上会有草地,高度往上的山坡会有沙地,在山顶或陡峭之处可能会有岩地或雪地等多种可能的组合。纹理混合贴图是达成这种效果的一项有效的技术。

对前述方法进行修正,就可以达到很不错的结果。问题的关键就在于,除了地形"高度"之外,还需要再考虑一个变因,如此才能呈现出"非单线性"的混合结果。真实世界中,在高度较高的地形,如果该地方坡度比较平坦,也是可能会有"草地"的地貌产生;而在较低的地形,如果坡度陡峭险峻,却常常会是以"岩石"的地貌居多。因此,进行纹理混合要同时考虑"高度"及"坡度"因素,而得到的结果不再是单调固定的单线性结果,而是"双线性"的结果。

此处介绍多纹理概念。假设原来地形场景只使用一张图来作为纹理,如果现在想加入一张光照图来呈现该地形的光影明暗效果,可以先把地形用地貌纹理绘制一次,然后再开启 alpha 混合(Alpha Blending)的功能,用光照图再绘制地形一次,这样需要绘制地形两次,这种技术称为多通道(Multi-pass)方法。而多重纹理技术(Multitexturing),是指一次指定多个不同纹理图片与不同的纹理贴图坐标,让程序只需要经过一次渲染通道(Rendering Pass)就可以处理多个纹理单元(Texture Unit)的结合与变化。这种功能在目前的显卡和开发平台上都已经得到了支持。如使用 OpenGL,利用其 GL_ARB_multitexture 即可支持多纹理绘制。图 5 – 16 为使用多纹理绘制的地形。

(3) 地形一维纹理。在前面已经讲过,可以通过根据高度进行颜色插值的办法来生成纹理图,这种纹理图在一定程度上增强了地形的真实感。这样的效果用一维纹理技术也可以达到。由于三角形是表示实体的最基本单元,为物体加上纹理,可以认为是对于每个三角形的顶点设定纹理坐标,然后对于最终三角形投影到屏幕坐标系中的每个像素,利用双线性插值计算出其纹理坐标,根据纹理坐标映射

154

图 5 – 16　多重纹理地形

到纹理空间的纹素的过程。这样的过程既可以用于二维图像,也可以用于一维和三维的情况。

OpenGL 等都对一维纹理提供了直接的支持,将一个颜色数组设置为一维纹理数据,需要调用的函数为 glTexImage1D( ),一维纹理的大小需要预先设置,然后为每个顶点设置合适的纹理坐标即可。

对于地形的一维纹理,首先需要构造一维纹理数据。例如,如果想以灰度图的形式显示地形的高低,则可以构造一个 256 大小的颜色数组,其值由 $(0,0,0)$ 到 $(255,255,255)$。然后,将这个数组指定为一维纹理数据,并调用相应的 glTexParameterf( ) 和 glEnable( ) 等函数修改 OpenGL 状态。

在地形显示时,需要为每个顶点计算其纹理坐标,纹理坐标根据顶点高度计算,设顶点高度范围为 $h_0 - h_1$,则任一高度的纹理坐标为 $(h - h_0)/(h_1 - h_0)$。相应的绘制过程伪代码为

```
glBegin(GL_TRIANGLE_STRIP)
    ...
    glTexcoord1f((h-h0)/(h1-h0))
    glVertex(p(i,j))
    ...
glEnd() }}
```

3. 为地形加上光照

加上纹理的地形已经具有较强的真实感,但是如果要追求更好的效果,还需要考虑光照的作用。加入光照可以采用上面介绍的以光照图作为纹理进行多纹理渲染的方法,更为直接有效的办法还是在场景中加入光源。

要实现光照的效果,必须指定地形表面的材质和法向,以及其他的有关参数。为场景中加入光源、材质等请参考第 3 章。而此处主要介绍如何进行表面法向的计算和设置。

最终地形是由一个个三角形实现绘制的,如图 5 - 12(b)所示,每个三角形具有自己的法向,但是,并不能直接以三角形的法向作为每个三角形顶点的法向。因为每个顶点都是由多个三角形所共用的,如果直接用三角形法向设置顶点法向,则得到的地形视觉效果是不连续的,形成类似于一圈圈带状的效果。因此,顶点的法向必须是周围相邻的所有三角形法向的均值。

由于每个顶点相邻的三角形数目不定,而且组成情况复杂,同时考虑到效率因素,从三角形出发来计算顶点法向:

① 构造一个与顶点个数相同的法向累加矢量数组,一个计数器数组,都初始化为 0 值。

② 遍历所有三角形(可以行优先,也可以列优先,相当于二维数组的遍历),对于每个三角形,计算其法向,并归一化。

③ 对于每个三角形,对于其三个顶点所对应的法向累加矢量数组值,加上三角形的法向,相应的计数器值加 1。

④ 所有三角形处理完毕,将每个累加法向除以对应的计数值,得到的即为顶点相邻所有三角形法向的均值,即为最后设置的顶点法向值。

相应的绘制伪代码为

```
glBegin(GL_TRIANGLE_STRIP)
    ...
    glNormal3f()
    glTexcoord1f((h - h0)/(h1 - h0))
    glVertex(p(i,j))
    ...
glEnd() }}
```

4. 离散层次细节技术(DLOD)

在有些情况下,如观察位置和角度变化不大,而高度有变化,或者只需要简单相似,不追求非常好的视觉效果,而数据量又相对比较大,直接绘制无法保证实时性。此时,离散层次细节也是一个可行的选择。将数据划分为若干层,每层数据量在上一层的基础上进行重采样得到。而在绘制的时候,根据视点距离地形中心的距离或者其他原则,选择合适的某一层进行直接显示。在这样的情况下,实时性可以得到保证,而且也可以满足较粗糙的视觉要求。缺陷也是明显的,如层次间不能平滑过渡,会有比较明显的跳变现象等。这样的组织方式也可以认为是一种四叉树结构。

5.3.5　地形绘制的 semi – CLOD 算法

目前,关于地形绘制的成果很多,都以实时连续层次细节作为追求目标。从公开发表的文献分析,其中有一类算法在进行地形绘制的时候仅仅考虑了部分要素,如屏幕投影面积、边长等,而没有考虑地形本身的起伏,或者仅仅考虑了地形本身的起伏而并没有考虑视点的变化。以往人们也将这类算法称作 CLOD,但是我们认为这是值得商榷的,这里称这类算法为 semi – CLOD 算法。

这里将介绍的是几年前所设计和实现的一个算法,算法思想是:将屏幕分块后与地表求交,根据相交边的长度确定层次细节;将所需数据加载到内存后,按最小数据块大小将数据重组为二维数组;相邻块修改三角形消除裂缝。

1. 多分辨率空间数据的四叉树结构模型

首先,这种四叉树结构的每个节点代表 1 块数据,或者说,本身就是一个二维数组,我们规定,对于 DEM,块内的分辨力为 65×65,对于影像,分辨力为 256×256。DEM 数据为奇数,是为了在相邻数据之间存在一行或一列的重复区域。

同时,节点也表示一定的地理范围,如果从地理范围角度考察,则树根覆盖的范围即是整个树所表示的地理范围,根节点的四个子节点的范围只有根节点所覆盖范围的 1/4,如此越到树的下层,则其覆盖的范围越小,但是每个节点内的采样点数目还是一样的,也即是说,越向下的层表示的分辨率越高。

设原始数据量为 16385×16385,则按 65×65 大小对其分块,块之间保持一行和一列的重叠,则可以分块为 256×256,则四叉树的最底层共为 256×256 个节点,在上一层,共 64×64 个节点,在上一层为 16×16 个节点,在上一层为 4×4 个节点,在上一层则到达树根。即构建一个五层的四叉树来表达这样一个规模的规则格网数据。四叉树结构模型如图 5 – 17 所示。

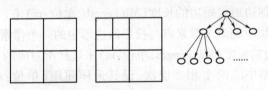

图 5 – 17　地形的四叉树模型

在四叉树的构建过程中,可以采用自底向上的办法来建立:首先由原始数据进行分块得到最底层的四叉树节点并存储起来;然后向上逐层进行,对于每一层的每个节点都是取其四个子节点的数据来进行采样,得到节点的数据。每一级的数据都是在下一级的数据基础上进行重采样得到,采样时可以直接抽稀,也可以应用多个点插值的办法。

2. 基于屏幕分割的 LOD 数据加载

(1) 将屏幕视区分割为一系列大小相等的正方形区域,按照屏幕分割像素数目与影像最小分割像素数目相等或偏小的原则来进行划分,例如,1020×656的屏幕可以划分为4×3(按256×256大小分)或8×6(按128×128大小分),即使屏幕长宽不正好是屏幕分割像素数目的整倍数,划分块时也要保证每块屏幕分割是正方形,因此有的块可能要延长到屏幕之外。

另外,屏幕分割的大小要适中(文中按128×128大小分),块划分偏大将造成相邻数据块层次差别过大,绘制时形成明显的"马赛克"现象;块划分偏小使得整个场景中数据块之间的层次差异过小,起不到良好的地形简化作用。

(2)根据视景体原理,如图5-18所示,计算该屏幕分块在空间地理坐标系中的投影四边形(即可视区,它包含了每帧场景实际处理显示的地形数据),较好的投影关系是屏幕分块像素点与投影四边形像素点一一对应(或者是屏幕分块中的一个像素点与投影四边形中的多个像素点对应),这是因为依据投影四边形获得的LOD数据块,其影像纹理像素点被映射到屏幕视区,如果屏幕分块中的多个像素点与投影四边形中的一个像素点对应,则影像被拉伸,图形显示模糊甚至出现明显的"马赛克"现象;反之,图形画面较清晰。

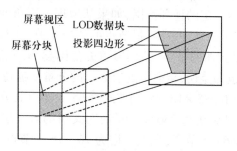

图5-18 基于屏幕分块的层次细节选择

对于每一LOD层,其数据块大小(在空间地理坐标系中,以度为单位)都是固定的,如果由投影四边形最短边的长度(MinLength,单位:m)来选择对应的LOD层次,将导致屏幕分块中的多个像素点与投影四边形中的一个像素点对应,所以应由投影四边形最长边的长度(MaxLength,单位:m)来选择所对应的LOD层次。

对于LOD模型中的两个相邻层次,设其采样间距(单位:m)和层次分别为 spacesize1、layer1 及 spacesize2、layer2,其中 spacesize1 < spacesize2、layer1 > layer2,则

```
if((MaxLength < spacesize2) && (MaxLength > = spacesize1))
returnlayer1;          //返回LOD层次
```

(3)该屏幕分块对应的投影四边形与所得LOD层求交,将获得的LOD数据记录于按链表结构组织的四叉树节点数据队列中,该类节点存储了数据块各点的高程值、XYZ空间坐标值、法线矢量值和对应的纹理ID号等。class COrigNode 定义了链表中四叉树节点数据的存储结构:

```
class COrigNode{
short* m_pDem;              //高程值
double* m_pDemXYZ;         //XYZ 空间坐标值
float* m_pNormal;          //法线矢量值
int m_textureId;           //纹理 ID 号
COrigNode* m_next;         //下一节点对象的地址
};
```

(4) 按照步骤(2)和(3)遍历每个屏幕分块,直至结束。

3. 基于相同地理空间大小的 LOD 数据分割

在 COrigNode 链表节点中,包含了不同层次四叉树节点的 DEM 数据块,这些 DEM 块的大小(采样数目)都为 65×65,但其地理空间大小却不完全一致。为了便于拼接数据,可以将这些数据块进一步分割,使分割后数据块的地理空间大小一致(因此,分割后 DEM 块的大小可能为 33×33、17×17 等)。为了不增加运算量和存储量,这种分割只是逻辑分割,即定义一个二维数组结构(对应于连续的地理空间位置)记录分割结果,并不对四叉树节点数据进行实际的分割。

具体算法如下:

(1) 遍历链表中所有四叉树节点数据,如图 5 – 19(a)所示,获得其分辨力最高的 LOD 层次(MaxLayer)和覆盖的地理空间范围(该区域由 LeftLon、RightLon、TopLat 和 BottomLat 四个参数确定,分别表示覆盖范围的最小经度、最大经度、最高纬度和最低纬度)。

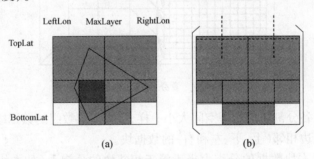

图 5 – 19   不同层次数据的分割组织

(a) 原始 DEM 块;(b) 分割 DEM 块。

(2) 以 MaxLayer 层对应四叉树节点的 DEM 数据块的地理空间大小作为分割基准,以(TopLat,LeftLon)对应位置作为分割数据块在二维数组中存放的起始维数,即 PartArray[0][0],如图 5 – 19(b)所示,对链表中四叉树节点的 DEM 数据块进行分割(可能分割为 1×1、2×2 或 4×4 块等),在此之前要预定义数组维数(设二维数组的行列大小均为 m_PartDims,可令 m_PartDims = 50,也可动态调整其大小)。

（3）将分割后的数据块组织到二维数组的数据结构中,按确定的空间位置加载分割块,同时设置数组中的对应标记。class PartArray 定义了二维数组的数据组织结构:

```
class PartArray {
COrigNode*  m_OrigNode；      //节点数据的地址
BOOL m_IsAdd；               //是否有数据块
int m_layer；                 //所属 LOD 层次
int m_row；                   //行偏移
int m_col；                   //列偏移
} [m_PartDims] [m_PartDims]；
```

4. 多分辨力数据的无缝拼接

采用四叉树结构组织数据在不同分辨力地形拼接处形成裂缝,因此需要拼接。传统的拼接算法局限性很大,往往只限于在两个方向和层次差别为一的数据块之间进行拼接。按照本文提出的二维数组方式组织数据,由空间拓扑结构可以实现任意方向和分辨力数据块之间的无缝拼接。

如图 5-20 所示,每个(分割后的)数据块由块内和四个边界组成,对于块内部的数据,正常显示绘制,需要特殊处理的是四组边界数据。对每一边界的具体处理算法如下:

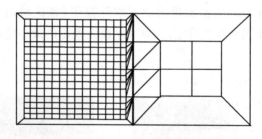

图 5-20　多分辨力数据的拼接

（1）由于各分割块的地理空间大小一样,依据二维数组的数据组织结构,可以直接得到与该边相邻(上、下、左和右)的数据块。

（2）如果本块数据的分辨力小于等于相邻块的分辨力(如本块 DEM 大小为 33×33 或 65×65,相邻块大小为 65×65),则不考虑该边界的拼接,正常显示绘制;如果本块数据的分辨力大于相邻块的分辨力(如本块 DEM 大小为 65×65,相邻块大小为 33×33 或 17×17),则需要依据相邻块的边界数据进行拼接。如图 5-20所示,左边数据块分辨力是右边数据块的 4 倍,拼接时以分辨力低的一边作为依据,由低的一边向高的一边引三角形,以保证共面。

5. 考虑地表特征的地形简化

目前,多分辨力模型采用的地形简化准则是单一的,即所采用的简化准则,或者是依据视点变化,或者是由地表特征(指描述地形形态的地表点、线和面所构成的地形起伏变化的骨架)来决定,这是因为传统的地形绘制方法难以实现任意方向和分辨力数据块之间的无缝拼接。依据文中提出的基于相同地理空间大小的LOD数据分割算法和多分辨力数据的无缝拼接算法可以很好地解决该问题,因此能够有效地结合这两种地形简化方法,从而进一步减少地形绘制数据量。

地形视景中的每块 DEM 地形模型都包含数以千计的三角面,例如,采样点为 65×65 的 DEM 数据块就需用 $64 \times 64 \times 2 = 8192$ 个三角面表示。因地形视景中存在广阔的平原地区和大面积的水域,其地势平坦,在不影响视觉效果的情况下,显示时完全可以用"两个大三角形"来替代(当然,这种替代仅对上面所述分割后的数据块)。图 5 – 21 融合了视相关和地表特征的地形简化方法,一方面根据距离视点的远近选择了不同的 LOD 层次,另一方面根据地表特征对地势平坦的数据块以"两个大三角形"表示。采用的简化准则是依据数据块内部的最大高程(MaxEle)和最小高程(MinEle)之间的差值,通过设定阈值判断能否作特征简化(设 MaxEle – MinEle $< \delta$,可令 $\delta = 20$,单位:m)。

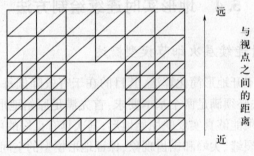

图 5 – 21 考虑地形特征的简化

6. 其他技巧

(1) 使用链表结构管理四叉树节点数据。当视条件改变时,对于屏幕视区所对应的每一数据块,先到链表中去检索,如果该数据块在链表中存在则不添加,否则添加;同时,对于链表中的每一数据块,如果该数据块在屏幕视区所对应的数据块队列中存在则不删除,否则删除。class COrigChain 定义了四叉树节点数据的链表结构:

```
class COrigChain {
COrigNode* m_OrigHead;        //节点头地址
void AddOrigNode();           //添加节点数据
void DelOrigNode();           //删除节点数据
};
```

(2) 根据纹理映射原理绑定影像纹理。一般情况下,纹理绑定通过指定硬件来执行纹理操作,并且指定了有限的硬件缓存(显存)来存储纹理影像,这种方式可以装载很多纹理,并且可以通过相应的纹理 ID 进行访问和控制。类结构 class COrigNode 中存储了四叉树节点数据对应的纹理 ID(m_textureId)。

（3）经纬度坐标转换为空间 XYZ 坐标。地形仿真使用了空间球面地理坐标系,绘制区域各点的位置通过指定其三维空间 XYZ 坐标值来确定,而 DEM 数据块中的各采样点是按经纬度存放的,因此,要将其经纬度坐标转换为空间 XYZ 坐标,并在四叉树节点数据存储结构中开辟内存空间存储该数据(即 class COrigNode 结构中的 double * m_pDemXYZ)。

（4）预先计算法线矢量。在启动光照模型的条件下,地形漫游时需要实时计算各点的法矢量,由于每块 DEM 数据只有边界处各点的法矢量需要依据四个方向上的拼接块得到,而数据块内部存在大量的定值法矢量(即不需要重复计算),因此可以依据各数据块本身预先计算出这些法矢量,并在四叉树节点数据存储结构中开辟内存空间存储该数据(即 class COrigNode 结构中的 float * m_pNormal)。

5.4　地形实时连续绘制方法

5.4.1　地形实时连续层次细节模型概述

地形可视化离不开地形简化算法,其目的在于有效降低每一帧绘制多边形的数目,模型简化算法必须满足两个基本要求:首先满足原始地形数据的精度要求,地形的简化模型必须能够真实反映原始地形;其次具有良好的可视化效果,消除由于模型简化引起的裂缝、尖峰和锯齿现象,保证地形模型的空间连续性。随着观察者的视点和视线方向的不同,观察到的场景也会发生变化,因此目前主流的研究集中在视点相关的 LOD 算法。在视相关的 LOD 模型中,地形场景的同一帧通常具有不同水平的细节层次,也称该模型为多分辨力模型。视点相关的 LOD 算法通常在地势较复杂、视点较近的地区使用较多的多边形描述,而地势平坦、视点较远的地区则用较少的多边形描述,从而实现实时优化的多分辨力模型。

Ulrich 将地形可视化算法划分为前 GPU 算法(Pre – GPU Algorithm)和后 GPU 算法(Post – GPU Algorithm)。前者一般以三角形为处理的最基本单元,而后者以批量处理为特征。前 GPU 算法以 Duchaineau 等提出的 ROAM 算法、Lindstrom 提出的实时高度场连续细节层次绘制算法、Pajarola 提出的受限四叉树算法以及 Hoppe 提出的渐近网格算法为代表;后 GPU 时代的典型算法则有 Willem 等人提出的 GeoMipmap 算法、Ulrich 等提出的 Chunked LOD 算法和 Cignoni 等提出的 BDAM 算法等。

早期的 LOD 算法都是面向 CPU 的,首先要计算优化误差,再利用该误差选择最终参与绘制的点,需要耗费大量的内存和 CPU 时间。随着现代图形硬件能力的提高,建模的方法已经不再是逐个选择某个多边形进行绘制,而是在大量的多边形组中选择一组进行批量绘制,因此,批量处理就称为后 GPU 算法的最重要特征,其目标是不再追求绘制多边形数量最少,而是达到硬件的绘制要求即可,实现多边形的批量绘制,减少 CPU 与 GPU 频繁通信所带来的额外开销。另一个趋势就是利用 Shader,充分发挥 GPU 的可编程能力,进一步优化地形绘制。

1. 面向 CPU 的简化模型

TIN 模型的高程点呈不规则分布,在相同采样点的条件下,TIN 模型的不规则分布特性使其表现的地形更加逼真,尤其是 TIN 模型可以表现悬崖、突起等特殊地形,当然,自适应剖分算法相对也更复杂。常用模型简化方法包括顶点移除、边崩溃、三角形崩溃、点对崩溃等。这里面的经典算法是 Hoppe 提出的,Hoppe 先是提出了渐进网格(Pressive Meshes,PM)算法,此后扩展成视点相关的 PM 算法(VD-PM),然后又将该算法用于地形建模:首先对地形分块,对每块运用 PM 算法,实现了从原始模型到简化模型的过渡,反方向则可以使用顶点分裂进行简化模型的复原。该算法表现的地形特征更加灵活,支持特殊地形的绘制,并且由于渐进算法的使用,模型的剖分效力较高。但是该算法需要大量的内存空间,并且对每个多边形都需要在 CPU 上进行计算,不适于 GPU 加速绘制。

RSG 模型以行列等间距的矩阵形式存储,自适应剖分方法相对简单,在渲染大规模地表数据集时更方便压缩与解压缩处理,是目前最为流行的一种模型。基于 RSG 的简化算法主要是对原始数据分层,建立规则的多分辨力层次模型,从而达到降低地形模型复杂度的目的。基于 RSG 的化简方法主要有二叉树和四叉树两种。

二叉树结构具有规范、搜索速度快的优点,因此基于二叉树的 RSG 简化算法非常适合实时多分辨力地形模型的绘制。Duchaineau 提出了一种自适应实时格网优化算法,其核心是引入了两个优先队列;分裂队列用来控制简化的顺序,合并队列用来获得帧与帧之间的相关性。由于按优先级顺序进行分裂,因此可以精确地控制三角形的数目。而其他一些学者乃至游戏引擎开发人员对 ROAM 算法作了各种优化,包括用单队列、误差控制修正等,使得该算法称为应用最广的算法之一。基于四叉树结构的 RSG 简化算法在存储结构和剖分、索引效率方面都具有优势,首先可以使用数组存储四叉树结构,其次可以使用数组下标实现对地形数据的快速索引,再者四叉树的每个非叶子节点都具有四个子节点,所以剖分的粒度较高,但是不同分辨力面片之间的裂缝消除相对复杂。Pajarola 对基于四叉树的地形三角剖分和可视化方法进行了综述。Lindstrom 最早提出了实时高度场连续细节层次绘制算法,该算法分为两个步骤:首先进行自底向上的粗粒度四叉分块简化,然后使用三角形二叉层次分割进行自顶向下细分,采用屏幕误差判定条件,进一步加入那些高程差大于给定误差值的顶点。Pajarola 提出了受限四叉树的改进方法,这里的四叉树层次被定义在规则格网数据集上,不需要存储分层的数据结构,而且通过使用顶点索引和递归函数,根据顶点间的依赖关系进行四叉树的三角剖分,避免了裂缝的产生。虽然面向 CPU 的 LOD 算法已经不能满足现代图形硬件和高性能可视化的要求,但是其中的思想还具有很好的借鉴意义。

2. 面向 GPU 的简化模型

面向 CPU 的简化算法都是尽量降低模型的几何复杂度,主要是为解决早期图形硬件渲染速度低、主机与图形硬件的通信能力差等问题而设计的。现在显卡已经具有独立于 CPU 的一个处理器 GPU,除了变换和光照计算,许多其他计算也可以在 GPU 中进行,大大减轻了 CPU 的压力。后期推出了硬件可编程的高级语言,如 GLSL、HLSL,使得基于 GPU 的编程技术得到迅速的推广。为了适应现代图形硬件,很多学者在此基础上提出了粗粒度的模型简化算法。Willem 等人提出了 Geometrical Mipmapping 方法,该方法把纹理 mipmap 贴图的思想应用到几何图形上,将地形分割成相等尺寸的正方形 Geomipmap 块。在每个 Geomipmap 块中,地形数据以隔行采样的方式被实时简化。细节层次是以块为单位进行选择,而不是在三角形的层次上被选择,这意味着每个需要绘制的三角形消耗很少的 CPU 时间,所以算法效率较高。但是,该算法中的分块方法决定了当地形规模变大时,Geomipmap 块的数量也会随之增加,从而使算法的效率迅速降低。Ulrich 提出了一种新的细节层次算法,目标是在现代图形硬件上高效地渲染大规模的地形。该算法对 Geomipmapping 的分块方法进行了改进,使用了块状四叉树数据结构,根节点覆盖整个地形,根的每个子节点以更高的分辨力覆盖地形的 1/4。该算法仅仅需要最小限度的 CPU 参与,就可以绘制大量的多边形表面。但是由于静态块(Chunked)的存在,不能实时添加模型细节。Larsen 描述了基于硬件优化的多细节实时地形绘制算法,相对于前面的算法,它表现了不同的消除裂缝的方法,最突出的贡献是描述了如何通过顶点 Shader 在图形硬件上执行帧间高程值的过渡变换(Geomorph)。

3. 地形可视化中的关键要素

各类地形可视化算法各有其特色,需要深入研究的问题也很多,但是其中存在一些共性的问题。

(1) 地形简化的误差标准。模型简化实际上就是要选取全分辨力模型中的一部分数据参与绘制,另一部分数据则被简化掉,所以需要采用一定的误差标准确定参与绘制的数据点。地表建模中常用的几何误差标准有点到点的高程差和点到平面的距离差两类,这种误差反映简化模型和原模型的客观差异,称为静态误差。而通常需要把三维空间中的静态误差映射到二维屏幕空间上。该误差精度是以屏幕像素为单位的,并且随着视点动态更新,这种误差称为动态误差。在前面我们认为应该划分为 semi – CLOD 的一类算法往往是没有考虑这种误差,而仅仅根据屏幕映射范围来选择层次细节的。

（2）裂缝消除。在地形绘制中,由于同一区域内同时存在不同分辨力的多边形,两个不同 LOD 层次的数据块之间往往会出现"裂缝"。早期一些学者采取在裂缝处将高分辨力顶点强行拉向相邻低分辨力层次的边界上,以达到闭合目的。这样做虽然不会增加额外的面片,但事实上是以损失裂缝处地表精度为代价的,并且不能完全消除裂缝,局部区域容易产生 T 型连接。更多的实时地形绘制算法采用的是继续分裂相邻面片中低分辨力的面片,使得在相邻不同细节层次的边界处高程采样点数量相等,从而达到消除裂缝的目的。

对于二叉树,消除裂缝的递归过程通常可以和地形简化同时进行。对于四叉树的数据结构,消除裂缝的方法比较复杂,也很多样。受限四叉树方法是最具代表性的方法,原则就是要满足所有相邻四叉树节点间细节层次的差异不得大于一层,但是会产生许多不必要的三角形。还有些算法将模型简化和裂缝消除分两个步骤进行:首先不考虑裂缝问题,对原始地形自顶向下递归剖分,建立地形四叉树,并且建立层次叶节点队列;然后根据叶节点队列自底向上,将与当前叶结点相邻的低分辨率节点递归分裂,从而达到修补裂缝的目的。

由于目前的大多数算法都是后 GPU 算法,所以裂缝的消除主要体现在如何消除块之间的裂缝。在前面介绍的 semi – CLOD 算法中的裂缝消除算法就是一个典型的方法,该方法有效解决裂缝问题,但是边界处会产生狭长的三角形。Ulrich 提出了"裙边"技术来消除裂缝,但是该方法本身几何是不连续的,对于纹理地形可以取得不错的视觉效果,但是如果加入法向和光照,其效果是很差的,基本不可用。Losasso 使用过渡带（Transition Regions）连接两个细节层次,避免了 T 型连接,同时使用了 GPU 的顶点着色器（Vertex Shader）实现,是一种适合于现代图形硬件的基于 GPU 的解决方案。

（3）海量数据管理。在地形可视化中,人们面临的另一个问题是数据量的规模不断增长,如何实现海量数据的实时绘制成为必须解决的技术难题,目前解决该问题有两种思路:一类是构造所谓的 out – of – core 算法,通过数据的内外存高效调度来从外存载人数据进行动态更新;另一类采用高效的数据压缩和解压缩方法。相较而言,前者能够对海量数据提供更好的支持。

外存算法也称为 out – of – core 算法,指数据不仅驻留在系统内存中,还可以实时从硬盘或者远程的服务器上读取,从而允许系统绘制超出系统内存容量的大规模乃至全球的地形景观。Pajarola 描述了在大规模地形系统中采用的 out – of – core 方法的思想,将地形域分解成正方形瓦片（Tiles）,这些瓦片结构以支持二维行列查询的形式存储在外存上。为了实现高效的绘制,将三角形集合按照 Hamilton 路径组织成单个三角形条带（Strips）,这一点对于现代图形硬件是友好的。Lindstrom 通过使用 MapViewOfFile 函数方便地实现 out－of－ccore 数据载入。这种方法最主要的优点就是简单方便，操作系统会自动对来自硬盘的数据进行分页，不需要特别的 out－of－core 分页算法就可以实现数据的动态载入。对于可视化系统而言，如同数据一直在内存中一样。此外，还有很多学者应用预测、多线程等技术来解决数据的动态更新问题。

5.4.2 高度场的实时连续层次细节绘制

Lindstorm 等提出的高度场的实时连续层次细节绘制算法是地形可视化领域的经典算法，甚至是开创性的算法。算法的核心思想包括：基于三角形对来表达地形，并进一步构造顶点间的依赖关系；基于视点相关的误差来选择表示地形的层次细节，采用两步法确定需要显示的顶点，以实现地形的化简；给出了所选点的构网绘制算法。

1. 简介

为了保证在一定的速度下显示复杂表面，一般可以使用多边形表面的近似表示或者多分辨力模型。提出的算法针对规则格网的高程数据，具有如下优点：算法快速。算法稳定在每秒 20 帧以上；算法允许用户指定参数来控制图像质量；支持不同层次细节之间的连续平滑过渡。

算法想综合 TIN 和规则格网的好处，理想的实时连续层次细节算法的特征如下：

① 网格几何体及描述几何体的组件应该可以直接和高效地查询。

② 网格几何体的动态改变不应该显著影响系统性能，即参数的改变或者几何体的重建都要瞬时完成。

③ 高频数据和几何体的局部改变，不对整个模型造成全局的影响。

④ 视锥参数的微小改变导致复杂度的微小改变，减少预测的不确定性，获得稳定的帧率。

⑤ 应该提供一种方法来表示简化所带来的图像质量损失，即在算法的输入参数和输出图像质量之间应该有简单稳定的关系。

相当多的算法至少无法满足上述的一个或多个标准，如 TIN 模型一般无法满足前两个标准；而目前的规则格网算法的问题是产生的近似表面一般无法达到最优（指传统的规则格网模型，各个部分都用相同的分辨力）。

2. 简化(Simplification)

算法使用的是逐步减少的策略，不断将小的多边形消除或用大的多边形来代替。此处的多边形是由规则格网所构造的三角形。从概念上讲，每一帧开始的时候，所有的最高精度的数据都被考虑到了。然后，当某个条件得到满足的时候，一对三角形讲被合并为一个三角形，而合并后的三角形依然要继续与其可能存则的对偶三角形(Co - triangle)继续进行合并。为了支持这种合并,规则格网必须首先被合理地三角化,并标记出对偶三角形(Triangle/Co - triangle)。

图 5 - 22 中表示了对偶三角形的情况。每一对三角形用一个字母表示,如 a_l、a_r 表示一对三角形。而在上一级,两个三角形对再次形成对偶三角形,如 a 和 b 形成一个对偶三角形,c 和 d 形成一个对偶三角形。而再上一级,ab 和 cd 再次形成三角形对。

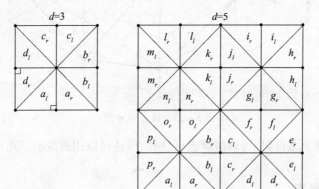

图 5 - 22 对偶三角形

这样,最小的块为 3×3,而 2×2 个这样的 3×3 块组成为上一级,如此不断递归进行,于是,网格的维数必须为 $x_{\dim} = y_{\dim} = 2^n + 1$,也许两个方向的空间尺寸并不一样,但是其点阵分辨力确需要遵循上述规定。这样的一个结构可以组织为一个四叉树结构,相邻块公用顶点。

下面要讨论的问题是如何决定一对三角形是否合并。如图 5 - 23 所示,首先需要判定化简后的三角形与原来三角形的误差有多大,通过距离来表示该误差,在图中,可得 $\delta_B = 2 \left| B - \dfrac{A+C}{2} \right|$,即 $\triangle ACE$ 与 $\triangle ABE$、$\triangle CBE$ 最大距离的 2 倍,然后将这个距离投影到投影平面上。之所以乘以 2 的原因是将浮点运算转换为整数运算,但是对于本来就以浮点表示高度的情形,可以考虑不乘以 2。如果这个误差值小于某个给定值,则这一对三角形合并化简。如果合并后的三角形具有一个对偶三角形,则继续递归处理。

设 e 为视点,v 为误差线段的中点,n 为视点到投影平面的距离,λ 为世界坐标系下单位长度在投影面上映射的像素数,则误差准则为

$$\delta^2 \left((e_x - v_x)^2 + (e_y - v_y)^2 \right) \leqslant \frac{\tau^2}{\left(\frac{n\lambda}{2} \right)^2} \left((e_x - v_x)^2 + (e_y - v_y)^2 + (e_z - v_z)^2 \right)^2$$

(5 - 3)

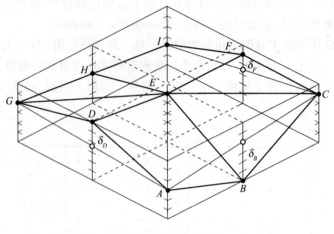

图 5 – 23　误差示意图

当满足如上条件时,可以继续进行合并,即还可以用更少的三角形来表示地面模型。

3. 层次细节

为了进行高效的视锥裁剪和细节层次选择,整个地形网格被划分为一些规则的块。以四叉树结构来表达这些块,而且可以用其他的空间数据组织方法来组织块数据。而在每一块内部应用前面所阐述的精确的化简技术。为了保证网格的连续性,必须对这种化简加以一定的限制,所用的方法是依赖关系(Dcpendencies)。

(1)Dependencies。三角形可以合并的前提是构成该三角形的三角形对已经进行了合并,这样的一个结构实际上可以理解为二叉树结构,而很多算法也正是基于二叉树来进行的。

将三角形的合并过程看作顶点移除(Vertex Removal),当两个三角形进行合并的时候,有一个顶点被移走了,这个顶点称为三角形对的基本顶点(Base Vertex)。如果一个基本顶点的投影误差超过了规定的容差,称该顶点是活动的(Activted);如果一个顶点被移除,则称为 disabled。

每一个三角形对共享同一个基本顶点,因此,一个基本顶点对应于两个三角形,而这两个三角形又分别代表了一个三角形对,如图 5 – 24(j)、(k)三角形,即有四个三角形受到该基本顶点的影响,再继续分解下去的时候,该基本顶点就不再是基本顶点了(注意:基本顶点对于三角形而言,是位于平面直角的位置)。因此,一个基本顶点可以被移除的条件是其所有的四个子树中的基本顶点都已经被移除了。综上所述,一个顶点 enabled 的条件受到其活动标志和四个子节点的 enabled 标志的影响。

$$activated(v) \wedge$$
$$enabled(child_{l1}(v)) \wedge enabled(child_{r1}(v)) \wedge$$
$$enabled(child_{l2}(v)) \wedge enabled(child_{r2}(v)) \Rightarrow enabled(v)$$

图 5-24 绘出了基本顶点间的依赖关系,而其中的图 5-24(i) 是以一个树形结构来表示的。

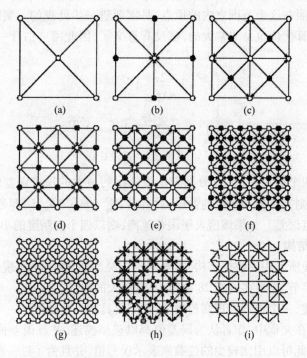

(a)	(b)	(c)
(d)	(e)	(f)
(g)	(h)	(i)

图 5-24 顶点的依赖关系

而对于块之间的边界上的基本节点,也要保证其依赖关系的正确性,使得这种依赖关系能够跨越边界。关于这一点以及块之间的裂缝问题,Lindstorm 列举了几种可能的技术。

(2)层次的计算(Levels of Evaluation)。复杂的地形可能由数以百万计的多边形组成,显然,是不可能在每一帧中对如此之多的多边形进行简化的。因此,将整个简化过程分为两步:首先运用比较粗糙的简化方法来确定每块所需要的离散层次细节(Discrete Level of Detail),然后在每块内进行精确的简化。

粗判断的目的在于以很小的计算代价排斥掉大批的数据,称这些剩余顶点为块的最低层顶点(Lowest Level Vertices)。

采用的构建层次细节模型的办法是将下一个更高层细节的所有行和列都删除。

进行层次粗确定的办法是计算每个块潜在可删除顶点的最大误差。给定一个

169

块的包围盒和最大误差,则可以确定是否这些顶点的误差 delta 在某个视点是否超过给定的容差。如果所有点的误差都不超过容差,则可以使用更低的细节层次。

Lindstorm 阐述了另外一个办法:给定容差、视点和包围盒,计算这样的容差所对应的世界空间的最小的误差和最大的误差,构成误差范围 $I_u = [\delta_l, \delta_h]$,则对于误差小于该范围的顶点,是不需要进一步分解的,误差大于该范围的顶点,是肯定要被移除的,而在这个范围之内的顶点,是需要进一步处理的。实际上,精确计算该范围,其计算代价也是非常大的,就没有意义了,因此需要估计一个稍微大点的范围,即

$$
\begin{cases}
\delta_l = \left\lceil \dfrac{2\tau}{n\lambda f_{\max}} \right\rceil \\[3mm]
\delta_h = \begin{cases} \left\lfloor \dfrac{2\tau}{n\lambda f_{\min}} \right\rfloor, f_{\min} > 0 \\[2mm] \delta_{\max}, f_{\min} = 0 \end{cases}
\end{cases}
\tag{5-4}
$$

定义了两个值 δ_{sup} 和 δ_{sup}^*,分别表示最低层的最大的顶点误差值,如果该值大于误差范围,则需要更高精度的数据;后者是 $\delta_{sup}^* = \max\{\delta_{sup}\}$,即是所有高精度块中最大的顶点误差。如果该值大于误差范围,则以四个高精度的小块代替当前块。

4. 数据结构

对于实现所采用的数据结构,本身是比较灵活的,在一个实现中,最少一个顶点可以用 6 字节,而最多则用 28 字节,具有很大的弹性。

如前所述,一个顶点处理高程之外,还需要具有一些属性。一个比较典型的属性是误差值,在文章中,作者认为误差值都以整型描述,并且误差值不会有特别剧烈的变换,因此可以用比较少的位数来表示误差值,并且为了进一步用较少的位数表达更宽的范围,作者进一步构造了一个表达式,即

$$
c_{-1}(x) = \left\lfloor (x+1)^{1+x^2/255^2} - 1 \right\rfloor
\tag{5-5}
$$

这个表达式所对应的函数如图 5-25 所示。

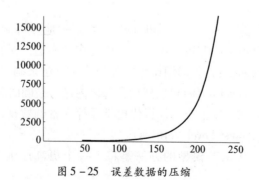

图 5-25　误差数据的压缩

可以看出,这样的函数是一个单值函数,定义域和值域具有一一对应关系,实

170

现了范围拓展的目的。

除了误差值和高程值,每个顶点还需要一些标志信息,包括 enabled 标志、acticated 标志以及四个 dependency 关系标志,dependency 标志实际上表示了四个子顶点的 enabled 标志,这些依赖标志只有在子顶点的 enabled 标志改变的时候才需要被改变。此外,还有一个 locked 标志,这个标志与 enabled 标志的设置相关,只有当 locked 标志被设置时,才能改变 enabled 标志的值。这个标志对于消除块之间的裂缝(Gap)是很有必要的,此时,对于一些边界上的点,需要强制 locked,在强制 locked 的状态下,意味着该点必须保留,这样就可以有效消除裂缝。

因此,表示一个顶点的结构如图 5-26 所示。

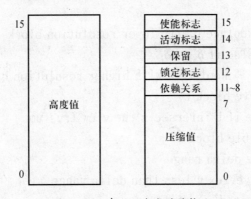

图 5-26 表示一个点的结构

另外,在前面构造了世界空间下的误差范围,来支持快速的细节层次选择。这样就需要快速地确定在该误差范围内的顶点集合,逐个顶点处理效率显然是很低的,为此,构造了一个索引数组来解决,这个数组按误差值排序,这样就可以根据排序后的值迅速确定需要处理的顶点范围。构造了一个类似于箱子的数据结构,可以根据误差值迅速确定对应的顶点。

如图 5-27 所示,上面是误差数组,下面一行存储顶点索引,上面中存储下面一行的位置,以此可以直接找到任何一个误差对应的那些顶点。这项技术也是一

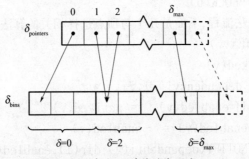

图 5-27 根据误差值确定顶点

个很有趣的技术。

5. 算法描述

算法的核心是选择将用于绘制的顶点,而后是顶点选择之后如何进行绘制。顶点选择可以分解为两步:块细节层次的选择;每个块内的顶点选择。

伪代码如下所示。

```
MAIN()
For each frame n
For each active block b
        Compute Iu
        If δsup < δl
            Replace b with lower resolution block
            Else if δ*sup > δl
                Replace b with higher resolution blocks
For each active block b
    Determine if b intersects the view frustum
For each visible block b
    Calculate delta range
    For each vertex v less than delta range
        Activated(v)←false
        UPDATA - VERTEX(v)
    For each vertex v more than delta range
        Activated(v)←true
        UPDATA - VERTEX(v)
    For each vertex v in delta range
        EVALUATE - VERTEX(v)
For each visible block b
    RENDER - BLOCK(b)
```

以上是整个算法流程,下面是几个与顶点选择相关的算法。

```
UPDATA - VERTEX(v)
    If ~ locked(v)
        If ~ dependencyi(v) ∀i
            If enabled(v) ! = actived(v)
            enabled(v) = ~ enabled(v)
            NOTIFY(dependenti(v),dir(l),enabled(v))
            NOTIFY(dependenti(v),dir(r),enabled(v))
```

172

以上算法的作用是根据顶点的 actived 标志来修改顶点的 enabled 标志,但是同时这种标志的修改还会影响到其存在依赖关系的顶点,因此要调用 NOTIFY 过程,而该过程是一个递归修改顶点属性的过程,递归的依据即是顶点间的依赖关系。同时,在上述算法中,还要根据 locked 标志来决定是否可以进行修改,如上所述,这是为了保证块与块之间不出现裂缝。其中 dir 的作用是找到其存在依赖关系的顶点。

EVALUATE – VERTEX(v)

   If ~ locked(v)

   If ~ dependencyi(v) ∀i

     Calculate actived(v)

     If enabled(v) ! = actived(v)

       NOTIFY(dependenti(v),dir(1),enabled(v))

       NOTIFY(dependenti(v),dir(r),enabled(v))

以上算法与第一个算法的区别主要在于需要计算顶点的投影误差,这是根据前面的公式进行的,因为这个函数是对于那些顶点恰好落在经过粗略判断之后无法精确确定其活动属性的顶点,因此利用前面的公式精确计算,其他的逻辑都与 UPDATA – VERTEX 完全相同。

NOTIFY(v,dir,flag)

1   If v is a valid vertex

2   Dependencydir(v) = flag

3   If ~ locked(v)

4   If ~ dependencyi(v) ∀i

5   If ~ actived(v)

6   enabled(v) = false

7   NOTIFY(dependentl(v),dir(1),false)

8   NOTIFY(dependentr(v),dir(r),false)

9   Else (dependencyi(v) ∀i)

10   if ~ enabled(v)

11   enabled(v) = true

12   NOTIFY(dependentl(v),dir(1),true)

13   NOTIFY(dependentr(v),dir(r),true)

上述算法是递归地设置顶点的 enabled 标志的过程,或者说,来确定是否需要移除顶点的过程,上述的逻辑与前面的公式是一致的,即只有所有的依赖顶点都移除的时候,当前点才会被移除。注意,在以上的逻辑是隐含递归的中止条件的。如第 10 行,首先此时的含义是并非顶点的所有依赖顶点都被移除了,所以当前点不能被移除,但是如果移除标志本身就没有被设置,则其对应的依赖节点的状态是上一帧或者经过粗判别得到的,也不需要修改。第 5 行的 if 语句也有同样的对应的逻辑。在以上算法中顶点合法性的检验主要是针对边界顶点和角顶点,因为这些顶点的依赖顶点数比正常的要少。

关于以上过程还有一点需要说明,每个顶点实际上是有四个依赖顶点的,但是在上述算法中,递归过程并不是按四个方向递归,关于这一点,分析认为是按二叉树的方式避免了各个子树之间的重复访问。

选择完顶点集合之后,下面的工作可以进行绘制了,根据前面的学习可知,应该尽可能以三角形扇或三角形带等方式来绘制,以提高速度。论文中也是出于这样的考虑给出了一个伪代码。在 Lindstorm 的另外一些论文中,有关于生成三角形带的其他一些讨论,请读者自行阅读。另外,实际上,由于现代 GPU 下,显卡的显示能力和带宽越来越高,如果要花很大的 CPU 代价来构造三角形带,并没有很大的意义。

那么,这里仿照该算法给出一个以三角形来绘制的伪代码:

```
RENDER - TMESH(il,it,ir,level)
If level > 0
    ib = (il + ir)/2
    RENDER - TMESH(il,ib,it,level - 1)
    RENDER - TMESH(it,ib,ir,level - 1)
Else
    render triangle (il,it,ir)
```

5.4.3　实时最优自适应网格

Mark Duchaineau 提出的实时最优自适应网格(Real-time Optimally Adapting Meshs,ROAM)算法是前 GPU 算法中应用最广泛、最成功的算法,其基本思想是:以三角二叉树来构造层次细节模型,并通过两个优先队列的合并和分解来生成地形的最优网格表示。

1. 简介

一个完整的大数据集实时显示系统应包括如下要素:几何体和纹理的磁盘存储和页交换、纹理块的层次细节选择、三角形几何体的层次细节、视锥裁剪、三角带化算法。ROAM 算法研究后三者,即数据是在内存中的。

传统的层次细节算法难以直接应用在地形可视化中:一是地形不能自然地分解为一些复杂度可以独立调整的部分;二是简化后的质量需要与视点相关。目前,所有的可以执行视点相关自适应采样的算法,都依赖于预定义的多分辨力的地形表示。

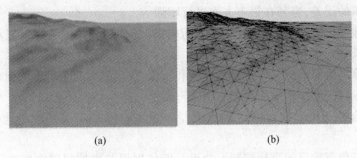

(a)　　　　　　　　　(b)

图 5 - 28　ROAM 算法绘制的地形

图 5 - 28 为利用文中算法所显示的地形,图 5 - 28(b) 为每个三角形绘制了边界,图 5 - 28(a) 没有。

图 5 - 29 为地形的鸟瞰图(Bird-eye View),可以看出,平坦的区域和离视点近的区域使用更多的三角形来表示。

ROAM 算法由一个预处理过程和几个运行时过程组成。预处理时自底向上产生一个用于三角二叉树(Triangle Bintree)的、嵌套的(Nested)、视点无关(View-independent)的误差包围盒。运行时,执行如下四个步骤:

(1) 递归的、渐增的视锥裁剪。

(2) 对于那些可能在步骤(3)存在的潜在的可以合并和分裂(Split/Merge)的输出三角形,改变优先级。

(3) 使用贪婪算法来进行三角形的分裂和合并,来改变两个优先队列,实际是改变了输出网格。

(4) 根据视锥裁剪和优先队列的改变情况,修改输出的三角形带。

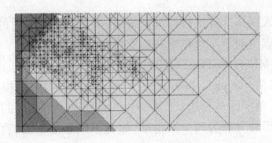

图 5 - 29　地形鸟瞰图

应用了 12 个标准来评价算法:

(1) 产生给定数目的三角形所需的时间。ROAM 算法对于数据量和分辨力是不敏感的,即能保证更大数据量下的速度,但是前提是数据都需要在内存中。然而,一些文献指出,ROAM 算法对于数据量比较大的情况,效率会下降。

(2) 选择视点相关的误差时的灵活性。算法使用几何体在屏幕空间的最大失

175

真作为基本的误差,容易在很多方面进行增强。

（3）地形表达（包括预处理的和运行时的）。使用三角二叉树来表示地形,可以避免细长条三角形。

（4）算法的简洁性。算法易于理解和实现,仅仅利用两个优先队列来表达,而且不需要专门的工作来消除裂缝和细长三角形。

（5）给定三角形数目时的网格质量。算法确保基于误差产生地形的最优近似。

（6）三角形数目的直接控制。如果只能依据误差来控制层次细节,则控制三角形数目只能通过改变误差值来控制,而 ROAM 算法是利用优先队列实现的,可以直接控制产生的三角形数目。

（7）精确的帧速。算法应用的系统需要非常精确的时间控制,因此算法与多处理器图形平台上的实时操作系统等结合,可以在非常精确的帧速下产生足够多的三角形。

（8）可控的误差范围。构造了快速的从预计算世界空间误差得到屏幕空间误差的方法,并以此来作为优先队列控制的依据。

（9）内存需求。预处理的内存需求只需在原始数据上加一定的三角二叉树所需数据。运行时的数据量与输出网格成比例。

（10）动态地形。由于处理是快速的和局部的,所以地形爆炸等改变时,预处理的数据也可以随之快速改变。

（11）减少跳变。算法基于屏幕空间误差设计,可以最大限度地减少“popping”现象;还可以进一步应用顶点变形（Vertex Morphing）,这也很容易结合到 ROAM 算法中。

（12）一般输入网格。算法针对地形提出,但是三角二叉树的结构也适用于其他的网格输入,缺点是对于不规则网格的支持较为困难。

2. 网格表示（MESH REPRESENTATION）

（1）三角二叉树（Triangle Bintree）。如图 5-30 所示,树根由一个三角形组成,在下一级,在三角形的最长边（二维平面投影非直角的边）的中点插入一个新的顶点,一个三角形被分裂为两个三角形,如此不断重复下去,直到表达整个地形的最高精度数据。

（2）动态连续三角化（Dynamic Continuous Triangulations）。如果一个三角二叉树中的子三角形集合满足:集合中的任意两个三角形或者完全不重复,或者仅有公共顶点,或者仅有公共边,则集合构成连续网格,称为 bintree triangulations 或 simply triangulations。

图 5-31 反映了连续网格中的典型三角形关系:其中 TB 称为 T 的 base neighbor,共享 base edge;TL 称为 T 的 left neighbor,与 T 共享 left edge;TR 称为 T 的 right

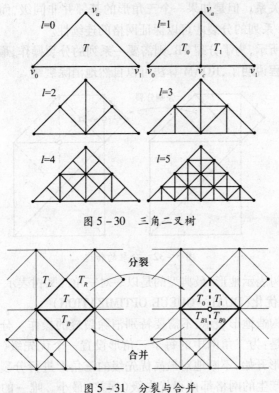

图 5 – 30　三角二叉树

图 5 – 31　分裂与合并

neighbor,与 T 共享 right edge。

　　由图中可以看出,在连续网格中,T 的相邻三角形或者与 T 在同一级,或者其左邻和右邻为其更精确一级,此时 T 是该邻居的基邻,而在同级时,T 是其左邻的右邻,右邻的左邻;对于 T 的基邻,如果同级,则互为基邻,如果不同级,则基邻只能为更粗一级数据,此时,T 为其基邻的左邻或右邻。

　　当 T 和 TB 同级的时候,称三角形对(T,TB)为 Diamond。对这样的一个三角形对的 split 和 merge 操作,如图 5 – 31 所示。当分裂的时候,T 和 TB 分别分裂为两个三角形。如果一个三角形对 diamond 的四个子三角形都在连续网格中的时候,称三角形对是可合并的(Mergeable)。

　　任何一个连续网格可以由其他的连续网格经过一系列的合并和分裂得到。

　　在分裂和合并的过程中,很容易应用顶点变形技术,对于要产生和消除的顶点,并不是立即产生和消除,而是在其原始位置和最后位置之间缓慢插值得到,这样的技术可以进一步消除跳变现象,而且对于 ROAM 算法,这是一个很容易的工作。

　　如果是一个 diamond 需要分裂,则可以直接分裂,因为不影响该 diamond 与其他三角形的相邻关系。但是如果一个三角形的基邻并非同级,而是粗一级的三角形,则需要经过一系列的分裂才可以保证网格的连续性。

如图 5 – 32 所示,为了分裂 TB,则需要一系列的分裂操作,最终得到右边的网格。而以上的过程说明了,ROAM 算法可以自然地消除裂缝。

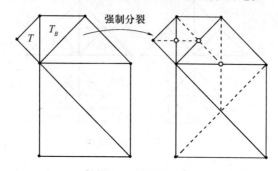

图 5 – 32　分裂的传递

可以用多个树表示地形,最典型的是以一对三角二叉树表示一块规则的地形。

3. 双队列最优化(DUAL – QUEUE OPTIMIZATION)

分裂和合并构造地形表示,不需要特别消除裂缝的操作。分裂和合并队列的贪婪算法的思想是:为三角网中的每个三角形设置一个优先级(典型的为误差范围),由基本三角形开始,不断地对最高优先级的三角形进行分裂。这样的一个过程保证了每一步产生的网格都使得优先级(误差)最小。唯一的限制条件是优先级函数必须是单调的才可以保证最优化,即子三角形的优先级必须小于父三角形的优先级。

第二个队列用于合并具有相同基边的三角形对(称为 diamond),这种合并可以由已经构建好的网格开始,即上一帧的结果网格开始进行合并,这样可以利用帧与帧之间的相关性。

由于是优先队列的方式,因此分裂可以影响到其他节点,这种影响是递归的,但是分裂和合并本身都是按队列顺序的,都不是按树递归的,而是取当前优先级最高的三角形,可能与刚才处理的三角形没有任何关系。

(1)分裂队列。为三角二叉树中的每个三角形 T 给定一个单调优先级 $p(T)$ $\in [0,1]$,则三角网 T 可以自顶向下产生。

```
Let T = the base triangulation.
For all T∈T, insert T into Qs.
While T is too small or inaccurate{
Identify highest – priority T in Qs.
Force – split T.
Update split queue as follows:{
```

178

Remove T and other split triangles from Qs.

Add any new triangles in T to Qs. }}

实际上,上述过程可以这样理解,开始优先队列中只有一个三角二叉树树根的三角形。然后由队列里取出该三角形,分裂后三角网里变成了两个三角形,此时,需要将这两个三角形都插入到优先队列中;下一次将取出队列中误差最大的三角形,再次进行分裂;如此不断进行下去,将队列中参与分裂的三角形删除,同时将分裂过程中新产生的三角形加入到队列中。三角网 T 和队列 Q_s 中的三角形应该是一样的。

由于在每一步,都是取出优先级最高的三角形,也即是误差最大的三角形进行分类,这是一个贪婪算法,保证生成的三角网是最优的(误差最小),这也就是这个算法名字的原因。

(2) 合并队列。假定按时间产生一系列帧三角网($T_0, T_1, \cdots$),由于这些优先级是缓慢平滑地改变,所以在两个连续帧之间,三角网的变化也不大。可以利用上一帧得到的三角网来生成当前帧的三角网。

为此,构造了第二个优先队列 Q_m,该队列保存当前队列的所有可合并 diamond,可合并 diamond 的优先级设置为其两个子三角形的最大优先级。算法如下:

If f = 0{

Let T = the base triangulation.

Clear Qs, Qm.

Compute priorities for T's triangles and diamonds, then insert into Qs and Qm, respectively. }

otherwise{

Continue processing T = Tf - 1.

Update priorities for all elements of Qs, Qm. }

While T is not the target size/accuracy, or the maximum split priority is greater than the minimum merge priority{

If T is too large or accurate{

Identify lowest - priority (T, TB) in Qm.

Merge (T, TB).

Update queues as follows:{

Remove all merged children from Qs.

Add merge parents T, TB to Qs.

Remove (T, TB) from Qm.

Add all newly - mergeable diamonds to Qm.

}}

```
otherwise{
Identify highest - priority T in Qs.
Force - split T.
Update queues as follows:{
Remove T and other split triangles from Qs.
Add any new triangles in T to Qs.
Remove from Qm any diamonds whose children were split.
Add all newly - mergeable diamonds to Qm.
}}}
Set Tf = T.
```

Seumas McNally 所实现的 ROAM 算法被用在了 TreadMarks 游戏中, 在该实现中, 仅仅使用了一个分裂队列, 在每一帧重建整个三角网, 而不考虑帧间的相关性。同时使用了内存池、仅使用世界坐标系下的误差并建立误差树(本质是误差与视点无关, 仅考虑地形起伏)等一系列技术来优化速度, 也达到了实时显示的目的。所以这个合并队列加大了算法的实现难度和处理逻辑, 确实可以考虑仅仅利用分裂队列, 那样实现起来异常简单。

4. 误差

队列的优先级采用误差来表示。

(1) 嵌套的世界坐标系误差范围。定义点的包围体为$(x, y, z - eT) \sim (x, y, z + eT)$。其中的厚度采用嵌套方式定义为

$$eT = \max\{eT_0, eT_1\} + | z(v_c) - zT(v_c) | \tag{5-6}$$

其中

$$zT(v_c) = (z(v_0) + z(v_1))/2$$

即顶点包围体或者是误差的范围等于该顶点的两个子三角形的误差范围中的大值, 加上该顶点与剖分前的三角形边的距离。一维情况的嵌套误差包围体如图 5-33 所示。以上这样一个结构称为 wedgie, 其实质可以认为是误差所形成的包围盒。

(2) 几何屏幕失真(Geometric Screen Distortion)。对于叠加了纹理显示的地形, 屏幕显示的颜色取决于纹理值。而其他的图像质量则由几何失真所决定。几何失真定义为: 表面点在屏幕空间应该在的位置和三角网将其放置的位置之间的距离。

定义一个顶点处的几何失真为 $\mathrm{dist}(v) = || s(v) - sT(v) ||2$, 对于一帧图像, 定义 $\mathrm{distmax} = \max\{\mathrm{dist}(v)\}$, 其中 v 为在视锥之内的点。

可以利用上述的误差包围体来表达失真, 如图 5-34 所示。一个三角形的误差包围体如图 5-34 所示, 该包围体投影在屏幕空间后, 其中最大的距离即为该三

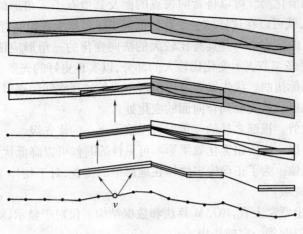

图 5-33 误差包围盒

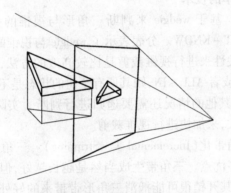

图 5-34 投影后的几何失真

角形的几何失真。

在实践中,按三角形去计算是不可能的,但是对于三角形而言,由于投影本身的特性和奇异性,最大误差并不一定在顶点处。下面给出可以表示三角形最大误差的顶点误差计算公式。

设点变换到照相机坐标系但未经过投影的坐标为 (p,q,r),世界坐标系中矢量 $(0,0,eT)$ 所对应的照相机空间矢量为 (a,b,c),则有

$$\text{dist} = \frac{2}{r^2 - c^2} [(ar - cp)^2 + (br - cq)^2]^{\frac{1}{2}} \qquad (5-7)$$

显然,上述公式的计算量还是比较大的,而且需要实时计算。所以在实践中还是应该可能采用一些简化的计算标准。

(3) 优先级扩展。误差实际上是优先级,因此可以利用优先级实现其他一些特殊的技术。

181

① 背面细节化简。可以将背向视点的面及其所有子三角形的优先级设置为一个很低的值,就可以在这样的一个算法框架下尽可能少地绘制背向三角形。

② 法向扭曲。对于一些具有比较大的法向变化的三角形应该给予更大的优先级,这样以更多细节表示变化比较大的部分,以实现更好的光照效果。

③ 纹理坐标扭曲。优先级要考虑屏幕空间与纹理空间的映射比例。

④ 轮廓边界。前向面到背向面的变化处。

⑤ 视锥裁剪。视锥之外的三角形可以给予很小的优先级。

⑥ 大气遮挡。当使用雾化效果影响可见性的时候可以降低优先级。

⑦ 物体定位。为了正确确定物体在地形中的位置,对于物体下面的地形可以认为增加其优先级。

所以从以上意义上看,ROAM 算法和数据结构不仅对于显示,对于地形的其他一些应用也可以起到一定的作用。

5. 其他提高效率的技术

(1) 视锥裁剪。基于 wedgie 来判断三角形与视锥的关系,定义三种关系: OUT、ALL – IN、DONT – KNOW。分表表示了 wedgie 与视锥的关系。

基于帧之间相关性来进行视锥裁剪是比较高效的方法,如果一个三角形在连续帧中保持为 OUT 或者 ALL – IN,则其所有子树的状态是不需要修改的。而对于 DONT – KNOW 或者其他的情况还需要递归进行判断。实际上,这也可以认为构成了一个包围体层次,来加快进行视锥裁剪。

(2) 渐增式三角带化(Incremental T – Stripping)。三角形带表示较之于逐个三角形处理具有很多优点。三角带生成当然是越长越好,但是生成这样的最优三角形带的算法复杂,其开销很可能抵消三角形带带来的好处。论文构造了一个简单的三角形带生成算法,生成的三角形带的平均长度为 4 个 ~ 5 个三角形。

在三角形分裂、合并和视锥状态改变时,三角形带进行最小的重新连接。从三角形带删除一个三角形将导致三角形带被删除、缩短或被改变为 2 个三角形带。新的三角形开始构造一个新的三角形带,而后逐渐与临近的三角形带连接起来。

(3) 推迟优先级的重计算(Deferring Priority Recomputation)。帧之间的变换是缓慢的,如果每一帧都重新计算优先级,代价大且没有意义,因此,最好是只有当优先级可能影响到分裂和合并的时候再重新计算优先级。

给定视点的变化,可以获得与时间或者帧相关的屏幕失真范围。定义 crossover priority 为当渐增的分裂合并完成时,分裂队列的最大优先级。crossover priority 的变换非常缓慢,大概帧之间只变化 1%。只有当一个三角形的优先级与 crossover priority 发生交叠的时候(穿越该值),才需要被重新计算。

为此,为以后若干帧维持了一个 deferred list,首先重新计算当前帧列表里的那些三角形的优先级,然后在时间许可的情况下重计算后续帧的三角形优先级。

以上本质上还是反映了一个视点预测,这也是一个很好的思想。

(4) 渐近最优化(Progressive Optimization)。由于是基于队列来进行构网的,所以可以加以严格的时间控制,当达到给定时间时,可以随时结束构网过程,而不管此时的三角网是否在所有方面都已经达到最优。

在算法中,包括优先级计算、分裂合并、三角形带生成过程等都可以基于时间和三角形数量进行控制,这也是算法称为渐近最优化的原因。

5.4.4 Chunked LOD 算法

Thatcher Ulrich 将地形绘制算法划分为前 GPU 算法和后 GPU 算法,并提出了 Chunked LOD 算法。

1. 背景

GPU 的发展对于地形绘制的层次细节算法造成了很大的影响。导致产生了基于 GPU 的批层次细节算法,并且,对绘制的地形的细节和数量也飞速增长,因此算法必须能够处理更大规模的不是存储在内存中的数据(Out - of - core)。同时,用户对于视觉效果也有更高的要求,对于诸如跳变的容忍程度越来越低了。

传统算法的帧速是很高的,实时构造的网格也是无缝的,但是当视点越来越靠近地面的时候,看到的很模糊,视点越来越远离地面的时候又可以看到整个地形的边缘。究其原因,是因为传统算法针对的是内存中的有限数据量,无法存储更多的地形几何细节和纹理细节,而造成的这些现象。

目前,针对这些现象的一种解决方法是在磁盘或网络上存储这些海量的数据,当需要的时候将其交换到内存中,这方面 lindstorm 提供了一个典型方法,通过内存映射文件机制和数据在磁盘上的高效组织方式来实现 out - of - core 算法;另一类办法是自适应层次细节,对于重要区域采用更为丰富的细节,而不重要的区域使用粗糙的地形和纹理;另一种办法是应用所谓的过程式细节,这是一个和过程式纹理类似的概念,其难度较大。

在 GPU 之前的算法,由于绘制一个三角形的代价很大,所以所有地形实时绘制算法的出发点都是尽量减少传递到 GPU 的三角形数量,而这种化简需要 CPU 做很多运算才可以实现。而随着 GPU 的发展,每秒中所能绘制的三角形的数量越来越多,CPU 的发展已经比 GPU 慢了,所以此时的算法的目的在于充分发挥 GPU 的作用,减少 CPU 的负担。

已有的 GPU 算法都不是视点相关的,同时也无法应用到最粗细节和最高细节相差 10^5 倍之多的地形数据的绘制中。

2. Chunked LOD

硬件友好的层次细节算法一般要分别应用或组合应用如下两类技术:

(1) 针对一组图元使用视点相关算法,而非针对单个图元。

（2）将 LOD 化简结果的顶点置于缓存（Cache）中以重新使用。

Chunked LOD 基本上是应用了第一类技术，除了可以获得低的 CPU 负载和高的三角形数量，还具有如下优点：

（1）批内三角形的高效应用。

（2）纹理 LOD 与几何 LOD 的结合使用。

（3）易于与 out – of – core 存储结合。

（4）高效、平滑的顶点混合，没有 popping 现象。

（5）即使视点改变很快，CPU 的负载依然很低。

缺点如下：

（1）预处理工作量大。

（2）数据集为静态的。

（3）在相同的屏幕误差准则下，比逐图元处理的算法要使用更多的三角形。

（4）预处理过程是无损的，数据集的尺寸太大。

算法的核心是一个树结构，典型的为四叉树，这样的树结构是通过预处理过程建立起来的，树的每个节点是一块数据（Chunk），每个块内的数据可以通过一个绘制命令和一个高效的混合通道来完成绘制。根节点处的块是地形的最粗糙表示，子块是将其上级节点的地理范围分割后得到的，更高精度的地形表示。图 5 – 35 为 Chunked LOD 的最高三层的表示。

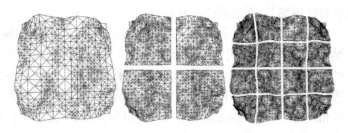

图 5 – 35　Chunked LOD 的最高三层

每个块还有一个包围盒，最大的几何误差 δ，δ 表示在世界坐标系下所有点的几何失真的最大值。

为了简化问题，某一层的所有网格，都应用了相同的 δ，层间的误差计算采用

$$\delta(L+1) = \frac{\delta(L)}{2} \qquad (5-8)$$

3. 视点相关的绘制

绘制时，选择满足视觉要求的块。由于每个块有包围盒、最大几何误差，所以可以使用下式确定一个块在屏幕空间的最大误差，即

$$\rho = \frac{\delta}{D}K \qquad (5-9)$$

184

式中:δ 是块在世界空间中的最大几何误差;D 是由视点到块包围体的最近距离;K 是一个视点和视角有关的系数,即

$$K = \frac{viewportwidth}{2\tan\dfrac{horizontalfov}{2}} \qquad (5-10)$$

这样的一个误差计算,很显然还是存在着近似,但是通过选择包围盒最近距离这样的方式,已经使得屏幕误差一般不被低估,因此可以保证细节层次选择的正确。当然,也可以选择更为精确但是耗时的误差评估技术,因为块层次细节选择比逐个图元的细节层次选择计算量要少得多,一般每一帧只需要计算数百次误差即可。

基于以上知识,在绘制时本质是由根节点递归的规程,按误差准则判断块是否可以用来绘制,对于符合误差准则的块,不必再进行细分,进行绘制即可。细节层次选择和绘制的伪代码如下:

```
Function render_lod(node)
    If rho(node,viewport) < = tau then
        Draw(node.mesh)
    else
        for c in node.children do
            render_lod(c)
        end
    end
end
```

在以上的逻辑中,还存在两个问题:一个是相邻块之间还存在缝隙 crack;二是当视点逐渐接近一个块的时候,块将分裂为很多的小块,而这将产生明显的 poping 现象,而且此现象比逐三角形的层次细节算法如 ROAM 算法等要明显得多。

4. 裂缝的消除

裂缝消除的方法在前面已经介绍了一些,这里介绍一种新的非常巧妙的方法。

在块的周围,构造垂直的裙边(Skirt)来消除裂缝,裙边的上边采用块的边,而下边则延伸到比所有的细节层次的数据都低。这样的裙边只影响到本块,而不与其他块发生联系,这样绘制时各个块之间不需进行拼接;裙边垂直,不进入其他块。纹理也可以直接应用原来块的纹理即可。这样的方法可以有效消除裂缝,同时由于裂缝本身都是在一定的误差范围之内的,如几个像素,所以在视觉上,也很难发现该裙边与周围网格的明显区别(图 5-36)。

在裙边处的纹理,可以考虑直接以纹理的边界颜色来作为裙边的纹理,这样,当裙边在屏幕上投影为多个像素的时候,纹理拉伸会产生模糊感,但是对于比较小

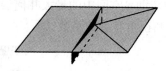

图 5 - 36　裙边

的屏幕误差,这点是根本看不出来的。

对于相邻的块,每个块都构造裙边,而高的裙边是可见的,消除了缝隙,低的裙边则完全不可见。

除此之外,论文还在其他几个方面进行了讨论:在避免跳动上,运用了几何变形的技术;在纹理上,采用的是每块构造对应纹理的方法;适应海量数据,算法进行各个块数据的页交换。

参 考 文 献

[1]　李志林,朱庆.数字高程模型[M].第 2 版.武汉:武汉大学出版社,2003.

[2]　徐青.地形三维可视化技术[M].北京:测绘出版社,2000.

[3]　冯桂,林宗坚.DEM 高精度内插算法及其实现[J].遥感信息,2000,4.

[4]　杨晓云,唐咸远,梁鑫.基于等高线生成 DEM 的内插算法及其精度分析[J].测绘工程,2006,15(2):37 - 38.

[5]　Snyder W V. ALGORITHM Contour Plotting[J]. ACM Transactions on Mathematical Software(TOMS),1978,4(3):290 - 294.

[6]　彭黎,金益民.利用 DEM 数据绘制等高线的自适应算法[J].微机发展,2005,15(4):33 - 34.

[7]　Hennig, Kretsch. The Shuttle Radar Topography Mission[J]. In Proceedings of DEM 2001. 2001, Springer Verlag:65 - 77.

[8]　毋河海,龚健雅.地理信息系统(GIS)空间数据结构与处理技术[M].北京:测绘出版社,1997.

[9]　王涛,雷蓉.从规则高程格网中提取等高线的优化算法研究[J].地理信息世界,2006,1:39 - 48.

[10]　王涛,毋河海.一种从高程格网中提取等高线的算法[J].测绘科学,2006,2:108 - 110.

[11]　van Kreveld M. Efficient Methods for Isoline Extraction from a TIN[J]. International Journal of GIS,1996,10:523 - 540.

[12]　张显全,刘忠平.基于格网模型的等高线算法[J].计算机科学,2005,32:199 - 201.

[13]　张山山.分形方法在地形数据内插中的应用[J].西南交通大学学报,2000,35(2):141 - 142.

[14]　张继贤,柳健.地形生成技术与方法的研究[J].中国图像图形学报,1997,28(9):639 - 645.

[15]　齐敏,郝重阳,佟明安.三维地形生成及实时显示技术研究进展[J].中国图像图形学报,2000,5(A),(4):269 - 274.

[16]　何方容,戴光明.三维分形地形生成技术综述[J].武汉化工学院学报,2002,24(3):85 - 88.

[17]　陈国良,曹卫群,黄心渊.一种由等高线模型生成规则格网模型的算法[J].中国图像图形学报.2007,12(6):1110 - 1113.

[18]　王建宇,滕树钦.一种基于等高线生成 DEM 的方法[J].计算机应用,2002,22(8):30 - 35.

[19]　唐凯,康凤举,宋志明,等.一种根据等高线生成三维地形的方法[J].系统仿真学报,2004,16(2):

268 – 270.

[20] 翟巍,迟忠先,杜金莲.基于二维矢量地图自动构建 DEM 方法研究[J].大连理工大学学报,2003,43
 (2):252 – 255.

[21] 王庆国,隗剑秋,张治勇,等.地形表达中的 DEM 形式和等高线形式比较[J].武汉化工学院学报,
 2005,27(2):22 – 23.

[22] Kaneda K, Kato F, et al. Three dimensional terrain modeling and display for environmental assessment[J].
 Computer Graphics,1989,23(4):207 – 214.

[23] M. de Berg,等.计算几何——算法与应用[M].第 2 版.邓俊辉,译.北京:清华大学出版社,2005.

[24] 刘锐,徐智勇,吴小芳.基于模板的 DEM 快速可视化[J].测绘工程,2006,15(1):64 – 66.

[25] 周海东,廖学军,汪荣峰.基于海量空间数据的实时地形视景仿真算法研究[J].系统仿真学报,2005,
 17(11):2606 – 2609.

[26] PAJARO R. Large scale terrain visualization using the retricted quadtree triangulation. [C]// RUSHMEIER
 H,ELBERT D,HAGEN H. Proceedings of Visualization98. American:IEEE Computer Society Press,1998:
 19 – 26.

[27] LINDSTROM P,PASCUCCI V. Visualization of large terrains made easy. [C]//IEEE Visualization2001.
 American:IEEE Press,2001:363 – 370.

[28] 钟正,朱庆.一种基于海量数据库的 DEM 动态可视化方法[J].海洋测绘,2003,23(2):9 – 12.

[29] 童晓冲,贲进,张永生.全球多分辨率数据模型的构建与快速显示[J].测绘科学,2006,31(1):
 72 – 70.

[30] DUCHAINEAU M,WOLINSKY M,SIGETI D,et al. ROAMing terrain:Real – time optimally adapting me-
 shes. Proceedings[EB/OL][2007 – 6 – 10]. ftp://www. vterrain. org/download/publication.

[31] HOPPE H. Progressive Meshes[EB/OL]. http://research. Microsoft. com/ ~ hoppe.

[32] Ulrich Rendering massive terrains using chunked level of detail control. In:Proceedings of SIG-
 GRAPH2002. San Antonio,Texas USA:ACM Press,Volume Course 35,2002.

[33] Hoppe H. View-dependent refinement of progressive meshes. In:Proceedings of SIGGRAPH97. Los Angles:
 ACM Press,1997:189 – 198.

[34] Hoppe H. Smooth View – dependent level-of-detail control and its applications to terrain rendering. In:Pro-
 ceeding of IEEE Visualization98. NorthCarolina:IEEE Press,1998:35 – 42.

[35] Renato Pajarola. Overview of Quadtree-based Terrain Triangulation and Visualization Technical Report,UCI –
 ICS:2002,02.

[36] Lindstrom P, Koller D, Ribarsky W, Hodges L F, Faust F, and Turner G. Real-Time, Continuous Level of
 Detail Rendering of Height Fields. Proceedings of SIGGRAPH 96, 109 – 118. Aug. 1996.

[37] Duchaineau M,Wolinsky M. ROAMing Terrain:Real-time Optimally Adapting Meshes. In:Yagel R,Hagen
 H,eds. IEEE Visulization97. Los Alamitons:IEEE Press,1997:81 – 88.

[38] Ulrich Rendering massive terrains using chunked level of detail control. In:Proceedings of SIG-
 GRAPH2002. San Antonio,Texas USA:ACM Press,Volume Course 35,2002.

[39] Sehneider J,Westermann R. GPU—Friendly High—Quality Terrain Rendering. Journal of WSCG,2006,14
 (1 – 3):49 – 56.

[40] Asirvatham A,Hoppe H. Terrain Rendering Using GPU—B – ased Geometry Clipmaps. Addison – W esley,
 2005:27 – 45.

[41] Lindstrom P,Pascucci V. Terrain Simplification implified:A General Framework for View – De pendent Out-

of-co re Visualization. IEEE Transactions on Visualization and Computer Graphics:2002:1 – 25.

[42] Cignoni P,Ganovelli F,Gobbetti E, et al. Planet – sized batched dynamic adaptive meshes(p – bdam). In: Proceedings IEEE Visualization2003. Seattle,W A,USA:IEEE Computer Society Press:2003:147 – 154.

[43] Cignoni P,Ganovelli F,Gobbetti E, et al. Interactive Out-of-core Visualisation of Very Large Landscapes on Commodity Graphics Platforrn. In:Balet, et al, eds. ICVS 2003. Berlin Heidelberg:Springer Verlag Press, 2003:21 – 29.

[44] 杨晓霞,齐华.一种大规模地形的高效绘制算法[J].计算机工程与应用,2005,14:229 – 232.

[45] 朱军,龚建华,齐华,等.大规模地形实时绘制算法[J].地理与地理信息科学,2005,21(3):24 – 27.

[46] 孙敏,薛勇,马蔼乃,等.基于格网划分的大数据集 DEM 三维可视化[J].计算机辅助设计与图形学学报,2002,14(6):566 – 570.

[47] 胡金星,马照亭,吴焕萍,等.基于格网划分的海量地形数据三维可视化[J].计算机辅助设计与图形学学报,2004,16(8):1164 – 1168.

[48] 赵友兵,石教英,周骥.一种大规模地形的快速漫游算法[J].计算机辅助设计与图形学学报,2002,14(7):624 – 628.

[49] 谭兵,徐青,马东洋.用约束四叉树实现地形的实时多分辨率绘制[J].用约束四叉树实现地形的实时多分辨率绘制[J],2003,15(3):270 – 276.

[50] 张慧杰,孙吉贵,刘雪沽,等.大规模三维地形可视化算法研究进展[J].计算机科学,2007,34(3):10 – 16.

[51] 李胜,冀俊峰,刘学慧,等.超大规模地形场景的高性能漫游[J].软件学报,2006,17(3):535 – 545.

[52] Greg Snook. Real-Time 3D Terrain Engines using C + + and Directx9 [M]. USA, Massachusetts: Charles River Media,2003.

[53] Trent Polack. Focus On 3D Terrain Programming[M]. USA:Premier Press,2003.

第6章 战场实体可视化

随着航天技术的发展,战场的范围也从陆地、海洋、天空扩展到整个地球空间。为了构建一个可视化的陆、海、空、天、电一体化综合数字战场,给指挥员创建一种较为真实的战场态势,不仅要有各种战场环境的可视化表示,还必须对处于各个不同空间域的战场实体进行建模与可视化。根据战场实体分布的空间域不同,可以将其分成地球战场实体和空间战场实体两大类。地球战场实体包括陆地战场实体、空中战场实体和海洋战场实体。其中空中战场实体主要包括各种飞机、飞艇等,海洋战场实体主要包括各种舰艇、航空母舰、潜艇等,而陆地战场实体所涵盖的内容很多。由于空中和海洋战场实体的可视化与陆地战场实体的可视化技术较为类似,因此,本章着重讨论陆地战场实体的可视化技术。空间战场实体是随着航天技术的发展而发展起来的一类战场实体,主要包括各种卫星、航天器和空间武器等,由于这些实体的运行与地球战场实体的运行原理不同,因此,在对其进行建模与可视化时要考虑用不同的方法。本章通过对整个战场中实体包含的对象分析入手,进而建立其实体模型,在对其可视化的基础上,针对战场实体可视化中的增强真实感技术进行了深入的研究,探讨了网络环境下的战场实体可视化技术。

6.1 战场实体

6.1.1 地球战场实体

地球战场实体中包括陆、海、空三种不同类型的目标实体。其中陆地战场实体包含的种类最多,也最为复杂。根据研究的重点,主要对陆地战场实体进行详细的分析。根据不同的划分原则,陆地战场实体有不同的分类方法。依据地物的几何特征,可将其分为点状地物、线状地物和面状地物。点状地物包括建筑物、独立地物、交通工具、人等;线状地物包括道路、河流、管线等;面状地物包括湖泊和海洋、大面积居民地、面状植被等;依据地物的成因,可将其分为自然地物和人工地物。自然地物包括河流、湖泊和海洋、植被等;人工地物包括道路、建筑物、管线、交通工具等;依据地物与地形的位置关系,可将其分为凸出特征的地物和非凸出特征的地物。凸出特征的地物是指那些高于地表的地物,包括建筑物、植被、交通工具、人、地面设施等;非凸出特征的地物又分为基于线的地物和基于面的地物。基于线的地物有河流、道路等;而基于面的地物有湖泊、海洋等;依据地物与地形的依存关系,可将其分为独立于地形的地物和依赖于地形的地物。独立于地形的地物与地形的关系是相对位置的关系,如建筑物、树木、车辆等。依赖于地形的地物依附于地形而存在,其起伏和走向与其下的地形一致,通常是带状地物和面状地物,如岛屿、湖泊、河流、道路等;根据建模方法的不同,可将地物分为四类:二维不规则三角网的剖分,如建筑物、面状水体、街道等;不透明单面的构造,如天空、远景等;透明单面的构造,如树木、花草、栅栏、路灯等;复杂三维实体的构造,如复杂建筑物、交通工具、人员等。

6.1.2 空间战场实体

根据实体在空间战场中的作用划分,空间战场实体包括信息系统实体、武器系统实体和地面相关系统实体。其中信息系统实体主要指卫星平台,根据平台所搭载的有效载荷不同,包括侦察卫星、导航卫星、气象卫星、测地卫星、通信卫星等;武器系统实体根据武器平台部署的位置包括地基武器和天基武器,根据平台搭载的有效载荷不同,地基武器包括地基动能武器、地基微波武器、地基激光武器等;天基武器包括动能拦截器、空间定向能武器、天基干扰器等;地面相关系统实体主要包括指挥中心、发射场、测控站、测量船等。空间战场实体要素结构如图 6-1 所示。

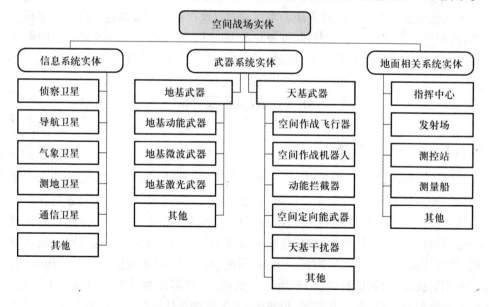

图 6-1 空间战场实体要素

由于空间战场中实体种类繁多,结合空间战场可视化表达的需要,本节选择典型的实体进行分析。信息系统实体选取侦察卫星、导航卫星、气象卫星、测地卫星、通信卫星；武器系统实体选取有代表性的新概念武器（包括定向能武器和动能武器）；地面相关实体选取指挥中心、发射场和测控站。

1. 信息系统实体

本节分析的信息系统实体主要是指携带各种载荷的卫星平台，因此，描述信息系统实体的物理参数是相同的，所不同的是表征实体的性能参数。其中物理参数主要包括实体名称、类型、功能、发射时间、轨道根数、归属、有效载荷及类型、实体的质量、形状、姿态、表面特性（颜色、材质、反射率和辐射率、面积和阻力系数）等。

（1）侦察卫星。侦察卫星利用光电遥感器或无线电设备等侦察传感设备，从轨道上对目标实施侦察、监视或跟踪，通过搜集地面、海洋或空中信息来获取军事情报。根据侦察卫星携带传感器的不同，侦察卫星主要分为成像侦察卫星、电子侦察卫星等。随着电子监听技术的发展，电子侦察卫星开始布置在地球静止轨道上。另外，低轨道的小卫星侦察网为各军事大国所重视，将成为未来侦察卫星的发展趋势。

① 成像侦察卫星。成像侦察发展最早、最快、数量最多，技术也最成熟，堪称卫星侦察主力。主要用来搜集战略情报、识别目标和监视军备控制条约的执行情况。一般采用高度在 300km 以下的近圆形的低轨道，有的为了获得更高的地面分辨力，高度可降到 150km～160km。表征成像侦察卫星性能的主要参数包括地面分辨力、侦察幅宽、数据传输率等。

② 电子侦察卫星。电子侦察卫星主要用于监视地面的电子信号，它利用星上电子接收装置搜集与监测地面无线电设备和雷达辐射的电磁信号以及通信、测控等信号，通过分析获得关于敌方预警、防空雷达的配置与性能参数、战略导弹试验的遥控数据以及军用电台等电子装备的配置情况等。一般选取轨道高度为 300km～1000km，周期为 1.5h～1.75h。表征电子侦察卫星性能的主要参数包括接收机灵敏度、信号截获概率、定位精度等。

（2）导航卫星。导航卫星的作用主要是通过发射无线电信号，为地面、海洋和空中用户导航定位。轨道高度从几百千米到数万千米不等，如美国早期的"子午仪"导航卫星高度为 700km～900km，GPS 和苏联全球导航卫星系统 Glonass 轨道高度在 20000km。由于导航方式和导航覆盖区域的需要，导航卫星一般采用多星组网工作方式。早期的导航卫星主要用来为核潜艇提供在各种气象条件下的全球定位服务，现在的导航卫星可以为陆、海、空甚至天域的各种武器提供精确的位置、速度和时间信息，已经成为信息化战争不可或缺的重要成员。其作用主要是用于导航定位整个战场上的各参战单元，辅助指挥员正确决策和兵力部署，实现战场自动化高效指挥；用于各种精确打击武器的导引，提高打击效能；用于陆、海、空、天布雷扫雷，部队侦察，战场救援，后勤物质投放等行动的精确定位。表征导航卫星性能的主要参数包括导航覆盖范围、定位精度、授时精度等。

（3）气象卫星。虽然气象卫星在大多数军事资料中通常被认为是侦察卫星的一种，但在军事行动中，气象对作战影响一直非常大，现代战争对气象条件的要求越来越高，如作战时机的选择、作战部队的大规模调动、海空行动的决定、精确制导导弹的发射及对目标的打击效果等都直接受气象因素的影响。

军用气象卫星可以提供全球范围的战略地区和任何战场上空的实时气象资料。它主要利用星载遥感设备测量接收地球和大气层的可见光、红外、微波辐射等，然后将它们转换为无线电信号传输到地面；地面将接受到的无线电信号复原，绘制成云图、地表和洋面图，经过进一步处理，便可得到所需要的气象情报。多采用地球静止轨道、大倾角的极地轨道或高度为 800km ~ 1500km 的太阳同步轨道。如世界气象组织在全球范围内布置了由美国、日本、俄罗斯、欧洲空间局发射的 5 颗地球同步静止卫星，分别位于 0°、70°E、70°W、140°E、140°W 的赤道上空，其观测的覆盖带基本覆盖赤道两侧 60°的带区。

表征气象卫星性能的主要参数包括空间分辨力、光谱分辨力、辐射分辨力、时间分辨力。其中：空间分辨力表示遥感器能区分的两相邻目标之间的最小角度间隔或线性间隔，即遥感仪器所能分辨的最小单元；光谱分辨力表示在光谱曲线上能够区分开的两个相邻波长的最小值；辐射分辨力表示遥感器可分辨的最小辐射度差；时间分辨力表示对同一地区进行重复观测的时间间隔，即重访周期。

（4）测地卫星。测地卫星不但能够测量出地球的真实形状大小、重力场和磁力场的精确分布情况，还可以精确地测定地球任何一点的坐标和地面及海上目标的坐标。在军事应用中测地卫星可以为导弹、飞机提供精确的目标位置，由于导弹的命中精度和人造卫星的轨道计算中，经常需要用到地球重力场的精确数据，因此借助测地卫星准确地测定军事地形与地球重力场的分布，可大大提高战略武器的效能。测地卫星的轨道大多为极轨道或静止轨道，表征测地卫星性能的主要参数包括测量幅度、测量精度、定位精度等。

（5）通信卫星。通信卫星的作用主要是用于军事通信，高度一般为 35800km 的地球静止轨道，一颗卫星便可覆盖地球表面面积的 40% 以上，如果在赤道上空等距离布设 3 颗卫星，即可实现除南、北极之外的全球通信。另外，正是基于覆盖考虑，俄罗斯的通信卫星还采用大倾角，远地点达 40000km 的大椭圆轨道，如苏联的"闪电"号通信卫星，主要是适应俄罗斯高纬度地区通信需求。随着现代战争对作战实体机动性要求的提高，各军事大国已经开始利用低轨道通信卫星。

表征通信卫星性能的主要参数包括通信覆盖范围、信噪比 $\frac{S}{N}$、误码率、等效全向辐射功率、品质因数 G/T 等。其中：

信噪比 $\frac{S}{N}$，表示信号电平与噪声电平之比；

误码率,表示传输过程中,出现码元错误的概率;

等效全向辐射功率(Effective Isotropically Radiated Power,EIRP),表征通信卫星转发器的发射能力,它定义为卫星发射机发射功率 P_T 与发射天线增益 G_T 的乘积,即 $EIRP = P_T G_T$。显然,这一参数值越大,则卫星转发器的发射能力就越强;

品质因数 G/T(Gain/Temperature),表征通信卫星转发器接收能力的技术指标,它定义为 $G/T = G_R - 10\lg T_S$(dB/K),式中 G_R 指接收天线增益(单位:dB),T_S 指接受系统的等效噪声温度(单位:K)。它反映接收系统的品质,此值越大,则卫星转发器的接收能力越强。

2. 武器系统实体

在空间战场中,用于作战的武器系统实体种类繁多,除常规的武器外,近年来新概念武器以其卓越的应用前景越来越受到关注,因此,本节主要对新概念武器的物理属性和在作战中的应用进行分析。新概念武器根据其工作原理不同可以分为定向能武器和动能武器。

(1)定向能武器。定向能武器通过将强能束向一定方向发射,用高能量的射束杀伤和摧毁目标。其突出特点是速度快,可接近或达到光速,能在瞬间击毁数百千米乃至数千千米外的目标。定向能武器主要有四种:高能激光、粒子束、等离子和强微波射频武器。这些定向能武器与一般抛射武器不同,其战斗部不是被抛射出去通过碰撞或爆炸摧毁目标,而是以强大的能量束射向并摧毁目标,射速极快。

定向能武器主要通过集中的能量对目标进行干扰、致盲等软杀伤或直接摧毁式的硬杀伤。定向能武器根据其工作机理的不同在作战中的作用如下:激光武器利用沿一定方向发射的激光束攻击目标;粒子束武器利用粒子加速器把粒子源产生的粒子加速到接近光速,并用磁场聚焦成密集的束流,直接或去掉电荷后射向目标,在极短时间内把极大的能量传给目标,以此硬摧毁或软破坏目标;等离子体武器利用其超高频电磁波束发生器、导向天线和电源这种"三位一体"的工作装置,集雷达搜索、发现目标和打击于一身,大大简化了摧毁目标的过程;微波武器利用强能量的微波源向目标定向发射高功率脉冲调制的高功率微波和窄波束能量,用来干扰破坏目标上的电子设备。对以上四种定向能武器的研究已经取得了一定的进展,特别是激光武器,以其卓越的性能、广阔的前瞻性为世界各国所重视,因此,这里只对激光武器进行分析。描述激光武器的物理参数主要包括武器的地理或空间坐标分布、武器的形状、武器瞄准方向、有效载荷类型、载荷口径大小等。表征激光武器性能的主要参数包括武器的瞄准跟踪精度、作战范围、作战时间等。

(2)动能武器。动能武器主要用来打击、破毁人造地球卫星等航天器或损坏其正常的功能。可从陆地、海洋或空中直接发射至目标附近的空域,然后利用弹上自动寻的制导装置探测和跟踪目标,当接近到目标一定距离后,利用弹头高速运动的动能撞毁目标。其主要是利用非爆炸性的高速飞行器所具有的巨大动能,通过直接碰撞(或加辅助杀伤装置)的方式来摧毁目标。动能武器主要有非核动能拦截武器、动能反卫星武器和电磁炮。

动能武器根据其工作机理的不同在作战中的作用如下:非核动能拦截武器是利用与来袭导弹碰撞时产生的巨大动能来摧毁目标;动能反卫星武器是利用高速运动物体的动量攻击卫星;电磁炮是靠电磁力把弹头加速,以弹头的动能摧毁目标。描述动能武器的物理参数主要包括武器的地理(或空间)坐标分布、武器的形状、武器瞄准方向、有效载荷类型、载荷的形状和尺寸大小等。表征动能武器性能的主要参数包括对动能弹加速能力、作战距离、作战打击时间等。

3. 地面相关系统实体

从地面相关实体在空间战场上发挥的作用来讲,如果没有地面实体对其他实体的指挥与控制,这些实体很难发挥其应有的作用,因此,对空间战场实体要素的分析还包括对地面相关系统实体的分析。本节考虑的地面相关系统实体主要包括指挥中心、发射场和测控站、测量船。其中测控站和测量船在空间战场上的工作性质相同,这里仅对测控站进行分析。

(1)指挥中心。指挥中心是整个战场的核心,它既是战场信息的汇集地,又是战场信息的分发源。战场信息随时间推移源源不断汇集于此,指挥决策者通过对战场信息的分析做出决策,决策信息从这里下发到相关作战实体系统完成作战动作。因此,可以说指挥中心对战场起到控制与推动的作用。同时,指挥中心因其在战场中的地位也成了被打击的首选目标。描述指挥中心的物理参数主要包括:中心的地理坐标分布、中心区域面积、中心指挥级别等。表征指挥中心的性能主要考虑其生存能力和工作能力,其中生存能力主要包括指挥中心的机动能力(主要考虑有无机动能力)、隐蔽和抗打击能力等。

(2)发射场。这里的发射场主要是指航天发射场,是为保障航天运载火箭的装配、发射前准备、发射、发送指令以及接收和处理遥测信息而专门建造的一整套地面设备、设施和建筑。通常情况下,发射场的场址选择取决于发射任务的类型,因此通过发射场的位置信息可以判断其主要执行何种发射任务。发射场主要用于执行航天工程支持任务。描述发射场的物理参数主要包括发射场的地理坐标分布、发射场区域面积、发射类型等。表征发射场的性能主要考虑发射场的机动能力。

(3)测控站。测控站通常由跟踪测量设备、遥测设备、遥控设备、计算机、通信设备、监控显示设备和时间统一设备组成。测控站分为固定站和机动站,其中机动站包括陆上机动站(如汽车机动站和集装箱式机动站)、测量船和测量飞机。测控站的数量、功能和布局取决于航天器的轨道及其对测控系统的要求。为保证对航天器轨道的有效覆盖并获得足够的测量精度,通常利用在地理上合理分布的若干测控站组成测控网。测控站的站址选择要求是:遮蔽角小,电磁环境良好,通信、交通方便。测控站是直接对航天器(包括运载火箭)实施跟踪测量和控制的设施,是航天测控网的基本组成部分。其任务是测量航天器的运动参数、接收解调航天器的遥测信息、向航天器发送遥控指令和与航天器通信。描述测控站的物理参数主要包括测控站的地理坐标分布、测控站区域面积、测控类型以及测控设备类型、型号等。表征测控站的性能参数主要包括测控站的测控范围、测控站的测控弧段、测控精度、测控遮蔽角等。

6.2　战场实体建模技术

战场实体建模技术是实体可视化的基础。在可视化战场的构建中,只有通过对战场环境中的对象进行合理分析,对各种战场实体要素进行三维建模,才能利用可视化技术来实现战场实体的三维景观再现。对每一种虚拟实体而言,不只要求所显示的对象在外形上与真实实体相似,而且要求它们在形态、光照、行为能力等方面尽可能逼真。为了达到上述要求,在技术实现上主要包括几何建模(Geometric Modeling)、行为建模(Kinematic Modeling)和物理建模(Physical Modeling)等。其中物理建模是对实体的重量、惯性、硬软度和表面变形等物理特性的描述,即主要是描述实体的反应能力,如实体交互而产生爆炸、变形、声响等,是增强可视化效果,提高虚拟现实的有效手段,是更高层次的建模。考虑到本书的研究重点,主要介绍实体的几何建模与行为建模。

6.2.1　几何建模

对象的几何建模是用来描述对象内部固有的几何性质的抽象模型,包括:对象中基本的轮廓和形状,以及反映基本表面特点的属性,如颜色;基元间的连接性,即基元结构或对象的拓扑特性;应用中要求的数值和说明信息。简单地说,几何建模主要有两部分工作,即构造对象形状和对象外表。对象形状可以通过 PHIGS、Stardase 或 GL、XGL 等图形库创建,也可以使用如 AutoCAD 或 3DMax 等 CAD 软件交互建立,更可以通过专门的视景仿真建模工具建立,如 MultiGen、Vega 等。虚拟对象外表的真实感主要取决于其表面反射和纹理。纹理中的最小元素是纹理元素(Texel),每个纹理元素由红、绿、蓝、亮度和透明度 Alpha 组成。纹理可以通过图像绘制软件交互地创建编辑和存储,如 Photoshop;还可以先用相机拍下所需的纹理照片,然后扫描得到。

目前,三维景观建模技术主要分为基于图形和基于图像的建模技术两大类。基于图形的三维建模技术是面向景物的几何模型的,其基础数据是景物的矢量几何数据。基于图像的三维建模技术则是通过一些预先生成好的图像(或环境映照)来生成不同视点处的场景画面,其基础数据是预先生成的栅格图像数据。基于图形的建模技术的优点主要有:具有高度的真实感,便于与相关空间属性信息的关联等。而其缺点也是显而易见的,即与目前计算机硬件水平所不相适应的实时渲染算法的不成熟。具有高度真实感的三维几何模型同时具有较大的几何数据量,从而造成三维景观实时渲染性能的下降。基于图像的三维建模技术较好的克服了几何模型数据量大的缺点,利用纹理信息丰富的图像去取代几何实体模型,从而以较小的数据量构建较为真实的三维景观。当然,该方法也存在着交互性较差、真实感不强等缺点。

综合基于图形与基于图像两种三维景观建模技术,充分利用两者的优势,在不损耗系统绘制性能的基础上,构造既具有高度真实感的三维景观,又可方便地构建三维实体对象之间的拓扑关系是目前发展的趋势。

战场可视化中对象的几何建模与传统的 CAD 和动画建模有着本质的区别,后者以建模为主,为了提高场景的逼真度就必须增加几何建模的复杂度。而战场中的三维图形生成需要兼顾实时性与真实感两方面的要求,故一般采用降低建模复杂度与增强纹理显示的方法。三维图形几何建模主要包括规则物体的几何建模、不规则物体的几何建模以及不规则模糊物体的几何建模。

1. 基于图形的战场实体建模技术

(1) 三维几何自主建模。这种建模方法是对实体进行三维几何表示,它可以看作是从实际三维物体到物体模型的映像。目前,比较常见的有两种:一种是边界表示(Boundary Representation,B – Rep)法;另一种是结构实体几何表示(Constructive Solid Geometry,CSG)法,它们均属于物体的三维几何表示方法。

① 边界表示法(Boundary Representation)。边界表示法又称为基于面的描述法。它是以物体的边界面为基础的定义和描述三维物体的方法,它能给出完整和显式的边界描述。基于面描述的数据结构一般用体表、面表、环表、边表和顶点表五层描述。其特点是强调物体外表的细节,详细记录构成物体的所有几何元素的几何信息及其相互的连接关系及拓扑信息。

其缺点是数据量大,数据结构复杂,对物体几何特征的整体描述能力不强,不能反映物体的构造过程和特点,也不能记录物体的组成元素的原始特征。它的优点在于根据采集得到的数据点可以构造出任意复杂的模型。通常,采用四面体作为边界表示法的基本元素,任何复杂三维模型都可以归结为这些四面体的集合。

用基于面的描述法表示一个 3D 表面的方法可分为两大类:代数表示和参数表示。代数表示又分为隐式表示和显式表示。

显式表示为

$$S = \{(x,y,z):z = f(x,y)\}$$

隐式表示为

$$S = \{(x,y,z):f(x,y,z) = 0\}$$

参数表示为

$$S = \{(x,y,z): x = h(u,v), y = g(u,v), z = f(u,v)\}$$

② 基于体元的模型描述法（Constructive Solid Geometry，CSG）。CSG 是一种由简单的几何形体（通常称为体素，如球、圆柱、圆锥等）通过正则 Boolean 运算构造复杂三维物体的表示方法。用 CSG 方法表示一个复杂几何体可描述为一棵树，树的叶节点为基本体素，中间节点为正则集合运算，这颗树称为 CSG 树，如图 6-2 所示。

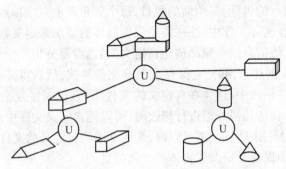

图 6-2　CSG 树描述

用 CSG 描述法构造几何形体时，先定义体素，然后通过正则集合运算将体素拼合成所需要的三维物体。其优点是模型关系简单，便于显示和数据更新，缺点是空间分析难以进行。

（2）商业化软件建模。这种建模方法是利用一些专门用于建模的商品化软件，如 AutoCAD、3DMax、Maya、MultiGen 等，来构建、编辑模型，并对模型进行渲染。最后利用软件提供的数据输出功能，将模型导出成公用的数据格式（如 dxf、3DS 等），在应用程序进行调用、绘制。这种方法的优点是建模过程比较简单、运行速度快，因此，在目前的应用比较广泛，技术也相对成熟，但是当模型数量很多时，需要耗费大量的人力和时间。

市场已经出现了众多军用和民用的三维建模和可视化开发工具，如 Autodesk 公司的 3DSMax 建模软件、Alias｜Wavefront 公司发布的 Maya 建模软件、MultiGen Software System 公司开发的 MultiGen VR 建模软件和实时仿真软件 Vega 以及北京灵图公司的 VRMap 等。这些建模工具创建的三维模型可以通过 3DS、dxf、dwg 等文件实现数据的交换，使得我们可以综合利用各自软件的优点来建立复杂模型。

① MultiGen 系列软件。MultiGen Creator 是 MultiGen-Paradigm 公司的业界领先的软件工具集，用于产生高优化、高精度的实时 3D 内容，用在视景仿真、交互式游戏、城市仿真和其他的应用。这个集成的和可扩展的工具集提供比其他的建模工具更多的交互式的实时 3D 建模能力。MuItiGen Creator 软件包是合算的、交互式的、高度自动化的软件，用它可以有高效、实时的 3D 数据库产生而没有可视质量的损失。

MultiGen Creator 系列软件是美国 MultiGen 公司新一代实时仿真建模软件。它在满足实时性的前提下生成面向仿真的,逼真性好的大面积场景。它可为 25 种之多的不同类型的图像发生器提供建模系统及工具,它的 OpenFlight 格式在实时三维领域成为最流行的图像格式,并成为仿真领域的行业标准。

② 3DMax 软件。3DS 文件存储了模型的材质信息、几何信息,主要包括材质的名称,材质的纹理贴图所对应的文件名以及材质的颜色等;几何信息主要包括顶点的数目,每个顶点的坐标,三角面的数目,每个三角面上三个顶点的索引,此三角面是否可见等。在实际工作中,往往需要根据具体的要求来定义新的文件格式,以满足各种要求,几何信息的存储结构是自定义的,当需要分析一个复杂的几何物体时,可借助 3DMax 创建它,并把它保存为 3DS 文件格式,然后将其中的几何信息转换到自定义的文件格式中,这样在自定义的文件中,就记录了复杂的几何信息;同样,当需要对这个物体几何外形进行修改时,可以把自定义文件中的几何信息导出成 3DS 文件格式,再用 3DMax 进行修改,然后又回到自定义的文件格式中,这样在自定义文件格式中保存了更改后物体的几何信息。

③ CAD 软件。CAD 系统中的三维物体建模的目的是为了完整表达所涉及的三维物体的信息,并用图像显示三维物体或计算各种设计参数。但是由于 CAD 建模的目的与计算机视觉不同,因此,CAD 的模型表达往往不能直接用于以识别为目的的视觉系统。但是 CAD 可作为三维物体表达的一个层次,经过转换后用于视觉系统。

CAD 系统中最主要的三维物体模型表达有两种:基于实体的模型表达与基于物体表面的表达。基于实体的模型表达常用的是所谓 CSG 树(又称几何构造体)。这种方法假设要表达的物体由一些基本单元构造而成,如多面体、圆柱体、锥体、球体等。对于一个具体的物体,这些基元的位置与几何参数可以用人机交互的方式输入,CAD 系统中规定了并、交和减三种不同的布尔运算来定义基元的构造方式,利用已定义的基元与布尔运算,可以将物体的构造过程用一种构造树表达。另一种表示方法为基于物体表面的模型表达。它将三维物体表达为一个四元组 $G = \{S, E, f_1(S), f_2(E)\}$,在图论中,公式中集合 S 为基本元素(如节点、平面等)的集合,E 称为特征关系图,它是模型表达的一种相当普遍的形式。

用 CAD 进行建模的缺陷在于它建立的三维场景只能提供静态局部的视觉体验,动画虽然有较强的动态三维表现力,但不具备实时的交互性,人是被动的,不能为用户控制观看(如缩放、漫游、旋转等),而且对设计方案的修改以及观察方式的变化等都需要重新计算场景,难以及时看到结果。

2. 基于图像的战场实体建模技术

基于图形的三维重建虽然优点在于能精细、逼真地反映模型的细节,具有逼真的视觉效果,但由于其数据量大,数据结构复杂,使得模型数巨大的三维场景显示速度受到影响,如果对所有地物都进行基于图形的模型重建,在目前的计算机硬件条件下显然是不可行的;另外,对于纷繁复杂的自然景物,其几何数据的获取并不是一件容易的事,因而,要对其进行几何模型重建自然是困难的。

对于真实感图形来说,基于图像的绘制是一种功能强大的新方法,它不需要明确的几何描述,以较少的几何数据量构造出逼真的三维场景,从而提供令人信服的动画效果。与传统绘制技术相比,它具有以下特点:图像绘制独立于场景复杂性,仅与所需生成画面的分辨力有关;预先存储的图像(或环境映照)既可以是计算机合成,亦可以是实际拍摄的画面,而且两者可以混合使用;该绘制技术对于计算资源的要求不高,因而,可以在普通工作站和计算机上实现复杂场景的实时显示。

利用图像进行真实感图形的绘制主要分为两大研究领域:纹理贴图(Texture Mapping)、环境贴图(Environment Mapping)和全景建模法。全景建模法是由图像自身构成描述场景的主体,是虚拟现实领域新兴的一门技术。纹理贴图、环境贴图是通过将图像粘贴于几何模型表面来增强绘制的视觉真实效果的一门技术,作为基于图形的模型重建方法的补充,已广泛应用于三维景观的构建中。

(1)全景建模法。具有一定可浏览性的环视全景图不仅可以很容易地获得,而且对于几何模型无法表示的自然景物也可以得到很好的效果。因此,在虚拟现实和临场感应用中,利用全景图像是一种产生沉浸感效果比较好的途径。

① 全景图的概念。全景图是计算机图形学界新颖的探索性研究课题,它指的是基于图像的具有水平 360°及上下文空间的图形组织环境。它是一种全新的图像信息组织模式,可以表达完整的周围环境信息,相当于人们从一个固定点向四周转一圈所看到的景象。环境图对于观察者而言是建立在图像上立体的多角度的图形环境。全景图的柱面模型如图 6-3 和图 6-4 所示。

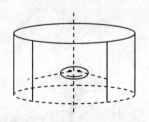

图 6-3　圆柱体模型示意图

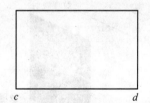

图 6-4　柱面展开图

② 建立全景图的基本步骤。全景图的创建一般包括以下步骤:先将摄像机绕通过其光心的垂直轴线旋转,并采集一个连续照片序列;根据图片序列恢复摄像机焦距;最后将照片序列投影到圆柱面;将相邻照片依次拼接形成圆柱面全景图;利用 OpenGL 或 VRML 等三维建模语言输出全景图。

(2)纹理映射技术(Texture Mapping)。对于地物表面存在的丰富的纹理信息,采用纹理映射技术进行地物表面纹理信息的表述。主要采用的数据源是遥感影像和近景影像。

① 利用纹理映射技术进行复杂地物的三维重建。由于在战场中除了武器装备、建筑物之外,主要就是树木和花草等地物,这些物体的几何结构都比较复杂,而且在场景中的数量可能会非常多,对于这些重要的复杂物体,如果采用基于图形的建模方法进行模型重建,固然可获取真实感较强的三维模型,可复杂的结构、巨大数据量所带来的巨额绘制开销,会严重影响三维景观绘制的实时性。为此,可对这些复杂地物进行近景摄影,获取它的纹理数据,然后利用纹理贴图方法,根据物体的空间坐标,将物体植入城市三维景观之中,从而构造出具有高度真实感的景观。利用纹理贴图技术进行绘制的物体可分为两大类:有向物体和无向物体。对于有向物体,如栅栏、围墙等线状地物和一些不对称点状地物如路灯等,必须根据地物的空间坐标按其原始方向进行绘制,不能对其进行旋转。而对于花草、树木等点状物体,近似将其作为异向同性地物,对它们进行建模地技术,在此称为 Billboarding技术。对点状地物和线状地物进行 Texture Mapping 的方法是不相同的,下面分别进行介绍。

· 点状地物的 Texture Mapping。基本思想是:首先把一幅静态图像作为纹理映射到简单的几何平面(Billboard)上,如图 6 − 5 所示,然后根据视点的位置变换平移或围绕物体本身旋转该平面,使得视点始终与该平面正交,从而在视觉上树木图像的正面总是朝向观察者。其中还要用到 Alpha 融合技术,使平面本身不可见,仅让有用部分的图像显示出来。

对树等近似柱面对称且方向垂直的物体的实现,要对其限制 Billboard 的旋转方向,即只能绕 Y 轴旋转,如图 6 − 6 所示。

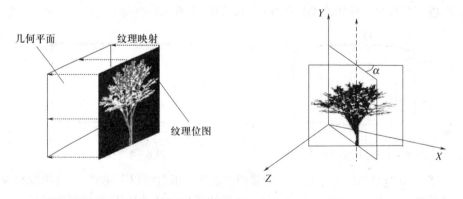

图 6 − 5　Billboard 纹理映射　　　　图 6 − 6　Billboard 旋转示意图

在三维场景漫游过程中,假设将坐标系始终是以视点 e(站立点)所在位置为原点,视点与参考点连线方向为 Z 轴,铅垂向上为 Y 轴正向,X 轴与 YZ 面垂直。在此称为视点局部坐标系($e - XYZ$)。图 6 − 7 是视点局部坐标系 $e - XYZ$ 在 XZ

面内的投影。

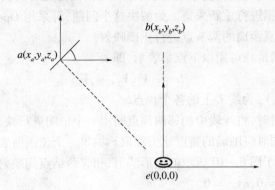

图6-7 *XZ* 面内 Billboard 旋转示意图

图中 a、b 分别代表两个 Billboard，a、b 的初始位置都与 X 轴平行，b 位于 Z 轴正向，与 Z 轴(视线轴)垂直，而 a 要与视线 ae 垂直，则需旋转 α 角。α 角计算公式如下所示，即

$$\alpha = 90° - \arctan\left(\frac{x_a}{z_a}\right)$$

在原点将 Billboard a 绕 Y 轴旋转 α 角后，需将其平移至点 $a(x_a, y_a, z_a)$。其过程如图6-8所示。

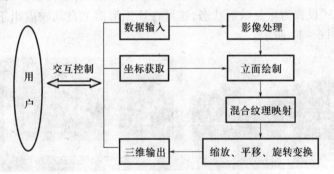

图6-8 Billboard 建模的过程

· 线状地物的 Texture Mapping。对于栅栏、围墙等线状地物，可充分利用其纹理信息有规律重复的特性，将一数据量较小的纹理数据重复映射到整个线状地物上，构造具有高度真实感的视觉效果。如果有一幅具有一定距离的围墙纹理，如图6-9所示，要将其正确映射到三维场景的对应位置，必

图6-9 单个栅栏纹理

须要每隔一个该围墙的宽度采集一个节点,这就使得已有的矢量数据便不能直接使用,而需对数据进行重新采集。为解决这个问题,可采用 OpenGL 的重复纹理映射方法,可对任意距离的两节点进行正确映射。

如某一线状地物可用以下点集表示,即
$$L = \{V_1, V_2, \cdots, V_n\}$$
式中:$V_1, V_2, \cdots, V_n$ 为线 L 上的各个顶点。

在纹理映射时,将线段中相邻两顶点间用一个位图进行映射,纹理坐标可根据节点距离与位图对应围墙的宽度比值获取。如果一个位图所表示的地物对应实地宽度为 W,则对于图 6 - 10 所示的矩形映射,相邻两结点间映射的纹理坐标为

$$
\begin{cases}
nx_1 = 0, ny_1 = 0 \\
nx_2 = 0, ny_2 = 1 \\
nx_3 = \dfrac{v_1 - v_4}{w}, ny_3 = 1 \\
nx_4 = \dfrac{v_i - v_{i-1}}{w}, ny_3 = 0
\end{cases}
$$

$v_i = x_i, |x_i - x_{i-1}| > |z_i - z_{i-1}|$
$v_i = z_i, |x_i - x_{i-1}| < |z_i - z_{i-1}|$

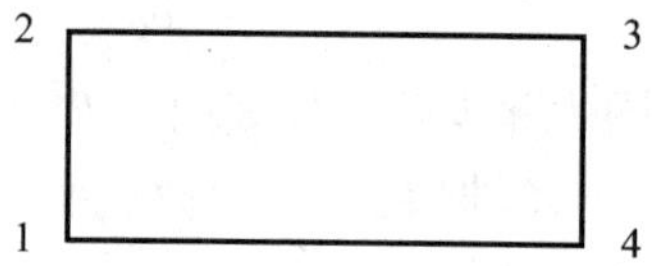

图 6 - 10　矩形映射

正确计算出两个节点所构成的矩形面上的纹理映射坐标后,只需在程序中将纹理映射方式设置为重复映射状态,这可在该矩形面上自动映射出正确数量的地物个数,如图 6 - 11 所示。

图 6 - 11　重复映射结果

② 建筑物的纹理映射技术。在进行了地物的几何形状重建后,对于地物表面存在的丰富的纹理信息,可采用纹理映射技术进行地物表面纹理信息的表述。采用的主要数据源是遥感影像和近景影像。对于复杂地物的纹理映射,通常在建模工具中重建地物几何形状的同时就对其进行纹理贴加。在此着重讨论建筑物的纹理映射技术。

在遥感影像上提取建筑物的表面纹理,考虑到纹理的精度和逼真度,通常在遥感影像上提取建筑物的顶部纹理进行映射,或者用遥感影像进行地表纹理映射。

对建筑物侧面的纹理映射采用细节层次模型(Level of Detail,LOD)技术,将遥感影像上提取的建筑物侧面纹理作为纹理映射的 LOD,而利用地面近景摄影的方式获取的建筑物侧面纹理作为更为精细的 LOD 层。

· 建筑物顶部纹理的映射。一般来说,遥感影像是地面在传感器成像面上的中心投影或其他非正射投影,而用于建筑物重建的 GIS 矢量数据则具备正射投影性质,是地面在局部水平面上的垂直投影。这就使得要在遥感影像上提取建筑物的顶部纹理,并将它映射至三维重建后的建筑物顶部,必须寻找遥感影像与建筑物几何数据之间的投影关系。将遥感影像作为纹理数据映射至建筑物顶部,通常有两种方法。

一是通过直接线性变换(DLT)和空间后方交会或有理函数模型来建立遥感影像于建筑物几何数据之间的透视关系。利用遥感影象的内外方位元素、构像方程和内定向参数就可将三维建筑物表面的各个顶点投影到采用二维扫描坐标系的数字遥感影像上,并只取法向朝上的可见表面来提取纹理数据。二是用遥感影像构像方程配合 DTM 或多项式纠正的方法将遥感影像纠正为正射影像。生成的正射影像与三维建筑物表面的各个顶点之间的存在简单仿射变换关系,根据仿射变换式可实现遥感正射影像与建筑物各顶点之间的映射。

对于第一种方法,在进行建筑物三维重建时根据构像方程直接从原始影像上提取建筑物顶部纹理数据,计算量比较大,处理过程繁琐,不适宜三维场景的动态显示。本文采用第二种方法,即先将遥感影像处理成正射影像,然后在进行纹理映射。

正射影像的制作,可分为基于 DEM 和不基于 DEM 的两种方法。对于基于 DEM 数据的正射影像制作方法,需要利用相应区域的 DEM 数据进行逐点微分纠正。然而,DEM 数据相对制作难度较大,成本较高。因此,在缺少 DEM 数据支持情况下,采取无需 DEM 数据支持的正射影像制作方法——多项式纠正法来制作卫星影像的正射影像。

数字影像的正射纠正就是确定原始影像和纠正后影像的几何关系,并按相应的几何关系对原始影像进行纠正。在此,将原始影像所对应区域的地形图作为纠正影像,设原始影像与纠正影像同名点的坐标分别为(x,y)与(X,Y),则有以下纠正变换公式:

$$\begin{cases} X = a_0 + a_1 x + a_2 y + a_3 xy + a_4 x^2 + a_5 y^2 + \cdots \\ Y = b_0 + b_1 x + b_2 y + b_3 xy + b_4 x^2 + b_5 y^2 + \cdots \end{cases}$$

多项式具有灵活、计算量小、答解简单等优点。多项式次数视具体情况而定。本文在满足精度要求的前提下选择二次多项式,答解$(a_0 \cdots a_5)$、$(b_0 \cdots b_5)$12 个参数。为了答解 12 个定向参数,必须在原始影像与对应地形图上选取一定数量的同名点。点位的选择必须在影像上均匀分布,必须选择具有明显特征的点,选点误差不得超过 0.5 像元。

生成的正射影像与三维建筑物各顶点间只存在简单的仿射变换,可用下式描述,即

$$\begin{cases} X' = a_0 + a_1 x' + a_2 y' \\ Y' = b_0 + b_1 x' + b_2 y' \end{cases}$$

式中 (x', y') 为像点坐标; (X', Y') 为三维建筑物顶点坐标。

在 OpenGL 中,指定一个多边形各个“顶点”的三维空间坐标和某个纹理块上对应的二维纹理坐标后就构成了具有纹理映射的三维多边形表面,其中二维纹理块长度和宽度都必须为 2 的整次幂,且纹理坐标采用归一化相对值(0.0～1.0)。

· 建筑物侧面纹理的映射。在遥感影像上提取建筑物的侧面纹理,可利用上述的数学模型建立遥感影像与地面的透视关系,根据已经获取的建筑物轮廓点的地面坐标,解算出其对应的遥感影像坐标,提取该点的影像灰度作为纹理进行映射。如果建筑物的侧面纹理从遥感影像上直接提取,由于遥感影像自身分辨力的限制,会造成纹理逼真度的不高。为了可视化的逼真度,给用户以强烈的沉浸感,对于建筑物侧面纹理的获取,通常采用近景摄影的方法,到实地选择合适的拍摄位置和角度进行拍摄,对拍摄所得影像用相应软件进行灰度处理和几何处理,并将其规划为 2 的整数次幂,以适应 OpenGL 中的纹理映射操作。

3. 典型陆地战场实体的建模技术

(1)道路、河流等线状地物的建模方法。对于道路、河流这样的线状地物,目前有两种方法可以对其建模:纹理贴图映射法和三维建模法。纹理贴图映射法,是将含有道路、河流的图像依据地物与地形的压盖关系分成若干贴图层,道路和河流所在的图层应放在其他图层之上。这种方法虽然易于实现,但是图像自身的弱点使得视点越接近越看不清楚。这样就难以精确地获得道路和河流的具体位置,另外也无法实现对道路和河流的查询与分析。三维建模法,是以矢量数据为依据生成三维的道路、河流。所依据的矢量数据通常为道路、河流的中轴线,并对其按道路的类型进行扩宽,再构建三角网,覆盖在地形之上。由于基于矢量数据,所以所建的道路和河流不会出现视点越接近地面地表的现象越不清楚的情况,而且也可以进行查询和分析。但是由于地形和地物是各自独立建立的,有可能会出现道路或河流高于地表或低于地表而不可见的情况。解决这一问题的方法是实现道路或河流与地形的融合。不仅道路、河流与地形存在融合问题,其他地物也是如此。

(2)湖泊、海洋等面状水体的建模方法。对于湖泊、海洋等面状水体的建模也存在贴图法和三维建模法两类方法。贴图法可直接将含有湖泊的图像直接映射到地形表面,可取得较好的视觉效果。但同样当视点接近地面时其轮廓会变得模糊不清,另外也无法进行查询与分析。三维建模法可以通过使用二维矢量数据获得其表面轮廓,而且其范围内的高程值几乎没有变化,可以通过边界多边形的三角剖

分实现模型的构造,然后对其进行纹理映射即可获得较好的视觉效果。另外,为了增加真实感,可以对轮廓上的点施加随机扰动,以产生水面波动的效果。建模过程中通常将水域区域的高程值设定为 0。

(3)建筑物、军事设施与装备的建模方法。总体说来,建筑物的建模过程包括建筑物几何模型的构建和纹理映射。目前,对于三维建筑物的建模方法可综合为:使用 CAD 软件构建建筑物模型,"火柴盒"式的表示方法,利用摄影测量、激光扫描或其他地面测量手段采集的三维几何数据和实际影像纹理相结合。

① 使用商业软件构建建筑物模型。这种方法能够达到较高水平的细节程度,不仅能表示建筑物的外观,而且还能展现建筑物的内部形态,达到"真三维"。目前的商用建模软件很多(如 3DMax、Maya、MultiGen 等),所以该方法被广泛使用。在实际构建模型的过程中可能会将几种不同的数据模型组合使用。

② "火柴盒"式的表示方法。即根据建筑物的底部边界线和相应的高程值进行三维重建,然后贴上相应的纹理。这种表示方法十分简单,但是表现建筑物的细节水平较低。对于一般的建筑物,可以将其看作是由屋顶面和各个铅直外墙面组成的。在已知区域边界坐标和房屋高程的情况下,可直接构造房屋的铅直外墙面,并按照一定的顺序剖分为三角网,保证其法矢量向外;屋顶平面则通过边界多边形的三角剖分来构造,保证其法矢量向上。房屋的基准高层通过查询数字地面模型数据得到。然后,利用正射影像获得建筑物的屋顶纹理,通过近景拍摄获得建筑物外墙的纹理。最后,将纹理映射到相应的平面上即可(图 6 – 12)。

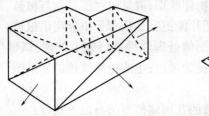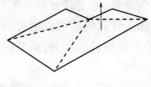

图 6 – 12　平屋顶房屋的构建方法

③ 利用摄影测量、激光扫描或其他地面测量手段采集的三维几何数据和实际影像纹理相结合。随着数字摄影测量技术的飞速发展,使得从数字遥感立体影像上以全自动方式获取数字高程模型和以半自动方式提取建筑物平面位置和高度信息成为可能。同样,采用这种方式构建建筑物的模型也存在几何数据模型的构建和纹理映射两个步骤。

a. 建筑物几何数据模型的构建。各种建筑物的三维坐标(包含高程)可以运用摄影测量或结合其他方式来获得,而外形各异的建筑物的点、线、面信息的组合方式则各不相同。因此,对于建筑物的三维几何重建而言,采用同一个模型进行表达显然是不合适的,应该先将建筑物按照其外形特征分类,然后对每一种类型采用合适的几何数据模型。例如,平顶房屋和人字形房屋的几何数据模型就不同。

b. 从航空影像上提取建筑物纹理数据。纹理影像最直接、最可靠的来源就是航空影像,因此,在航空影像上提取建筑物所对应的纹理数据对于产生真实感的三维建筑物是十分必要的。由于建筑物的顶部在影像上一般都可见(除非被高大建筑物遮挡),因此,其顶部的纹理数据完全可以从影像上完整地得到;而建筑物各侧面由于受成像方式和被其他建筑物遮挡等因素的影响,在一幅航空影像上不可能获取建筑物侧面所有的纹理数据,此时,可在相邻的航空影像上提取可见表面的纹理数据,对于在所有影像上均不可见的表面,则需要使用模拟纹理或地面拍摄照片。在航空影像上提取建筑物表面纹理,需要计算建筑物每个侧面在航空影像上的相应位置。利用影像的内外方位元素、共线条件方程和内定向参数就可将三维建筑物表面的各个顶点投影到采用二维扫描坐标系的数字航空影像上,并只取法矢量朝上的可见表面来提取纹理数据。这种方法可以根据需要采用不同分辨力的影像从而达到各种细节水平,但是不能实现"真三维",不能进入建筑物内部浏览,对复杂建筑物的重建也难于进行。

(4) 植被的建模方法。植被的建模包括植被的几何模型的构建和纹理映射两个步骤。

第一步,植被纹理数据的获取。一般获得植被纹理的方法有商业图片、实拍照片、自绘图片等。为了和实际景观相符合,最后采用实拍照片,选照片应注意以下几点:拍下整个植物,但不能被其他物体遮挡;取景时要使背景与植被容易区分,最好是取蓝天为背景;采用高分辨力图片能更容易从背景中分离出植被。

将照片输入计算机后可以通过图像处理软件进行如下处理:调整亮度和对比度;圈出照片中非植被的部分,将其设为黑色;生成植物纹理的遮罩图,用于使非植被部分成为透明。

第二步,植被的几何建模。植被的几何建模方法有以下几种:

① 具有纹理贴图的"公告牌"。

② 几何生成法(几何生成法是采用分形等算法通过参数的设定来生成不同的植物,目前此方法还不成熟,无法用于真实植被的模拟)。

③ 植被的 LOD 法(植被的 LOD 法是采用几何建模方式生成植被的多个细节层次模型。当靠近时采用较为细致的多面体模型,当距离较远时则使用简单的几何体)。

4. 典型空间战场实体的建模技术

空间战场中最常见的就是各种航天器,而航天器的构型是有一定的结构特征的。通过对 STK 中卫星模型文件的分析,可以用以下方案对航天器进行几何建模。

(1) 模型构建流程。

① 确定所构建物体的每个部件的几何参数以及材质。

② 将所构建物体的每个部件分解成图元;将要构建的物体分解,直至能用表 6 – 1 中的 8 种基本图元表示为止。

表 6 – 1　图元列表

	图元名称	含义		图元名称	含义
基本图元	Cylinder	圆柱体	基本图元	PolygonMesh	多边型曲面
	Extrusion	拉伸体		Revolve	旋转体
	Sphere	球面		Skin	皮肤(网格曲面)
	Polygon	空间多边形		Helix	螺旋体

设定图元材质与状态参数,材质与状态参数用于进一步描述图元,对各种参数的简短描述如表 6 – 2 所示。

表 6 – 2　图元参数说明

参　数	范　围	默认值	整形或实形或字符串	描述
BackfaceCullable { Yes, No }	判断后表面是否绘制	No	字符串	判断图元的后表面是否绘制,如果定义成 Yes,True,On 以外的其他值,该数值就被认为是 False
< Comment > < Text > </ Comment >	< Text > ——加注释。最大为一行	.	字符串	组件起始与结束符
FaceColor { < Color- Name >, < % RRRBBBGGG > }	< Color Name > ——必须与 rbg 文件匹配 % RRRBBBGGG – 000 – 255	White	字符串整形	图元的颜色
FaceEmissionColor { < ColorName >, < % RRRBBBGGG > }	< Color Name > ——必须与 rbg 文件匹配 % RRRBBBGGG – 000 – 255	无色	字符串整形	通过定义图元来设定发出的颜色
FaceStyle { Hollow, Filled, Points }	Hollow ——仅仅多边形外边框被绘制 Filled ——绘制一个实心的多边形 Points ——仅仅绘制多边形的顶点	Filed	字符串	图元表面绘制的方式

参　数	范　围	默认值	整形或实形 或字符串	描述
FrontFaceCCW ｛ Yes， No｝	Yes——前表面逆时针旋转 No——前表面顺时针旋转	Yes	字符串	绘制图元前表面的方向。如果定义成Yes，True，On以外的其他值，该数值就被认为是False
Shininess < Value >	0.0——128.0 0.0——不发光 128.0——发比较强的光	0.0	实形	反射光的大小和亮度
SmoothShading ｛ Yes， No｝	Yes——平滑转变 No——不平滑转变	Yes	字符串	定义是否从亮到暗光滑的变化，如果定义成 Yes, True, On以外的其他值，该数值就被认为是False
Specularity < Value >	0.0 > x < 1.0 0.0——反射 1.0——非常强的光	0.0	实形	光亮的强度系数
Translucency < Value >	0.0 > x < 1.0 0.0——模糊 1.0——完全透明	0.0	实形	透明的系数，值越大越透明
TxDef < TextureFile > < Value >	NoAA——不应用反走样；纹理模糊 AA——用反走样；纹理模糊 TranspAA——用反走样；纹理清晰 TranspNoAA——不用反走样；纹理清晰 None——不应用纹理		字符串	仅仅有纹理时应用，定义纹理是否应用反走样，标识纹理文件，如果 TranspAA和 TranspNoAA 已经定义，在像素位置(0,0)处标定颜色，这种颜色在模型演示时会很清晰

③ 模型组合。将目标各个部件的数据模型组合成一个完整的模型,采用树状结构组织模型部件,每一个模型部件在模型中是一个独立的节点。模型的各个节点之间用树状的层次结构组织在一起,根节点代表整个模型,可以使用自顶向下的方法将一个几何模型分解,也可以用自底向上的构造方法对几何模型进行重构,首先,由图元组成模型组件,模型组件由关键字 < Component ComponentName >、

208

</Component>定义,采用引用组件的方式实现树状结构的表达,用<ReferCom ReferComName>、</ReferCom>表示;也可以采用 BNF 范式表达,则组件定义为

<组件>∷=<组件头><组件内容><组件结束标识>

引用图元表示为

<引用图元标识>∷=<ReferCom>

<引用图元结束标识>∷=</ReferCom>

<引用图元定义>∷=<引用图元标识>换行符{<属性定义>}

Component 组件名称 换行符

{<属性定义>}<引用图元结束标识>;

④ 构建物体的行为数据模型。在需要运动部件的节点上对运动进行定义,同时对各个节点之间的状态传递规律进行限定,在外部参数的驱动下实现这些定义的行为,每个父节点的状态能影响到其所有子节点,即当某一个节点产生运动后,其运动状态自动传递到下面的子节点,而子节点只需要计算相对于父节点的运动状态,节点行为特征用如下格式定义:

Movement <动作名称> <动作关键字> <最小值> <初始值> <最大值>

<动作名称>的定义能起到对某一个动作进行识别的作用,在同一模型中它是唯一的,<动作关键字>定义了运动的方式,动作关键字包括的运动类型如表 6 - 3 所列。

表 6 - 3　运动类型定义表

运动关键字	说　明	运动关键字	说　明
TranslateX	沿 X 轴移动	TxTranslatex	沿 X 轴移动纹理
TranslateY	沿 Y 轴移动	TxTranslatey	沿 Y 轴移动纹理
TranslateZ	沿 Z 轴移动	TxTranslatez	沿 Z 轴移动纹理
RotateX	沿 X 轴旋转	TxRotatex	沿 X 轴旋转纹理
RotateY	沿 Y 轴旋转	TxRotatey	沿 Y 轴旋转纹理
RotateZ	沿 Z 轴旋转	TxRoatez	沿 Z 轴旋转纹理
ScaleX	沿 X 轴缩放对象	TxScalex	沿 X 轴缩放纹理
ScaleY	沿 Y 轴缩放对象	TxScaley	沿 Y 轴缩放纹理
ScaleZ	沿 Z 轴缩放对象	TxScalez	沿 Z 轴缩放纹理
ScaleXYZ	沿各轴平均缩放对象	txUniformScale	沿各轴平均缩放纹理

<初始值> <最大值>定义了节点运动参数的起止范围。

(2) 基本图元和扩展图元的描述参数。

① Cylinder 图元。该图元定义一个圆柱体,其参数如表 6 - 4 所列。

表 6-4　Cylinder 图元参数

参　数	范围	默认值	整形或实形	描　述
NumSides < Value >	≥3	10	整形	圆柱边的数量
Face1 Radius < Value >	>0.0	1.0	实形	圆柱一个圆面的半径
Face1 Normal < x > < y > < z >	>0.0	-1 0 0	实形	法线在 XYZ 坐标系中的方向,必须大于0.0
Face2 Radius < Value >	>0.0	1.0	实形	圆柱另一个圆面的半径
Face2 Normal < x > < y > < z >	>0.0	1.0 0 0	实形	法线在 XYZ 坐标系中的方向,必须大于0.0
Length < Value >	>0.0 <0.0	1.0	实形	图元的长度

② Extrusion 图元。Extrusion 图元沿着 X 轴扫过一段定义的长度的横截面,拉伸部分是中空的无端盖对象,Data 部分定义了每一个横截面的顶点,NumVerts 参数是横截面定义中所包含点的数量,其参数如表 6-5 所列。

表 6-5　Extrusion 图元参数

参　数	范围	默认值	整形或实形	描　述
Length < Value >	>0.0	1.0	实形	长度,可设定为负值
NumVerts < Value >	≥3		整形	顶点数量
Data < x > < y > < z >	任意实数		实形	横截面的点在 XYZ 坐标系中的数值
IsOpen		OFF		如果已定义,第一个和最后一个数据点就没有联系,这个参数不需要具体数值
SharpEdges		OFF		如果已定义,各面之间的渐变将不光滑,这个参数不需要具体数值

③ Helix 图元。Helix 图元画出一个螺旋线,其参数如表 6-6 所示。

表 6-6　Helix 图元参数

参　数	范围	默认值	整形或实形	描　述
NumSides < Value >	≥3	3	整形	螺旋的一圈用几边形来模拟,NumSides 就是几
NumCoils < Value >	≥2	1	整形	螺旋的转数
CoilHeight < Value >	>0.0 <0.0	1.0	实形	NumCoils 个螺旋一共的距离,不是每两个螺旋之间的距离
CoilRadius < Value >	>0.0	1.0	实形	旋转半径

④ Polygon 图元。一个 Polygon 图元生成一个通过 Data 点定义的区域,NumVerts 参数定义 Data 参数中点的数目,Data 参数中的每一行是多边形的点,NumVerts 和 Data 参数都必须定义,其参数如表 6-7 所列。

210

表 6 – 7　Polygon 图元参数

参　数	范围	默认值	整形或实形	描　述
NumVerts < Value >	≥3		整形	多边形顶点数量
Data < Vertices >	任意实数		实形	多边形卡尔文坐标系数值(要注意两边之和大于第三边)

⑤ PolygonMesh 图元。PolygonMesh 图元用于存储从标准模型程序中导入的数据,如果多边形网格有纹理,必须用 DataTx 参数替换 Data 参数,NumVerts 参数定义包含在 Data 或 DataTx 参数中的点的数量,Data 参数中的每一行定义网格的一个点,NumVerts,Data 或 DataTx,NumPolys 和 Polys 参数必须定义,要定义一个多边形网格,关键词 Data 或 DataTx 必须独占一行,此外,多边形网格每个点,通过 x、y、z 定义,也必须独占一行,其参数如表 6 – 8 所列。

表 6 – 8　PolygonMesh 图元参数

参　数	范围	默认值	整形或实形	描　述
NumVerts < Value >			整形	多边形网格中顶点数量
Data < x > < y > < z >	任意实数		实形	多边形网格顶点的坐标
DataTx < x > < y > < z >	任意实数		实形	当为多边形添加纹理时应用,XYZ 是多边形的坐标值,u、v 是纹理坐标值
NumPolys < Value >	>1		整形	绘制的多边形的数量
Polys	任意实数		实形	标识多边形顶点的数量,接连的数据是多边形顶点,每一个数值都作为数据的索引,从 0 开始

⑥ Revolve 图元。Revolve 图元生成一个绕 X 轴旋转的横截面,NumVerts 参数定义包含在 Data 参数中的点的数量,Data 参数中的每一行是横截面的一个顶点,StartAngle,NumVerts,Data 参数必须定义为一个旋转,其参数如表 6 – 9 所列。

表 6 – 9　Revolve 图元参数

参　数	范围	默认值	整形或实形	描　述
StartAngle < Value >	0 – 360		实形	绕 X 轴开始旋转的初始角度
EndAngle < Value >	0 – 360	360	实形	绕 X 轴开始旋转的结束角度
NumRevolve < Value >	≥3	10	整形	从初始角度到结束角度的步长
NumVerts < Value >	≥2		整形	绘制的顶点的数量
Data < x > < y > < z >	任意实数		实形	每个横截面顶点的 XYZ 坐标

⑦ Skin 图元。Skin 图元使两个或多个横截面联系起来,横截面由 data 给出的点定义,形成一个中空的外表面或称为皮肤,Data 参数中的 NumFramePts 参数定义横截面的数量,Data 参数中的每一行是外壳的一个点,NumFrames、NumFramePts 和 Data 参数必须在外壳图元中定义,其参数如表 6 – 10 所列。

表 6 – 10　Skin 图元参数

参　　数	范围	默认值	整形或实形	描　　述
NumFrames < Value >	≥2		整形	要绘制的横截面的数量
NumFramePts < Value >	≥2		整形	每个横截面所需要的点的数目
Data < x > < y > < z >	任意实数		实形	每个顶点在两种坐标系里的 *XYZ* 坐标值
OpenFrame		关闭		如果图元中存在,初始点和结束点将没有联系

⑧ Sphere 图元。Sphere 图元生成一个实体几何轮廓,表面由从中心的等距点生成,其参数如表 6 – 11 所示。

表 6 – 11　Sphere 图元参数

参　　数	范围	默认值	整形或实形	描　　述
Slices < Value >	>3	10	整形	球体的铅垂面由几边形组成
Stacks < Value >	>1	5	整形	球体的水平面由几边形组成
Radius < Value >	>0.0	1.0	实形	球体的半径

（3）试验结果。将卫星几何数据与动作数据有机结合,便可绘制具有较强真实感的卫星模型,并能控制卫星的运能状态。其绘制流程如图 6 – 13 所示,部分航天器绘制结果如图 6 – 14 所示。

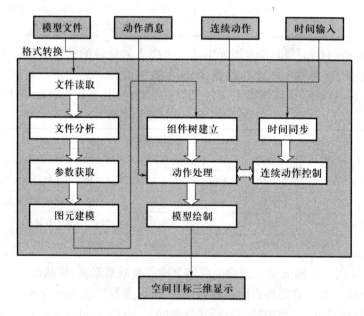

图 6 – 13　模型绘制流程图

212

图 6 – 14 部分空间目标模型图

6.2.2 行为建模

空间物体的行为特性涉及到位置改变、碰撞、捕获、缩放、表面变形等。物体位置包括物体的移动、旋转和缩放。运动实体是指在环境中能够自主运动或者被动受控运动的实体,它可以主动与其他对象进行碰撞,也可以被其他对象碰撞并进行一定的响应。对这些运动实体,除了需对其进行外形、质感等表观特征描述的几何建模外,还要进行运动行为建模(Kinematic Modeling)。

行为建模是对实体运动和行为的描述,即赋予实体"与生俱来"的、服从客观规律的行为特征。几何建模与行为建模结合才能真正使实体"看起来真实、动起来也真实"。实体行为建模主要包括运动建模、碰撞检测、地形跟随等内容。运动建模又分简单的运动学轨迹插值和完善的系统动力学仿真两类;碰撞检测是指检测场景中实体之间相互穿越(碰撞)的方法和技术,若不进行实体间的碰撞检测就会出现两个实体相互穿越的现象,破坏视觉效果并产生不真实感;地形跟随是实体运动过程中需要根据地面的高低起伏调整相应的姿态(如高程变化、水平偏转、前后俯仰、左右倾斜等)。

尤其是在空间战场中,各种空间实体是按照一定的天体力学规律运动的,其行为特征更明显地表现为其轨道和姿态特性。

1. 地面实体运动规律

(1)线性物理运动。线性物理运动可以由位置函数来描述。位置函数是一个

213

物体的三维位置关于时间的函数。当一个物体在初始位置的时间已知时,其他时间的位置就根据初始位置进行计算。例如,当一个物体以速度 v_0 作直线运动,如果在时间 $t=0$ 时的位置为 x_0,则其后任意时刻的位置可以用下式表示 $x(t) = x_0 + v_0 t$,物体的速度函数是物体的三维速度关于时间的函数,速度函数是位置函数对时间的一阶导数 $v(t) = \dot{x}(t) = \dfrac{\mathrm{d}}{\mathrm{d}t} x(t)$,物体的加速度是速度关于时间的函数 $a(t) = \dot{v}(t) = \ddot{x}(t) = \dfrac{\mathrm{d}^2}{\mathrm{d}t^2} x(t)$。

以恒定加速度运动的物体的速度方程为 $v(t) = v_0 + a_0 t$,以均匀加速度运动的物体的位置函数为 $x(t) = x_0 + v_0 t + \dfrac{1}{2} a_0 t^2$。

（2）抛物运动。一个抛物体在时间 $t=0$,初始位移为 x_0,初始速度为 v_0 的位置方程 $x(t) = x_0 + v_0 t + \dfrac{1}{2} g t^2$

由于重力加速度的 x、y 分量都为 0,所以位置方程为

$$\begin{cases} x(t) = x_0 + v_x t \\ y(t) = y_0 + v_y t \\ z(t) = z_0 + v_z t - \dfrac{1}{2} g t^2 \end{cases}$$

当一个被抛出的物体达到最高点时,垂直速度为 0,通过下式可计算得到时间 t,即

$$t = \frac{v_z}{g}$$

而抛物体所能达到的最大高速为

$$t = \frac{v_z}{g}$$

2. 空间实体运动规律

航天器在空间按照天体力学的规律运动,其质心在空间的运动轨迹称为航天器的运行轨道。航天器从发射到整个航天任务结束其轨道分为三部分:发射轨道、运行轨道和返回轨道。由天体力学中的二体运动理论,航天器的运行轨道可以由六个轨道要素来表示,其中的五个决定了轨道的大小、形状以及轨道在惯性空间中的位置,另一个则决定某一时刻航天器在轨道中的相对位置。因此,一旦确定了航天器的六个轨道要素,航天器在惯性空间中的运动就是已知的了,再由惯性坐标系与地球固连坐标系的转换关系,可求出航天器相对地球的运动

状态。

利用六个经典轨道要素描述航天器的轨道运动是方便的,但这只是一种理想的和近似的二体运动的情况,即航天器仅受中心引力体作用的情况,并未完全真实地描述航天器的实际运行轨道。实际上,航天器在空间所受的力不仅仅是二体理论中所述的中心引力体产生的引力,还有其他一些诸如地球扁率、大气阻力、太阳光压和日月引力等摄动力,这些力使轨道产生摄动。

二体运动中小天体的运行轨道常用轨道要素来表示。轨道要素通常是六个常数,由它们可以确定小天体在任何时刻的三维位置与三维速度。轨道要素定义如下:

(1)椭圆长半轴 a。椭圆长轴的 $1/2$,它描述椭圆的大小。

(2)椭圆偏心率 e。椭圆的半焦距与椭圆半长轴的比值,它描述椭圆的形状。偏心率为 0 时,轨道为圆;偏心率为 $0 \sim 1$ 时,轨道为椭圆,偏心率越大椭圆越扁;偏心率等于 1 时,轨道为抛物线;偏心率大于 1 时,轨道为双曲线。

(3)轨道倾角 i。轨道平面与地球赤道平面之间的夹角,用地轴北极方向与轨道平面的正法线方向之间的夹角度量,其取值范围为 $0° \sim 180°$。

(4)升交点赤经 Ω。航天器由南向北运行时的轨道弧段称为升弧段,在升弧段航天器的星下点轨迹与地球赤道的交点称为升交点;航天器由北向南运行时的轨道弧段称为降弧段,在降弧段航天器的星下点轨迹与地球赤道的交点称为降交点。升交点赤经的取值范围为 $0° \leqslant \Omega \leqslant 360°$,升交点的赤经与轨道倾角共同决定了航天器的轨道平面在惯性空间中的位置。

(5)近地点幅角 ω。近地点至地心的连线与升交点至地心的连线之间的夹角,其取值范围为 $0° \leqslant \omega \leqslant 360°$,它决定了椭圆轨道在轨道平面中的方位。

(6)过近地点时刻 τ。航天器过近地点的时刻,由近地点时刻 τ 可以推算出任意时刻航天器的三维位置和三维轨道速度。

图 6-15 示出了航天器的椭圆轨道要素。

航天器在轨道上的位置可由真近点角 f 确定,真近点角 f 是航天器至地心的连线与近地点至地心的连线之间的夹角,真近点角 f 自近地点开始沿航天器的运行方向度量,如图 6-16 所示。

当已知航天器在当前时刻的真近点角 f 时,航天器至地心的距离 r 就可以由下式确定,即

$$r = p/(1 + e\cos f) \qquad (6-1)$$

式中: p 称为半通径,当真近点角 $f = 90°$ 时航天器的地心距等于半通径; e 为轨道偏心率。半通径 p 可由下面一些式子确定,即

$$p = b^2/a \qquad (6-2)$$

$$p = a(1 - e^2) \qquad (6-3)$$

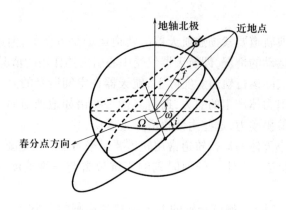

图 6-15 航天器的椭圆轨道要素图

当已知航天器在某时刻的地心距 r 时,航天器在该时刻的轨道速度可由下式确定,即

$$v = [\mu(2/r - 1/a)]^{1/2} \tag{6-4}$$

式中:μ 为地球引力常数,$\mu = 3.986005 \times 10^{14} \text{m}^3 \text{s}^{-2}$,此式又称为活力公式。

由上面的论述可知,如果知道航天器在某 t 时刻的真近点角 f,则航天器的位置和速度可以由式(6-1)和式(6-4)求出。在此,为了求解真近点角 f,需要引入一个中间变量,即偏近点角 E,偏近点角 E 和真近点角 f 的几何意义如图 6-17 所示。

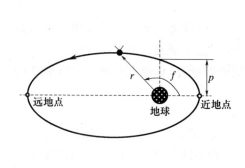

图 6-16 由真近点角确定航天器的位置图

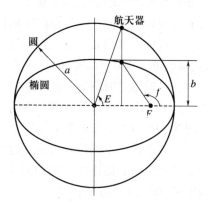

图 6-17 真近点角与偏近点角几何关系图

迭代求解下列方程可以得到 t 时刻航天器的偏近点角 E,即

$$E - e\sin E = (\mu/a^3)^{1/2}(t - \tau) \tag{6-5}$$

式(6-5)称为椭圆轨道的开普勒方程。

t 时刻航天器的偏近点角 E 求出后,通过下式就可以进一步求得 t 时刻航天器的真近点角 f 为

$$f = 2\arctan\left\{\left[(1+e)/(1-e)\right]^{1/2}\tan(E/2)\right\} \qquad (6-6)$$

近地点的地心距常用 r_a 来表示,远地点的地心距常 r_p 用来表示,r_a 和 r_p 满足如下关系式,即

$$a = (r_a + r_p)/2 \qquad (6-7)$$

$$e = (r_a - r_p)/(r_a + r_p) \qquad (6-8)$$

$$c = a \cdot e = (r_a - r_p)/2 \qquad (6-9)$$

航天器的轨道周期与其轨道的半长轴有关,半长轴相同的轨道,其周期也相同,航天器的轨道周期由下式确定,即

$$T = 2\pi\sqrt{a^3/\mu} \qquad (6-10)$$

航天器的实际运行轨道与二体运动轨道有些差别,因为航天器除了受到二体理论中所述的地球的中心引力以外,还受到由地球扁率引起的力、大气阻力、日月引力和太阳光压等干扰力,这使得其实际运行轨道与仅考虑中心引力体引力时的开普勒二体理想轨道有微小的偏离,这种轨道的微小偏离称为轨道的摄动。另外,地球潮汐作用和地球磁场作用也会引起很微小的轨道摄动。图 6 – 18 是部分空间目标在空间的运行轨道图。

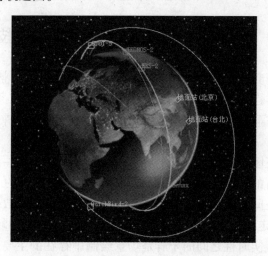

图 6 – 18　空间目标运行轨道图

3. 实体行为建模实现技术

(1)关键帧技术。战场中实体的运动可以看作实体随着时间的变化而不断改变位置和运动方向的过程,一般预先定义或存储的是一些时间点或事件点的实体状态,而在时间之间的实体动作则是通过插值生成。关键帧技术的核心是关键帧的选取和中间帧的插补算法。战场实体可以用骨架模型层次结构表示,根节点表示整个实体,控制整个实体的运动,其余每个节点则遵循从上到下传递的形式,上

层的运动将传递给所有的下层节点,如一辆坦克。

(2)脚本驱动技术。构造一个脚本,使得战场实体按脚本的规定执行动作,如规定飞机沿某曲线飞行到某个目的地,同样也可以规定速度等,这里的关键是脚本驱动语言的设计与实现。在功能上,脚本语言和程序设计代码比较类似,但是脚本语言不属于代码的一部分。本质上,脚本语言是一个外部的、具有良好可读性的操作指令集,可以被随意修改而不需要重新修改和编译原来的代码。

使用脚本语言主要有以下优点:

① 如果使用脚本语言来描述和驱动虚拟战场的内容,可以让程序设计人员和作战指挥员直接来完成游戏内容的修改,而不需要重新修改和编译原来的程序代码。

② 脚本语言面向非编程人员,易于理解,可读性强,在进行修改和编辑时非常直观和方便,交互性强,适于一般用户,相当于将程序代码和数据分开处理,效率高。

典型的脚本语言有以人物角色为核心的脚本语言、记号系统、基于时间的脚本描述语言、基于时序算子的脚本描述语言、基于知识的脚本描述语言。

6.3　战场实体可视化的增强真实感技术

通过以上的研究,建立了战场实体的三维模型。但是由于整个战场环境中对象的复杂性和多样性,使得场景的显示要想达到实时交互,就必须在保证一定的显示效果的前提下,通过某些实时三维图形绘制和加速的方法来提高场景的绘制速度。

在计算机交互图形处理中,实时动画往往要求每秒 25 帧~30 帧的图形刷新率,也就是说,所有的建模、光照和绘制等处理任务必须在大约 $17\mu s$ 的时间内完成。而场景中仅空间对象的三维模型就有成千上万的多边形数据,再加上动态场景的光照处理、反走样及纹理处理等就使得场景绘制变得更为复杂。这种场景模型的复杂度和交互实时性之间的矛盾是场景绘制中存在的主要问题,也是制约大范围场景绘制,乃至虚拟现实应用发展的瓶颈技术。

在虚拟环境中的增强真实感技术(Augmented Reality,AR)主要包括两个方面:一是真实感图形的绘制技术(Augmented Realistic Rendering,ARR),二是交互增强真实感技术(Augmented Resliatic Interaction,ARI)。

AR 技术是要借助显示技术、交互技术、多种传感技术和计算机图形与多媒体技术将计算机生成的虚拟环境与使用者周围的现实环境融为一体,使用户从感官效果上确信虚拟环境是其周围真实环境的组成部分。理想的情况下,它应该使用户感觉到虚拟对象与实际对象共存在同一空间。可见,AR 在虚拟现实与真实世界之间架起了一座桥梁。

对大规模场景 ARR 技术的研究主要包括光照、纹理映射、特殊效果及模型简化绘制等;而 ARI 则主要包括碰撞检测技术。

6.3.1 实体模型简化技术

可视化绘制时,对于复杂几何模型采用多分辨力表示。实时渲染时,依据视点变化采用适当分辨力细节的三角形网格进行表示。在绘制远处的物体时,只需用其简单的模型,绘制近处物体时再用复杂模型,同时还应保证不同细节层次之间的光滑过渡。

由于在屏幕上投影很小的远距离景物在计算机屏幕上经常是不可辨别的,因而,一个自然的选择是对近处的景物充分显示其细节,而对远处景物则大幅度地进行简化是 LOD 模型技术的出发点。

LOD 用来生成同一模型不同细节的多个版本,实际绘制时,选择适当细节度的模型进行绘制,用来提高场景绘制的性能。要成功地使用 LOD 算法,一个显示系统必须解决以下问题:LOD 模型的选择尺度、LOD 模型的选择算法、LOD 模型的平滑过渡、LOD 模型的形状保留。

1. LOD 模型的选择尺度

在 LOD 中,通过对场景中每个图形对象的重要性进行分析,使得最重要的图形对象进行较高质量的绘制,而不重要的图形对象则采用较低质量绘制。在保证恒定实时的图形显示前提下,最大程度地提高视觉效果。根据视觉效果,对图形对象重要性的评价归为以下几个因素:

(1)面积(Size)尺度。面积是指图形对象在屏幕上所占的面积。面积越大越重要,但是这也是相对而言的。例如,在建筑漫游中,墙体所占面积很大,但不是我们所关心的重点。在现有 LOD 选择算法中,面积通常用图形对象的平均多边形所占像素点的总数来计算,或用图形对象距视点距离的方法来计算。

(2)焦点(Focus)尺度。焦点是指人眼对图形对象的注意程度。显然,视线焦点周围的图形对象应具有更详尽的显示效果。Funkhouser 等人曾根据对象重心距屏幕中心的距离逐渐降低图形对象的 Focus 值。

(3)相对运动(Movement)。相对运动指图形对象在屏幕上的移动速度。速度越快,图形对象的重要性越低。

2. LOD 模型的选择算法

LOD 模型选择算法的本质就是要对场景的复杂度作出估计,在保持显示效果的前提下,为各场景中的物理选择适当的层次模型。根据 LOD 的选择尺度,选择 LOD 模型的主要算法如下:

(1) 距离 LOD 选择法。根据物体距离视点的距离来选择不同的 LOD 模型，这是最常用的方法。当物体距离视点越远时，它的细节越来越模糊，可以选择一个粗糙的 LOD 模型绘制，而不影响图像的绘制质量。

(2) 尺寸 LOD 选择法。根据物体在屏幕空间的投影尺寸或区域大小来选择 LOD 模型。其实质与距离选择法相同，因为当物体距离视点越远，其现实的尺寸越小。但与距离选择法相比，它有许多优点。

(3) 偏心率 LOD 选择法。根据物体距离视点在屏幕中心的偏离程度选择 LOD 模型。该方法假设用户视点始终注视屏幕中心，物体离中心的位置越远，视觉对其细节度的要求越少。

(4) 速度 LOD 选择法。根据物体相对于视点的速度来选择适当的 LOD 模型。物体在显示场景中运动的越快，眼睛看到的模型越模糊，因此应用粗糙细节的 LOD 模型绘制。

(5) 恒定帧速率 LOD 的选择。它是以计算优化的方法来选择 LOD 模型。

3. LOD 模型的平滑过渡

由于采用不同的层次绘制同一物体，因而不同层次模型之间的平滑过渡是一个解决人眼能够连续观察的重要方法，也就是要达到 LOD 的实时生成。大部分的 LOD 算法中，模型的减少是根据视觉精度研究，删除那些对模型的几何形状影响不大的顶点，保留那些反映模型中几何特征的特征点。由于要对大量的数据进行逐个判定，计算量很大，因而算法无法达到实时。大多数的 LOD 自动生成算法只能预先产生对原模型做不同程度近似的多个简化模型，在实时绘制中根据当前帧的视觉参数选用相应的简化逼近模型进行显示。这样产生的模型空间是不连续的，因而会在不同层次变换时产生跳跃。解决 LOD 的光滑过渡是当前研究的热点问题。

4. LOD 模型的形状保留

LOD 简化算法必须尽可能保留模型的形状和表面特征，因此算法必须找出模型的特征信息(如平面曲率、尖点和特征边)，通过融合平坦的区域和线性变化的特征边来简化模型。大多数算法用特征边折叠来简化或合并曲率较小的相邻面简化模型。通过门限值来控制简化，对于合并相邻面方法，门限值可定义为相邻平面法向量的角度值，超过门限值的平面不予合并。门限值越大，简化程度越高。

6.3.2 光照明模型与明暗效应处理

光照明模型是生成真实感图形的基础。光照明模型即根据光学物理的有关定律，计算景物表面上任一点投向观察者眼中的光亮度的大小和色彩组成的公式。对于在光栅图形设备上显示的真实感图形，需依据光照明模型计算每一像素上可见的景物表面投向观察者的光亮度。光照明模型分为局部光照明模型和整体光照

220

明模型。

局部光照明模型仅考虑光源直接照射在景物表面所产生的光照效果,景物表面通常被假定为不透明,且具有均匀的反射率。局部光照明模型能表现由光源直接照射在漫射表面上形成的连续明暗色调、镜面上的高光以及由于景物相互遮挡而形成的阴影等,具有一定的真实感效果。而整体光照明模型除了考虑上述因素外,还要考虑周围环境对景物表面的影响。例如,出现在镜面上的其他景物的映像,通过透明面可观察到后面的景物等。整体光照明模型能模拟出镜面映像、光的折射以及相邻景物表面之间的色彩辉映等较精致的光照明效果。

如果知道了物体表面的性质(材质)、法矢量以及光源的位置,使用现有的光照模型就可以直接计算出物体表面的颜色和光强。现有的光照明模式主要有 Phong 光照模型、Torrance - Sparrow 光照模型、Cook - Torrance 光照模型等。

OpenGL 中的光照模型将光照分成四个独立的成分:发射光、环境光、散射光和镜面反射光。四种成分独立计算,然后叠加到一起。

明暗效应指光线照射到物体表面所产生的反射、投射等现象的模拟。当光照射到物体表面时可能被吸收、反射或透射。为了模拟被反射后传输到人视觉系统中的那部分光,人们使用了一些数学公式对这一现象进行模拟,用来计算物体表面的反射规律。对模型的明暗效应处理也是增强表面模型真实感的主要途径之一。明暗处理的模型其实可以用各种光照模型来描述,从而模拟光照射到物体表面所产生的反射/透射现象。

6.4　碰撞检测技术

碰撞检测问题基于现实生活中一个普遍存在的事实:两个不可穿透的对象不可能共享相同的空间区域。碰撞检测对提高虚拟环境的真实性、增强虚拟环境的沉浸感有着至关重要的作用,而虚拟环境自身的复杂性和实时性又对碰撞检测提出了更高的要求。

层次包围盒方法是解决碰撞检测问题固有时间复杂度的一种有效的方法,它是用体积略大而几何特征简单的包围盒来近似描述复杂的几何对象,并通过构造树状层次结构来逼近对象的几何模型,从而在对包围盒树进行遍历的过程中,通过包围盒间的快速相交测试来及早地排除明显不可能相交的基本几何元素树,而只对包围盒重叠的部分元素进行进一步的测试,以提高碰撞检测的速度。

在三维空间中进行碰撞测试,包围盒类型的选择是层次包围盒方法的基础和关键。包围盒通常包括两种:沿坐标轴的包围盒(Axis - Aligned Bounding Boxes, AABB)和包围球方法。由于简单的数学计算和快速响应,这两种方法在虚拟现实系统中应用广泛。

6.4.1 AABB 包围盒

一个给定对象的 AABB 被定义为包含该对象且各边平行于坐标轴的最小的六面体,如图 6 - 19 所示。

给定对象 E 的 AABB 的计算十分简单,只需分别计算组成对象的基本几何元素集合 SE 中各个元素的顶点的 x、y、z 坐标的最大值和最小值即可。AABB 包围盒的最高和最低边界点可由下式求出,即

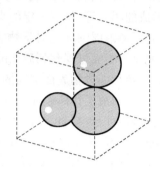

$$
\begin{cases}
x_{\min} = \min\,(x_i), i = 1,2,\cdots,n \\
y_{\min} = \min\,(y_i), i = 1,2,\cdots,n \\
z_{\min} = \min\,(z_i), i = 1,2,\cdots,n \\
x_{\max} = \max\,(x_i), i = 1,2,\cdots,n \\
y_{\max} = \max\,(y_i), i = 1,2,\cdots,n \\
z_{\max} = \max\,(z_i), i = 1,2,\cdots,n
\end{cases}
$$

图 6 - 19 空间包围盒

AABB 间的相交测试也比较简单,两个 AABB 相交当且仅当它们在三个坐标轴上的投影区间均重叠。定义 AABB 的六个极值分别确定了它在三个坐标轴上的投影区间,因此,AABB 间的相交测试最多只需要六次比较计算。以下是具体的相交测试算法过程。

(1)计算物体中心点的坐标 (x,y,z) 以及包围盒的宽、高、深 (w,h,d),即

$$
\begin{cases}
x = \dfrac{(x_{\max} + x_{\min})}{2} \\[2mm]
y = \dfrac{(y_{\max} + y_{\min})}{2}, \\[2mm]
z = \dfrac{(z_{\max} + z_{\min})}{2}
\end{cases}
\begin{cases}
w = x_{\max} - x_{\min} \\[2mm]
h = y_{\max} - y_{\min} \\[2mm]
d = z_{\max} - z_{\min}
\end{cases}
$$

(2)碰撞检测。如图 6 - 20 所示,两物体 A 和 B,它们各自的包围盒尺寸分别为 w_a,h_a,d_a 和 w_b,h_b,d_b;(x_a,y_a,z_a) 和 (x_b,y_b,z_b) 分别为包围盒的中心点坐标。显然,在下述条件成立才会发生碰撞,即

$$
\begin{cases}
l_x \leqslant \dfrac{w_a + w_b}{2} \\[2mm]
且\ l_y \leqslant \dfrac{h_a + h_b}{2} \\[2mm]
且\ l_z \leqslant \dfrac{d_a + d_b}{2}
\end{cases}
$$

其中

$$l_x = |x_a - x_b|, l_y = |y_a - y_b|, l_z = |z_a - z_b|$$

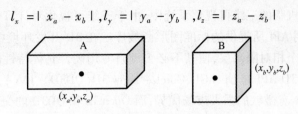

图 6-20　两个对象包围盒

这种方法原理简单、速度较快,但是 AABB 的紧密性相对较差,尤其是对于沿斜对角方向放置的瘦长形对象,用 AABB 将留下很大的边角空隙,从而导致大量冗余的包围盒相交测试。

6.4.2　包围球

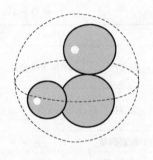

包围球与 AABB 包围盒方法类似,也是简单性好、紧密性差的一类包围盒。包围球被定义为包含该对象的最小球体,如图 6-21 所示。

计算给定对象 E 的包围球,首先需要分别计算 SE 中所有元素的顶点 x, y, z 坐标以确定包围球的球心 c,再由球心与三个最大值坐标所确定的点间的距离计算半径 r。包围球的计算时间略多于 AABB,但是存储一个包围球只要两个浮点数。

图 6-21　空间包围球

包围球间的相交测试也相对比较简单。对于两个包围球 (c_1, r_1) 和 (c_2, r_2),如果球心距离小于半径之和,即当 $|c_1 - c_2| \leqslant r_1 + r_2$ 时,两包围球相交,进一步简化为判断 $(c_1 - c_2) \cdot (c_1 - c_2) \leqslant (r_1 + r_2)^2$。包围球的相交测试需要四次加减运算、四次乘法运算和一次比较运算。

包围球的紧密性在所有包围盒类型中是比较差的,它除了对在三个坐标轴上分布得比较均匀的几何体外,几乎都会留下很大的空隙。相较于 AABB 而言,在大多数情况下,包围球无论是紧密性还是简单性都有所不如。但是当对象发生旋转时,包围球不需要做任何更新,这是包围球比较优秀的一个特征。

6.5　网络环境下战场实体的可视化技术

6.5.1　网络三维可视化技术

网络三维可视化技术,就是利用一定的技术手段将建立的三维战场数据模型在网络上发布,并且能够与用户进行交互操作,实现模型的浏览、查询和分析,进而为首长机关辅助决策提供便利。

在基于单机版的三维可视化系统中,由于三维可视化对计算机硬件的要求较高,一般都采用 API 所提供的标准图形函数库。在 3D 开发环境中,API 函数为程序员提供了一个相对隔离层,使其不必去理解专用硬件具体特性的细节。市面上最流行的四种 3D API 是 OpenGL、Quick – Draw 3D(QD3D)、JAVA 3D 和 Direct 3D。其中,Direct 3D 有微软的强大市场优势,而 OpenGL 和 QD3D 的交叉平台特性可以使开发者不仅仅局限于 Windows 中。

但由于 Web 环境的特殊性,如数据传输速度的限制、图形显示质量与速度的均衡、用户平台独立性等,使得 Web 三维可视化不能再单纯地依赖于 API 函数的调用。为了能够在 Internet 上显示和操作三维数据,现在主要有以下几种方法:ActiveX 控件、Java、外接程序和 VRML。表 6 – 12 是几种常见的在 Web 上实现三维显示的方法比较。

表 6 – 12　几种常见的网络三维显示方法比较

	ActiveX 控件	Java	外接程序	VRML
操作性	不用下载插件	需要下载安装运行 Java1.2 的插件	需要下载操作数据的外接程序	需要安装 VRML 插件
兼容性	Windows IE4.0 以上	安装 Java3D 的浏览器	任何平台	安装 VRML 插件的任意平台
下载数据量	小	大	小	大
运行速度	快	慢	快	快

根据对它们各自性能的比较,发现 VRML 是一种较好的表现方式。下面着重介绍 VRML 技术。

1. 利用 VRML 建立三维网络模型

VRML 是一种有效的 3D 文件交换格式,是可内置于浏览器中的插入式软件,用 VRML 格式设计的 3D 虚拟景观描述文本文件(.WRL)是 HTML 的 3D 模拟,是一种可以发布的 3D 网页的跨平台语言。

利用 VRML,服务器端可按用户的请求,抽取数据库服务器中的地理信息空间数据,使用 Web 三维可视化创作系统,将空间数据转化为 VRML 格式的文本交换文件,并传输至客户端,由客户端的 VRML 插件执行,显示生成 3D 动态虚拟场景,供用户交互、浏览。用户一次性下载 VRML 文件,启动后所有的交互操作场景显示均由客户端浏览器中内置的 VRML 插件执行完成,不再与服务器做新的数据传输的通信。由于 VRML 描述文件为文本格式,与图像文件比较,数据量很小,且只需传输一次,因此,大大减轻了客户机与服务器之间的通信负荷。同时,用户所作的三维可视化图形的交互操作只在客户端计算、运行,大大提高了执行速度,使动态响应、图形显示质量可达到一般图形系统的水平,具有较强的真实感,基本能满足用户要求。

常用的浏览器,如 Netscape 的 Communicator 和 IE 都通过自身集成 VRML 插件,可以直接浏览带有 VRML 的网页。目前,VRML 浏览器软件种类很多,如 Netscape 公司的 Live3D、ParallelGraphics 公司的 Cortona、InterVista 公司的 World-View 等。

2. 基于 GeoVRML 的三维网络模型

由于 VRML 的通用性和地理空间数据的复杂性,使得用传统的 VRML 设计的三维可视化系统存在数据表示难度大、精度不高、控制困难、运行效率不高等问题,VRML 在解决地理要素的三维描述时显得力不从心。为了能够使 VRML 在对空间数据模型的处理更加灵活方便,三维网络制作协会中的 GeoVRML 工作组宣布他们补充了的 ISO 标准虚拟仿真建模语言(VRML),即 GeoVRML1.0。

GeoVRML1.0 的内容能在任何标准 VRML97 浏览器中交互浏览,相当数量的GeoVRML 浏览器都作为普通网络浏览器,如 Netscape 浏览器和微软的 IE 浏览器中的免费插件。该软件很容易地制作并转化地理空间数据为 GeoVRML 格式。另外,GeoVRML 是一个开放的标准,它的规范说明被公开发表并且已经提供了样品软件,如图 6 - 22 所示。

图 6 - 22　GeoVRML 例图

GeoVRML 作为一个普通的网页浏览器的插件,为地理科学界提供了强大功能。即能够建立可以在网上发布并在有标准浏览器配置的网络里交互显现三维动态地理数据模型。有了这个模型,加上最近出现的适合普通台式机用户的低价位的 3D 加速卡,将有新的舞台允许研究员、教师和企业者在网上向广大用户发布他们丰富的 3D 地理空间产品。例如,GeoVRML 有如此多种多样的应用,像 3D 地形模型、气候模拟、视线测定、城市规划、深测法的显示、减轻自然灾害评估与预算、GPS 数据显示、虚拟现实和虚拟旅游等。Java 工具作为一个公开资料分发给各个用户和各种可以生成 GeoVRML 数据的工具。所有这些工具为地理科学家提供了一个极好的工作环境用于合成动态的、交互式的、易于在网络中传播格式的 3D 地理数据。

3. 利用 Java 与 VRML 交互实现网络交互

三维模型的操作功能在 VRML 浏览器中已经实现了。VRML/GeoVRML 模型被下载到客户端,利用 VRML 浏览器如 Cortona Player 或 Cosmo Player 就已经能够直接实现模型的平移、缩放、旋转、前进后退等操作。接下来该考虑如何实现其他功能,包括查询三维目标、查询目标属性、搜索、定位、自动漫游、自定义漫游以及其他的诸多交互功能。

VRML 在制定之初便考虑了对于动作、反应和动画的控制,包括了节点事件域(Node Event Fields)、路径(Routes)、传感器(Sensors)、插入件(Interpolators)和描述节点(Script)等控制方式,特别是描述节点包括 JavaScript 语法或指向一个外部的 Java Applet 外联,允许开发者扩充 VRML 的行为和动态。到了 VRML2.0 制定的阶段,更是首要推出其交互式编程的能力,主要就是指在 Script 节点中引用外部的 Java 字节流,即编译后的 class 文件,这样可以实现很多 VRML 语言本身不能实现的强大的功能。

由于 VRML 是一种虚拟现实的建模语言,而 Java 是完全面向对象的编程语言,二者必须通过某种方式建立一种连接的关系,这种关系就是 VRML 类。Java 对于 VRML 的所有支持都是通过附加的封装好的类来实现的,这使得其他的类,如有关网络通信和线程的类,也可以同时在程序中使用,大大地扩充了程序的功能。这些类一般放在 VRML 浏览器的安装目录下,如机器安装的是 Cortona 浏览器,在 Cortona 安装目录下可以找到一个 axWorldView. zip 的文件,这里面即为所有的 VRML 类。

Java 与 VRML/GeoVRML 的交互过程存在两种通信方式,一种是用事件从 Script 节点传递数据到 Java 程序,另一种则是相反的过程,把数据从 Java 程序返回到 VRML 场景中去。

这种 Java 与 VRML/GeoVRML 之间的通信原理图如图 6-23 所示。

图 6-23 中显示的是一个节点内部定义了传感器 Sensor,用户对于该节点实施的动作,由 Sensor 接收并经过 ROUTE 将事件传给 Script 节点,然后 Script 节点内部定义的 eventIn 域调用 URL 指向的 class 文件以接收响应,在 class 文件中通过 getValue( )值得到 Script 节点的各域值,包括 eventIn 域、eventOut 域、field 域等,并

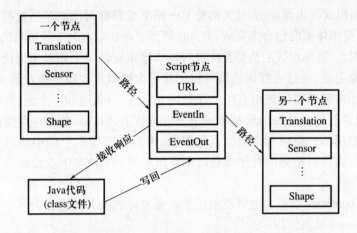

图 6-23　Java 与 VRML/GeoVRML 的通信原理图

对 eventOut 域值进行修改、写回。该 eventOut 域又通过 ROUTE 将改动反映到了下一个节点(或者还是上一个节点)的变化中,这些变化可以是节点内部关于位置的、视点的、形状的、颜色的、大小的等。

上述演示了从 Script 节点传送数据到 Java 程序,再从 Java 程序传送数据到 Script 节点的全过程,这就是 Java 与 VRML 进行交互的基本方式。

6.5.2　三维实体模型的 VRML 表示

VRML 定义了三维应用系统中常用的语言描述,如层次变换、光源、视点、几何、动画、材料特性、纹理等,并具有行为特征的描述功能。用户使用 VRML 的语法规则、场景图层次结构、节点描述,结合地理信息的三维特征,构造出地图符号,地理要素对象(如 DEM 高程数据、建筑物等)的几何造型、坐标、材质、纹理,灯光、摄像路径等内容的 VRML 组织描述文本。按 VRML 的文件格式、层次结构、语法形式将地图上的三维符号对象集成为一个完整的 VRML 格式的文本描述文件(扩展名为 . WRL),供浏览器中内置的 VRML 插件解释、执行。

在 VRML 中,虚拟场景用场景图(Scene Graph)来描述,场景图的基本单元称为节点,这也是 VRML 文件最基本的组成部分。文件的主要内容就是节点的层层嵌套以及节点的定义和使用,由此构成整个的虚拟世界。节点包括基本的空间几何造型节点、文本造型节点、造型空间定位旋转和缩放节点、空间造型外观控制节点、空间背景节点、大气效果节点、声音节点、光照节点、VRML 文件内联节点、锚点节点以及空间视点、浏览者和节点控制节点等。

VRML 中有两种造型方法可应用于城市模型的建立:一是运用基本的造型节点(Box,Cylinder,Cone,Sphere)结合 Group 节点等节点控制进行规则建筑物的建模;二是运用点线面造型法对城市建筑物进行建模。鉴于目前的 GIS 系统很多支持点、线、面组成的边界表示,且大部分 GIS 模型是根据对面的量测数据建立起来的,很难用简单体素的组合来完成,另外选择面表示法也有利于建筑物的表面的纹理贴加。因此,选择点线面造型方法进行城市建模应是一个相对来说比较好的方案。从理论上说,通过点线面造型可以创建出虚拟城市空间中任意的 3 维造型,因为点线面造型可以创建出空间中任意的一个点、一条线和一个面,而众所周知的是,点线面是空间造型的最基本的元素。其实在 VRML 中创建点线面造型的基础就是给出的一系列有序空间点的参数,而最后在虚拟空间中所得到的空间点线面就是由这一系列的有序参数所创建出来的。VRML 中点线面造型的节点包括:

(1) Coordinate 节点。此节点创建了一张坐标列表并且被作为基于坐标的几何节点的 coord 域值使用;

(2) PointSet 节点。通过 PointSet 节点可以在虚拟空间中创建出一系列的点,通常作为 Shape 节点的 geometry 域的域值。可以通过 Shape 节点的 appearance 域值为其着色,也可以通过 PointSet 节点中的 color 域单独为每个点指定所需要的颜色;

(3) IndexedLineSet 节点。此节点创建空间折线几何造型,同时可以被用作造型节点的 geometry 域值;

(4) IndexedFaceSet 节点。此节点创建面几何造型,同时可以被用作造型节点的 geometry 域值。

在 VRML 中通过 Material 节点来指定空间造型的外观材料,而 Matcrial 节点通常是作为 Appearance 节点的 material 域的域值出现;指定造型表面贴图的节点有 ImageTexture、PixelTexture 和 MovieTexture,这 3 个节点都可以作为 Appearance 节点的 texture 域的域值来为空间造型指定表面贴图,但 3 者各不相同:ImageTexture 节点用于制定一个静态的外部文件作为造型的表面贴图,可指定的外部文件的格式可以是 JPEG、GIF 和 PNG 三种,在 VRML 文件中可以指定这些贴图文件的位置,当浏览这个 VRML 文件时浏览器从这些目录中读取文件并把它们映射到指定的空间造型的表面上去;MovieTexture 节点用于指定一个动态的外部电影文件作为造型的表面贴图,指定的电影文件通常应该是 MPEG 格式,在 VRML 文件中可以控制这个电影文件的播放时间、播放速度等特征;PixelTexture 节点则不需要外部文件作为材质贴图,而是直接在 VRML 文件中指定贴图的各点的颜色值,即相当于将贴图文件嵌入到了 VRML 内部。

6.5.3 部分试验及应用成果

利用 VRML 技术,实现了将三维地形模型和地物模型转换到 VRML 数据格式,进而利用 VRML 插件将其在网络浏览器中显示。图 6-24 是某营区中部分场景的 VRML 显示效果图(所用软件环境为 IE6 + Cortona 插件)。

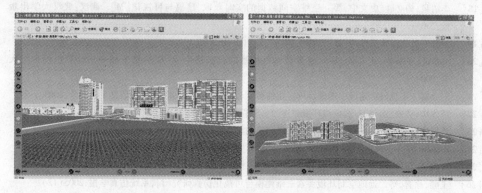

图 6-24　某营区 VRML 显示效果图

参 考 文 献

[1] Acevedo W and Masuoka P. Time-series animation techniques for visualizing urban growth[J]. Computers & Geosciences,1997,23(4):423-435.

[2] Adelson E H and Bergen J R. The Plenoptic Function and the Elements of Early Vision. Computional Models of Visual Processing [M]. Chapter1,Edited by Michel Andy and J. Anthony Movshon. The MIT Press,Cambridge. Mass, 1991.

[3] Alan MacEachren M and Menno - Jan Kraak. Research Challenges in Geovisualization [J]. Cartography and Geographic Information Science,Vol. 28,No. 1,2001.

[4] Alan MacEachren M, Robert Edsall. VIRTUAL ENVIRONMENTS FOR GEOGRAPHIC VISUALIZATION: POTENTIAL AND CHALLENGES. http://www. geovista. psu. edu/ica.

[5] Andy Ceranowicz. STOW, the Quest for a Joint Synthetic Battlespace. http://www. engr. ucf. edu/people/ proctor/ Interoperability /Chapter8/, 2000.

[6] Buja, A. , D. Cook and D. F. Swayne. Interactive high - dimensional data visualization [J]. Journal of Computational and Graphical Statistics,1996,5(1): 78-99.

[7] Charles A, The Simulation of Natural Phenomena. Computer Graphics, 1983,17(3):137-139.

[8] 陈刚. 虚拟地形环境的层次描述与实时渲染技术的研究[D]. 郑州:解放军信息工程大学,2000.

[9] 杜莹. 全球多分辨率虚拟地形环境关键技术的研究[D]. 郑州:解放军信息工程大学,2005.

[10] 付红勋,韩潮. 航天器轨道设计系统的小型化实现[J]. 计算机工程,2001,27(5).

[11] 郭齐胜,董志明. 战场环境仿真[M]. 北京:国防工业出版社,2005.

[12] 胡峰,孙国基. 航天仿真技术的现状及展望[J]. 系统仿真学报,1999,4(2).

[13] 姜景山. 空间科学与应用[M]. 北京:科学出版社,2001.

[14] Kyong - Ho Kim,etc. Virtual 3D GIS's Functionalities Using Java/VRML Environment[J]. Earth Observation & Geo - Spatial Web and Internet Workshop,1998.

[15] Kimball R and Ross M. The Data Warehouse Toolkit: The Complete Guide To Dimensional Modeling, Wiley, 2002.

[16] 蓝朝桢. 近地空间环境三维建模与可视化技术[D]. 郑州:解放军信息工程大学,2005.

［17］ 李荣常,程建,郑连清.空天一体信息作战[M].北京:军事科学出版社,2003.

［18］ 李清泉,杨必胜,史文中,等.三维空间数据的实时获取、建模与可视化[M].武汉:武汉大学出版社,2003.

［19］ 刘林.航天器轨道理论[M].北京:国防工业出版社,2000.

［20］ 刘世光,王章野,王长波,等.航天器飞行场景的真实感生成[C].第五届中国计算机图形学大会,2004.

［21］ 刘立娜.虚拟城市建设中建模及可视化的研究与实践[D].郑州:解放军信息工程大学,2005.

［22］ 潘志庚,姜晓红.分布式虚拟环境综述[J].软件学报,2000,11(4).

［23］ 彭群生,鲍虎军,金小刚.计算机真实感图形的算法基础[M].北京:科学出版社,2002.

［24］ Richard Wright S,Jr.,等.OpenGL超级宝典[M]第二版.北京:人民邮电出版社,2001.

［25］ 王鹏,耿艳栋,丛凤波,等.空间环境与空天一体化信息作战[J].装备指挥技术学院学报,2005(3).

［26］ 王鹏,徐青,等.近地空间环境要素三维建模与可视化仿真研究[J],系统仿真学报,2005(12).

［27］ 郗晓宁,王威.近地航天器轨道基础[M].长沙:国防科技大学出版社.2003.

［28］ 徐青.地形三维可视化技术[M].北京:测绘出版社,2000.

［29］ 徐庚保,曾莲芝.关于建模与仿真的可信性问题[J].计算机仿真,2003,20(8):36.

［30］ 赵沁平.DVENET分布式虚拟现实应用系统运行平台与开发工具[M].北京:科学出版社,2005.

［31］ 郑荣跃,王克昌,等.航天工程学[M].长沙:国防科技大学出版社,1999.

［32］ 朱响斌,唐敏,董金祥.一种基于八叉树的三维实体内部可视化技术[J].中国图像图形学报,2002.7A(3).

第 7 章 战场特效可视化

雨、雪、云等自然现象以及烟雾、火焰、爆炸等战争场景,是可视化数字战场的重要表征,在很大程度上影响着人们对可视化战场的体验与交互效果。对上述自然与人文环境要素的准确描述可以大大增加数字化战场环境的真实性和沉浸感,是战场可视化的重要内容。在数字化战场研究领域,将对雨、雪、云等自然现象以及烟雾、火焰、爆炸等战争现象进行模拟,实现其在数字化战场中复现的技术,称为战场特效可视化技术。战场特效可视化是为真实呈现战场环境而综合运用数学、物理学、地理学、化学和计算机图形学等学科知识的视觉特效技术。战场特效可视化技术按绘制对象的人文属性分为自然环境特效技术和战争场景特效技术。

本章简单介绍了视觉特效技术的基本方法,阐述了作为视觉特效主要方法的粒子系统的原理及其在自然环境特效和战争场景特效中的应用。

7.1 战场特效可视化基本方法

战场特效所需描述的现象,其外形与运动规律十分复杂,且需绘制的微粒数量不可胜数,造成对其准确绘制的困难。雨、雪、云等自然现象以及烟雾、火焰等战争场景均系气体现象,其形成都是由无数小颗粒随机运动而产生,外观形状极不规则,没有光滑的表面,而且极其复杂与随意,并可能随时间而发生变化,如用直线、圆弧、和样条曲线等经典欧氏几何学方法描述,其逼真度很差。火焰等气体现象的运动也十分复杂。同时,在火焰燃烧、烟雾扩散以及云层飘动过程中,还会受到风力的作用,使其型态变幻,运动轨迹难以预测。尽管如此,国内外学者一直在努力探索,先后提出了对火、烟、云等不规则模糊物体可视化的纹理映射技术、分形几何技术、细胞自动机技术、基于运动过程绘制技术、光照模型技术及粒子系统技术等。

7.1.1 概述

1. 纹理映射技术

传统的几何造型技术只能表示景物的形状,而无法有效地描述景物表面的微观细节,但恰恰是这些细微特征在很多时候极大地影响着景物的视觉效果。纹理映射技术以纹理图像作为输入,通过定义纹理与物体之间的映射关系,将图像映射到物体表面,合成出具有真实感的表面花纹、图案和细微结构,图7-1为采用纹理映射绘制的爆炸效果。

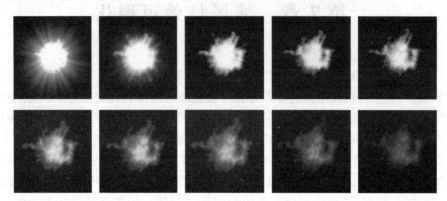

图7-1　纹理映射技术绘制的爆炸效果

纹理是n维($n=1,2,3,4$)规则图像,纹理映射是指给定一个物体,依据图像和映射函数来决定纹理外观的过程。纹理映射也叫贴图。

纹理映射可以分为两类:一类用于改变物体表面的颜色和图案;一类用来改变物体表面的几何属性(凹凸映射)。

与基于多边形的绘制相比,纹理映射具有如下优势:

(1)节省建模时间。

(2)节省内存。

(3)增强表面细节和场景的真实感。

(4)提高绘制速度。

(5)将绘制流程从场景几何空间转化为图像空间。

纹理映射按如下步骤进行:

(1)为物体上的顶点设置纹理坐标(u,v)。纹理坐标一般都是经过归一化处理的,其范围是$[1,0]\times[1,0]$。在绘制时,根据插值方式,计算要绘制点的纹理坐标。

(2)获得对应纹理图像中的颜色值,根据给定的纹理融合函数,修改该点颜色值。从顶点纹理坐标计算出每个像素的纹理坐标的最常用方式是在每个三角形上应用双线性插值。但是认为纹理坐标在扫描线上线性变化是不正确的,在透视空间进行插值得到的结果具有更好的效果。另外,从第2章显卡的原理与性能可知,现在的显卡和API都支持更为灵活的纹理产生方式以获得各种效果。

2. 分形几何技术

分形(Fractals)在数学上有严格的定义。但在计算机图形学中,其定义已经被扩展,用来指有很大程度的自我相似性的模型。自我相似就是指物体的一部分是物体本身的直接缩小或者经过平移和旋转后的缩小。许多自然现象表现出自我相似的特征,如山、海岸线、树、水和云。早在1993年,T. Nishita等人就提出了云的二维分形建模方法;随后又有人提出云的三维分形建模方法;1996年,Y. Dobashi等人提出基于分形几何的原理、利用变形球建立云的模型。

基于分形几何原理、利用变形球建立云模型的方法如下:利用分形几何,先定义出云的形状,然后运用光照效果将该形状表现为云团。在建立云的分形模型过程中,把云的基本形状定义为简单的球体,并在不同的方向上对这些云球作某些变形。然后将初始云球随机缩小,并在不同方位上偏离父球中心的微小位移处进行多次随机复制,该过程一直继续下去直到最后的迭代层次(或达到小于一个屏幕像素)为止,最后绘制出这些缩放后的球。同时,为了建立云的更逼真的外观,把球的色彩看作是它到地面高度的函数,较黑的灰色用于云的较低部分,随着高度增大,灰色逐渐变淡,通过颜色密度和放大倍数简单改变,可以绘制出从乌云到白云的任何外观逼真的云团。

另一种云的分形模型依赖于等浓度线思想。等浓度线表示的是云量值,它反映出云层的厚度,其实现方法如下:

(1)用矢量跟踪法,将等浓度线的特征点提取出来,从而得到用多边形近似的等浓度线,并计算分形维数。

(2)进行三角划分,得到三角形面片。

(3)对每一三角形面片,用中点位移法进行递归分割以生成分形曲面,中点位移沿铅垂方向进行。

(4)云团形状的显示。将云团考虑为由水蒸气组成的微粒子层,用光的衰减模型表示。当光线通过微粒子层时,由于受到水滴及尘埃等微粒的散射作用,透视光强随着通过路径长度的增加而不断衰减。为简化计算,通常假设微粒子层的密度均匀。

3. 细胞自动机技术

细胞自动机(Cellular Automation,CA)是指空间和时间都离散、物理参量只取有限数值集的物理系统的理想化模型,其概念可溯源到20世纪40年代末期。当时,冯·诺伊曼(John Von Neumann)就提出了如下的设想:由细胞(Cell)构成的完全离散的构架下,每个细胞都具有各自的内在状态,并可通过以有限数量的信息位表示。冯·诺伊曼认为,这个系统按离散时间步演化,类似于简单的自动机,只要简单的规则,便可以计算出各个细胞新的内在状态:系统的演化规则对所有的细胞是相同的,并随着邻近细胞的状态而变化,就像在生物系统中发生的过程一样,细胞的活动是同时进行的;同一时钟驱动每个细胞的演化,并且同步更新每个细胞的内在状态。冯·诺伊曼发明的这个完全离散的动力系统,称为细胞自动机模型。

细胞自动机模型如下：

（1）规整的细胞网格覆盖 d 维空间的一部分。

（2）归属于网格的每个格位 r 的一组布尔变量

$$\boldsymbol{\Phi}(r,t) = \{\boldsymbol{\Phi}_1(r,t),\boldsymbol{\Phi}_2(r,t),\cdots,\boldsymbol{\Phi}_m(r,t)\}$$

给出了每个细胞在时间 $t = 0,1,2,\cdots$ 的局部状态。

（3）演化规则 $R = \{R_1,R_2,\cdots,R_m\}$ 按下列方式指定状态的时间演化过程，即

$$\boldsymbol{\Phi}_j(r,t+1) = R_j[\boldsymbol{\Phi}(r,t),\boldsymbol{\Phi}(r+\delta_1,t),\boldsymbol{\Phi}(r+\delta_2,t),\cdots,\boldsymbol{\Phi}(r+\delta_q,t)]$$

$$(7-1)$$

式中：$r+\delta_k$ 指定从属于 r 细胞的给定的邻居细胞。

满足以上条件（1）～（3）的模型，称为细胞自动机模型。

1991 年，Pakeshi 为模拟火焰的物理运动，提出了火焰的细胞自动机模型。他认为火焰等气体现象都是由简单的组元构成的。组元虽然很简单，但他们的组合形态和系统行为则非常复杂，甚至可以产生无法预测的延伸、变形等复杂形式，以至于不能简单地化为某种数学描述。在 Pakeshi 的火焰模型中，用一些简单的初始值和简单的状态转换规则来描述火焰的动态变化，每一细胞单元有三个状态变量，即温度、燃料密度和气体流向，通过改变细胞变量的初始值，可以得到各种不同的图像。

该火焰模型组成如下：

（1）网格空间确定，网格点即细胞。如二维网格可看作是平面上一点。

（2）用于描述每个细胞的状态。

（3）由一状态（t 时刻）确定下一状态（$t+1$ 时刻）的演化规律。

（4）给出初始状态。

（5）指定环境的作用。

4. 基于运动过程绘制技术

（1）基于扩散过程的火焰模型。关于火焰的传播，Perry 和 Picard 从燃烧学出发，提出了用速度传播模型生成火焰的方法；Chiba 等计算了燃烧物体的热交换；在其基础上，Jos Stam 从热力学定律出发提出了用扩散过程描述火焰和其他气体现象及其传播的方法。

Jos Stam 的基本思想是认为气体的物理特征需用随时间和空间变化的物理量来表示，这些量包括气体粒子的密度、扩散的速度、温度以及辐射性能，通常这些量之间的关系由 Navier - Stokes 方程表示，完全按这组极为复杂的非线性的控制方程进行仿真几乎是不可能的，它要求做成千上万次迭代，计算代价极高。由于在计算机图形学领域中，只要求图形具有真实感，因而不需进行精确的物理计算。假定密度是个常量，即气体不可压缩，在给定风向条件下，可引入扩散方程来计算密度和温度变化。

扩散方程为

$$\frac{\mathrm{d}T}{\mathrm{d}t} = K_T \nabla^2 T + T_s - T_L \qquad (7-2)$$

式中:T 为温度;K_T 为扩散系数;T_s 为源点温度;T_L 为汇点温度;t 为时间。

扩散方程抓住了许多气体传输现象的主要特征。

Arrhenius 公式表示了火焰密度的传播模型,即

$$S\rho_{\text{flame}} = L\rho_{\text{fuel}} = v_a \exp\Big[-\frac{T_a}{T_{\text{fuel}}}\Big]\rho_{\text{fuel}} \qquad (7-3)$$

式中:ρ_{fuel} 为燃料密度;T_a 为激活温度;T_{fuel} 为指定点燃料温度;v_a 为常数。

当火焰冷却时,产生的烟的密度扩散模型为

$$S\rho_{\text{smoke}} = v_b \exp\Big[\frac{T_{\text{flame}}}{T_s}\Big]\rho_{\text{flame}} \qquad (7-4)$$

式中:ρ_{flame} 为火焰密度;T_s 为烟雾生成温度;T_{flame} 为指定点火焰温度;v_b 为常数。

通过修改燃烧物体的温度和燃料密度来改变火焰的分布及运动。

(2) 基于体过程的云模型。体过程绘制方法是基于对物体运动过程建模、绘制的方法。体过程也称为超纹理(Hyper Textures)、体密度函数(Volume Density Functions)或者模糊滴状斑点(Fuzzy Blobbies),它利用一定的算法对三维实体对象和自然现象进行定义和渲染。体过程建模通过输入点的空间位置、一个时间参数和描述被建模对象的几个参数,返回在该空间位置的对象的密度和颜色,因此,复杂的体自然现象就可以利用几个参数进行描述。该方法已经用于对火、烟、水、云和雾等自然现象进行建模。

1985 年,Geoffrey Y. Gardner 提出的基于体过程的云模型由以下三部分组成:一个天空平面、椭球体和数学纹理函数。通过调整纹理函数的参数,产生不同类型的云纹理,把云纹理映射到椭球体就生成了云的三维图像。最有影响的过程纹理函数是 1985 年 Ken Perlin 给出的 Perlin 噪声函数。所有种类的纹理都可以用 Perlin 噪声来生成,云纹理的渲染尤其适合于 Perlin 噪声,已经用来生成云的三维动画,该方法仍在研究和发展中。

采用基于体过程建模法绘制的云的场景如图 7-2 所示。

5. 粒子系统技术

1983 年,W. T. Reeves 等为电影 Star Trek Ⅱ 绘制星系爆炸的场面,首次系统提出了用于不规则模糊物体(如火、云、水等)建模的粒子系统理论。粒子系统,即是由大量粒子集合在一起表现模糊物体的计算机模拟系统。

粒子系统理论主要由以下部分组成:

(1) 物质的粒子组成假设。粒子系统中把运动的模糊物体看作由有限的具有确定属性的流动粒子所组成的集合,这些粒子以连续或离散的方式充满它所处的

图 7-2　采用基于体过程建模法绘制的云

空间,并处于不断的运动中,粒子在空间和时间上具有一定的分布。

(2)粒子独立关系假设。粒子独立关系假设包含两个方面:一是粒子系统中各粒子不与场景中任何其他物体相交;二是粒子之间不存在相交关系,并且粒子是不可穿透的。

(3)粒子的属性假设。系统中的每个粒子并不是抽象的,它们都具有一系列的属性,如质量属性、存在的空间位置属性、外观属性(如颜色、亮度、形状、尺寸等)、运动属性(如速度、加速度、轨迹等)、生存属性(生命期),其中颜色、亮度等属性随着时间不断地发生变化。

(4)粒子的生命机制。粒子系统中的每一个粒子都具有一定的生命周期,在一定的时间周期内,粒子经历新生、活动和消亡三个基本生命历程。

(5)粒子的运动机制。粒子在存活期间始终是按一定的方式运动的。新粒子通过可控的随机过程不断地产生,旧粒子不断地消亡。在某一给定图像帧中,产生的粒子数量可用方程来确定,该方程包括一帧中生成粒子的平均数量和方差,或是屏幕上每单位区域上产生粒子的数量和方差。

(6)粒子的绘制算法。粒子系统中的粒子通常是简单的几何元素,如点、线、平面上的四边形等。由于在每一帧都需要更新粒子属性、重新绘制粒子,因此基本粒子的选取应在满足应用要求的前提下尽量提高绘制效率,为此必须建立合理的数据结构来表示粒子系统。

粒子系统具有以下显著特点:

(1)对物体的描述不是通过原始的具有边界的面集合来描述,而是通过一组定义在空间的原始粒子来描述。

(2)粒子系统不是一个静态实体,每个粒子的属性均是时间的函数。

(3)由粒子系统描述的物体不是预先定义好的,其形状和位置等属性均用随机过程来描述。

7.1.2 战场特效技术比较

目前,视觉特效技术大致分为五类。

第一类是纹理映射方法。这种方法难以获得具有真实感的运动图像,且人工痕迹极大,原因是其中没有表现物体运动本质的参数,适用于对图像真实感要求不高的场合。

第二类是应用各种光照模型的体绘制方法,其主要缺点是场景中的所有元素都必须使用同一种绘制技术,这使得气体现象的模拟计算量极大,从而限制了使用。

第三类是利用分形几何的方法,先描述物体大致结构的形状,然后再利用随机仿射变换或光照将物体表现出来,适用于表现静止图像的精细结构。

第四类是基于细胞自动机的方法,其特点是组元简单,但组合效果复杂,适用于低维情况下简单模拟的场合。

第五类是从描述物体的运动过程来研究的方法(如基于扩散过程、粒子系统等),其优点是能够展现气体现象的动态特征,且真实感强,能够在虚拟场景中满足沉浸感的需要,难度在于运动规律的提取以及实时绘制。

这五类方法中,粒子系统具有独特的优点:

(1)粒子系统比较灵活。其组成粒子既可以是最简单的点,也可以具有一定的结构,可根据描述的对象随意调整,且相对来说易于实现。另外,Jos Stam 和 Eugene Fiume 在描述烟、云、蒸汽时,建立的风场中气体现象的紊流模型,将流动的风场视为一个随机过程。根据场景的特点,对粒子的数量、时间以及硬件平台的要求不苛刻。

(2)粒子系统的模型是过程化的,在其中可加入随机过程,因此,获得精细的模型不需大量的设计时间。

但粒子系统在实现上最大的缺憾是当粒子数达千数量级时,难以达到实时效果。在最近几年对粒子系统的研究中,一方面其应用范围日益扩大,另一方面其实现技术的研究也向着并行化方向发展。相信随着计算机技术的发展,对不规则物体建模的研究会出现新的成果。

表7-1给出了各种三维特效绘制技术主要性能的比较。

表7-1 不规则模糊物体视觉特效模型主要性能比较表

视觉特效技术	对象表示	运动表示	适用环境	计算代价	真实感效果
纹理映射	实体纹理函数	纹理参数变化	对真实感要求不高的场合	一般	真实感差
光照模型技术	密度集	光线变化	科学计算可视化	极大	真实感好
分形技术	分形集	分形参数变换	静止图像	不定	静态逼真

视觉特效技术	对象表示	运动表示	适用环境	计算代价	真实感效果
细胞自动机	细胞网络	状态转化规律	运动图像、中低平台	不定	一般
物理过程	温度、风、密度场	Navier Stokes 方程	科学可视化、高端应用	极大	真实感强
扩散过程	粒子烟团	扩散方程	可视化、高端应用	极大	真实感强
粒子系统	粒子图元	随机过程	运动图像、多平台	不定	真实感好

7.2 粒子系统技术的原理

如前文所述,粒子系统模型是迄今为止用于描述不规则物体最成熟的理论之一。对于不规则的模糊物体,有其确定的数学模型。按此模型,人们可以按照一定程序在计算机中绘制其三维图形,下文就其数学模型和图形绘制步骤进行阐述。

7.2.1 粒子系统的数学描述

1. 粒子的产生

无论粒子系统所表现的对象怎样,粒子总是产生在一定的空间范围内,如焰火的粒子系统中,火花粒子产生于爆炸的中心点处;在雨、雪的粒子系统中,雨点和雪花粒子在整个天空平面处产生;在瀑布的粒子系统中,水滴粒子在瀑布源头如山石缝隙处产生;在火焰的粒子系统中,火焰粒了在燃烧物表面产生;在空中爆炸的粒子系统中,爆炸碎片的粒子产生于一个球形区域内,而在地面爆炸中,可假设碎片粒子产生在装药范围内等。图工是圆形、环形、矩形三种粒子产生的区域。除了确定产生粒子的空间范围外,还需研究粒子的初始分布规律。一般地,设产生的粒子的坐标为 x, y, z,则它们满足一个约束方程,表示为 $f(x, y, z) = 0$,且 x, y, z 服从某一概率分布 $P(x, y, z)$。

粒子的产生由随机函数控制,每一帧产生的数目直接影响着模糊物体的密度,第 f_i 帧产生的新粒子数目 $N(f_i)$ 可使用下述两种方法定义。

第一种方法为

$$N(f_i) = M(f_i) + \text{rand}(i) \times V(f_i) \tag{7-5}$$

式中:rand(i)产生[-1.0,1.0]区间内均匀分布的随机数;$M(f_i)$ 表示产生粒子数目的平均值;$V(f_i)$ 表示预先设定的随机粒子数分布范围。

第二种方法为

$$N(f_i) = [M_s(f_i) + \text{rand}(i) \times V_s(f_i)] \times A_s \tag{7-6}$$

式中:$M_s(f_i)$ 表示预设的单位显示区域内粒子的平均数;$V_s(f_i)$ 表示预设的单位显示区域内粒子数的随机变化范围;A_s 是粒子系统显示区域面积。

在实际计算中，$M(f_i)$、$V(f_i)$、$M_s(f_i)$、$V_s(f_i)$可以定义为常数或变量。

2. 粒子的初始属性

对每个新产生的粒子都必须赋予初始属性，如初始位置、方向、颜色、透明度、尺寸、形状和生存期等。粒子的初始位置和初始运动方向由粒子的产生区域决定，其他属性用下式计算，即

$$属性 = 属性的均值 + rand() * 属性的方差 \qquad (7-7)$$

如粒子初始速度为

$$S = S_M + rand() \times S_V \qquad (7-8)$$

式中：S_M为粒子平均速度；S_V为预设的粒子的速度范围。

同理，有

$$C = C_M + rand() \times C_V \qquad (7-9)$$

$$T = T_M + rand() \times T_V \qquad (7-10)$$

$$L = L_M + rand() \times L_V \qquad (7-11)$$

式（7-8）~ 式（7-11）中：C_M、T_M、L_M分别表示颜色、透明度、生存期的平均值；C_V、T_V、L_V分别表示颜色、透明度、生存期的预设范围值。

3. 粒子的活动

粒子产生后，一帧接一帧地运动，直至死亡。其关于帧号f_i的运动特征描述如下。

（1）位置$P(f_i)$，即

$$P(f_i) = P(f_i - 1) + S(f_i - 1) \times (f_i - f_{i-1}) \qquad (7-12)$$

（2）速度$S(f_i)$，即

$$S(f_i) = S_M + rand() \times V_s + A \times (f_i - f_0) \qquad (7-13)$$

（3）颜色$C(f_i)$，即

$$C(f_i) = C_M + rand() \times C_V + \Delta C \times (f_i - f_0) \qquad (7-14)$$

（4）透明度$T(f_i)$，即

$$T(f_i) = M_T + rand() \times T_V + \Delta T \times (f_i - f_0) \qquad (7-15)$$

（5）生存期$L(f_i)$，即

$$L(f_i) = L(f_{i-1}) - 1 \qquad (7-16)$$

式（7-12）~ 式（7-16）中：f_i为帧号，$i = 0$时为初始帧，A、ΔC、ΔT分别为粒子的加速度、颜色变化率、透明度变化率，均可定义为常数。

4. 粒子的死亡

粒子一旦产生就被赋予生存期，用帧数来衡量，随着粒子一帧一帧地运动而递减，递减到 0 时，粒子死亡，将其从系统中删除。还可以采用其它方法衡量粒子的存亡，如当粒子的颜色和透明度值低于限定值，或粒子的运动超出给定距离，则可认为粒子死亡。粒子的产生、活动、死亡三个阶段构成了动态进化的画面。

7.2.2 粒子系统的实现步骤

图7-3给出了一个完整的粒子系统结构组成。根据粒子系统理论,粒子系统中的每个粒子都要经历一个产生、发展、消亡的过程。生成粒子系统的一般步骤为:首先根据待描述的具体对象的外观特征,分析得到粒子的外观属性;然后研究所描述对象的运动及变化特点,抽象出粒子的运动和变化规律,再对所得到的属性进行定量描述;最后逐帧生成图像。

（1）生成一定数量的新粒子加入系统。

（2）赋予每一新粒子以一定的初始属性。

（3）除那些已经超过其生命周期的粒子。

（4）根据粒子的动态对粒子进行变换及改变属性。

（5）绘制并显示由有生命的粒子组成的图形。

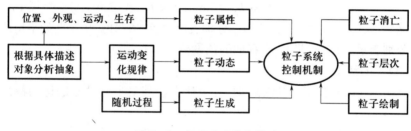

图7-3 粒子系统基本模型

7.3 战场自然环境特效的粒子系统

很多自然现象可用粒子系统来描述,比较典型的有云、雨、雪等。对这些自然现象的描述,构成了数字化战场的自然环境特效。

7.3.1 云的粒子系统

1998年,Matthias和Andrzej运用粒子系统,从云的物理原理出发,结合纹理映射技术建立了云模型。其核心思想是采用具有纹理的多面体顶点集代替粒子群,以大大减少粒子系统中粒子的数量,原来粒子的运动用面片顶点的运动代替,几十个平面就可以表现原来成千上万个粒子呈现出来的形态,从而使粒子系统的实时仿真能得以实现。这种方法虽然降低了模型的物理真实性,但在只要求视觉效果而不需要进行物理模型仿真的虚拟现实和视景仿真等环境中,却能达到实时性和真实性的兼顾。

Matthias等人由浮力原理、理想气体定律以及冷却定律导出描述气体流动的公式为

$$F_{up}(t) = \frac{gpV}{R}\left[\frac{\mu_A}{T_A} - \frac{\mu_c}{(T_c(0) - T_A)\exp\left(\frac{-t}{\tau}\right) + T_A}\right] \qquad (7-17)$$

式中:F_{up}为云受到的浮力;g为万有引力常量;p为大气压力;t为时间;V为云的体积;R为普适气体常量;μ_A为空气分子的平均分子量;T_A为空气温度;μ_c为云气分子的平均分子量;T_c为云的温度,并且

$$\tau = \frac{c_p m_c}{\alpha m_A} \qquad (7-18)$$

式中:c_p为常压下云的热容;α为常量;m_c为云质量;m_A为空气质量。

为了表示风的作用,还加入了摩擦力参数F_{FR},即

$$F_{FR} = C_{FR}(V_{wind} - V_{cloud}) \qquad (7-19)$$

在粒子上赋予纹理,可以绘制出如图7-4所示的云群场景。

图7-4 在粒子上赋予纹理绘制的云群

7.3.2 雨雪效果的粒子系统

1. 静态属性

雨点和雪花粒子的静态属性主要包括:粒子形状和大小,粒子颜色和透明度,光在粒子群中的透射、反射和散射等。其中,粒子的形状选择三维的球体,粒子的大小就可根据球体的半径唯一决定。粒子的颜色与模糊物体的整体外观颜色是一致的,但是,某些粒子的颜色是有一些差别的,这主要和环境光的照射程度、粒子群的透明度息息相关;而粒子的透明度是物体的整体外观透明度的体现。另外,光在粒子群中的透射可以通过透明度的计算来实现;光在粒子群中的反射和散射要通过对具体的模拟对象进行仔细分析后才能得出,不同形状和材质的粒子所对应的反射和散射是很不相同的。

2. 动态属性

雨点和雪花粒子的动态特性主要包括粒子群的密度分布变化、粒子随其动力

学特性的变化等。雨点和雪花粒子的产生是通过一个随机过程来控制的,首先要控制的是在每个时间间隔中要进入系统的粒子数目,这个量值将直接影响所模拟对象的密度分布大小。在粒子系统中,雨点和雪花粒子要在三维空间中运动。按照物体的运动规律,物体中粒子的加速度 a、速度 v 和位置 s 有如下的约束关系,即

$$\begin{cases} v = v_0 + \int a\mathrm{d}t \\ s = s_0 + \int v\mathrm{d}t \end{cases} \qquad (7-20)$$

3. 雪的动态仿真模型

雪花在降落的过程中,会作螺旋运动。有风时,随风飞扬。用粒子系统实现雪的实时仿真时,每个粒子表示多个雪花,用一个四边形表示,将雪花图像作为纹理贴到四边形上,通过图像合成,生成逼真的雪景。雪花粒子的属性包括初始位置、大小、初始运动速度、加速度、初始旋转方向、初始旋转角、螺旋运动半径、螺旋运动步长、生命周期。

4. 雨的动态仿真模型

雨的动态仿真模型采用和雪花仿真相类似的方法,不同的只是由于雨滴比雪花重,在降落的过程中,不作螺旋运动,只作自由落体运动。有风时,同样受风的影响。用粒子系统实现雨的实时仿真时,每个粒子表示多个雨点,用一个四边形表示,将雨点图像作为纹理贴到四边形上,通过图像合成,生成逼真的雨景。雨滴粒子的属性包括位置、大小、运动速度、加速度和生命周期。

图 7-5 为采用粒子系统绘制的雨幕场景。

图 7-5　采用粒子系统绘制的雨幕

7.4　战争场景特效的粒子系统

虚拟战场环境中爆炸、火光、烟雾、燃烧等特殊效果表达的逼真程度直接影响

着整个系统,根据这类不规则物体的特点,可以选择粒子系统和分形相结合的方法来进行模拟。目前,粒子系统模型与纹理映射模型、体过程模型、分形几何模型相结合,成为特效仿真技术发展的主要特点。

7.4.1　爆炸特效的粒子系统

用粒子系统模拟爆炸有几个特点:

(1) 爆炸过程中,粒子只在初始帧产生,而在随后的帧序列中只要改变在初始帧产生的粒子属性即可,而不必产生新的粒子。

(2) 由于实际爆炸产生的碎片形状可以多种多样,显然,要完全模拟实际情况是不可能的,但可以通过建模预先定义一系列不同形状的爆炸碎片,如三角面片、长方体、多面体等,然后用随机函数为爆炸粒子增加形状属性。

(3) 爆炸过程中,各粒子除了在速度方向上的运动外,还有绕三个坐标轴的旋转运动。每一帧粒子与轴的夹角利用上一帧的夹角和旋转角速度来插值产生,即

$$\theta(f_i) = \theta(f_{i-1}) + \omega \times (f_i - f_{i-1}) \tag{7-21}$$

(4) 由于重力的作用,各碎片的运动轨迹应为抛物线运动,直至最后坠落在地面上,这也是粒子的死亡条件。而粒子在每一帧的速度的计算与上述夹角的计算基本类似,即

$$v(f_i) = v(f_{i-1}) - g \times (f_i - f_{i-1}) \tag{7-22}$$

式中:g 为重力加速度。

图 7-6 为采用粒子系统绘制的爆炸场景。

图 7-6　采用粒子系统绘制的爆炸场景

7.4.2　火焰特效的粒子系统

根据粒子系统理论,在对火焰进行模拟时,每一个粒子都应被视为一点光源,并根据光照模型计算画面上每一像素的光亮度值。由于光照计算非常耗时,所以如果按照经典粒子理论来模拟火焰,将很难达到实时性要求,为此,对火焰粒子作

一定简化,即将每一个火焰粒子视为一个点,并利用其颜色变化来达到火焰的近似效果,而在具体绘制某一帧时,绘制的是位于粒子当前运动位置的点或者是代表粒子在相邻两帧之间的运动路径的线段。

用一个平行于世界坐标系的 XOZ 平面的圆作为火焰的粒子发射器,假设圆心和半径分别为(O_x,O_y,O_z)和 r,圆的方程为$(x-O_z)^2+(z-O_z)^2=r^2$,由粒子发射器产生的新粒子的初始位置为$(O_x+\mathrm{rand}()\times r,O_y,O_z+\mathrm{rand}()\times r)$,速度方向的描述采用球面坐标系,设单位速度矢量 v 与世界坐标系 z 轴正向的夹角为 φ,v 在 XOY 平面上的投影与 x 轴正向的夹角为 θ,则

$$\begin{cases} v_x = \cos\varphi\cos\theta \\ v_y = \sin\varphi\cos\theta \\ v_z = \sin\theta \end{cases} \tag{7-23}$$

式中:φ 和 θ 可以由随机函数定义,即

$$\begin{cases} \varphi = \varphi_m + \mathrm{rand}()\times\varphi_d \\ \theta = \theta_m + \mathrm{rand}()\times\theta_d \end{cases} \tag{7-24}$$

式中:φ_m 和 θ_m 为均值,一般取为 $90°$;φ_d 和 θ_d 为方差,一般取为 $10°$ 左右效果较好。

图 7-7 为采用粒子系统绘制的火焰燃烧效果。

图7-7 采用粒子系统绘制的火焰燃烧效果

7.4.3 烟雾特效的粒子系统

这里给出的模拟烟雾方法基于气体动力学理论,算法以球为基本粒子对对烟雾进行造型,应用透明度扰动技术模拟烟雾的浓淡变化,基于气体动力学方程,求解烟雾的运动。与传统的粒子系统相比,可大大降低粒子的数量;与湍流运动随机模型相比,算法既保证了生成烟雾的逼真度,又具有良好的实时性。

1. 烟的行为描述

与烟行为相关的因素包括烟运动速度、烟的温度和风的作用:第一个因素是烟

的运动,当烟以一定速度进入空气时,由于烟与空气的摩擦,烟受到空气的剪切力作用而产生旋转变形,使得烟与空气进行混合,产生湍流效果;第二个因素是烟的温度,在烟的内部,由于温度高的部分受浮力大,上升速度快,而与之相反,温度低的部分受浮力小,上升速度慢,因此,由于温度的差异,引起烟内部也会产生剪切作用而扩散;第三个因素是风的作用,当烟受到风的吹动时,烟在水平方向以接近风速的速度移动,同时烟受空气浮力作用向上运动。

2. 烟运动的物理方程描述

采用流体力学的方法,可以对烟进行精确的描述。由燃烧而产生的烟,其气体的压缩微乎其微,可以认为烟是不可压缩的气体,用 Navier – Stokes 方程可描述为

$$\frac{\partial u}{\partial t} = v \nabla \cdot (\nabla u) - (u \cdot \nabla) u \qquad (7-25)$$

式中:∇ 是梯度算子;u 是烟的运动速度。由于烟的温度高,其密度小,烟会受到周围冷空气所产生的浮力,其浮力大小为

$$F_b = -\beta g_e (T_0 - T_k) \qquad (7-26)$$

式中:β 是热气流扩张系数;g_e 是烟粒子的质量;T_k 是烟粒子周围气体的平均温度;T_0 是烟气温度。烟粒子的温度变化,可由如下微分方程描述,即

$$\frac{\partial T}{\partial t} = \lambda \nabla \cdot (\nabla T) - \nabla \cdot T_u \qquad (7-27)$$

烟气上升力 $f_h(t)$ 可表示为

$$f_h(t) = H \cdot (T(t) - T_e) \qquad (7-28)$$

式中:$T(t)$ 为粒子的温度;H 为粒子上升力控制参数;T_e 为环境温度。在气流场中,烟粒子的上升力是由粒子自身的上升过程而引起的。上述方程组在理论上可以精确求解,但是其求解非常复杂,需要对差分方程不断进行迭代运算,计算复杂性很高。

Navier-Stokes 方程描述的烟模型,通常用于烟的精确模拟和可视化研究。战场环境中的烟物,只需满足人的视觉真实感,并不需要非常精确地符合物理方程。

在烟粒子的运动中,起主要作用的是烟气上升力 f_h,它是烟粒子不断上升的动力。在分析影响烟运动的主要因素后,给出如下简化方法来描述烟的运动:只考虑烟所受到的上升力 f_h 的作用;为了表现烟粒子的扩散,在对烟粒子绘制时,通过动态烟粒子纹理来表现烟粒子扩散过程中的形态变化。同时,通过引入动态粒子纹理,大大增强了画面的真实感。

3. 烟粒子运动仿真

烟粒子的温度变化,采用如下方程来描述,即

$$T(t) = (T_0 - T_e) \cdot e^{-ct} + T_e \qquad (7-29)$$

式中:$T(t)$ 为烟粒子的温度;T_e 为环境温度;c 为温度衰减控制系数。烟粒子的运

动方程为

$$\begin{cases} Ma(t) = f(t) \\ a(t) = \mathrm{d}v(t)/\mathrm{d}t \\ v(t) = \mathrm{d}x(t)/\mathrm{d}t \end{cases} \tag{7-30}$$

式中:M 表示烟粒子的质量;$a(t)$ 表示粒子运动的加速度,且 $a(t) = \mathrm{d}^2 x(t)/\mathrm{d}t^2$;$x(t)$ 表示 t 时刻粒子的位置;$f(t)$ 表示 t 时刻粒子所受到的作用力,且 $f_h(t) = H \cdot (T(t) - T_e)$。

用微分方程的差分形式可表示为

$$\begin{cases} v(t + \Delta t) = v(t) + \Delta t \cdot f(t)/M \\ x(t + \Delta t) = x(t) + \Delta t \cdot v(t) \end{cases} \tag{7-31}$$

由该方程很容易求出每个时刻 t 时的粒子位置、速度。

图 7-8 为导弹在发射时的动态尾焰与浓烟效果。

图 7-8　导弹发射时的尾焰浓烟效果

7.4.4　通信链路特效的粒子系统

1. 算法的基本思想

建立星间通信管道,规定一定数量的粒子,在通信管道内从发送方向接收方运动。以粒子数量表示信道吞吐量,粒子速度表示信息传输速率,粒子的颜色表示通信的工作频段,在粒子运动方程中加入随机变量表示通信链路受到干扰,粒子越出通信管道则认为该粒子死亡。

基于该思想的画面绘制大致可分为粒子初始化分布、粒子运动、寿命判断及再生成几个步骤,下面分别加以介绍。

2. 粒子初始化分布

粒子的初始化分布是一个随机分布过程,分布区域为星间通信管道,如图 7-9(a)所示。

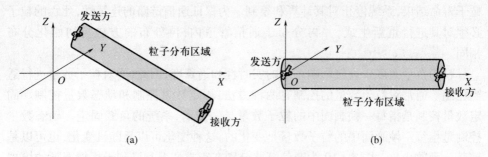

图 7 - 9 粒子分布区域图

(a) 世界坐标系;(b) 简化坐标系。

为方便计算,可将世界坐标系转换到如图 7 - 9(b) 所示的简化坐标系,当系统绘制时,再将粒子坐标由简化坐标系转换到世界坐标系。

在简化坐标系中,利用随机函数给每个粒子赋予一个三维空间坐标,若设 (x_{pi}, y_{pi}, z_{pi}) 为第 i 个粒子空间坐标,则

$$x_{pi} = L \times (1 + \text{rand}( ))/2$$
$$y_{pi} = r \times \text{rand}( ) \qquad\qquad (7 - 32)$$
$$z_{pi} = r \times \text{rand}( )$$

式中:rand( )是[-1,1]上均匀分布的随机函数;L、r 分别是星间距和通信管道截面圆的半径。

3. 粒子运动方程

在通信链路不受干扰的情况下,粒子运动可简化为匀速直线运动。设 x_{pn} 为第 n 帧某粒子的 x 坐标,则第 $(n+1)$ 帧该粒子的 x 坐标为

$$x_{p(n+1)} = x_{pn} + \text{d}x \qquad\qquad (7 - 33)$$

式中:$\text{d}x$ 是粒子运动的速度参数。

当通信链路受到干扰时,粒子运动可简化为正弦曲线运动,表示粒子的扰动过程。某个粒子的初始相位角 $\alpha(0)$ 由下式随机确定,即

$$a(0) = 360.0 \times \text{rand}( ) \qquad\qquad (7 - 34)$$

以后每帧的相位角 $\alpha(n) = \alpha(n-1) + \Delta\alpha$,$\Delta\alpha$ 是相位角增量,则第 n 帧粒子的坐标可分别由下式得到,即

$$x_{pn} = x_{p0} + \text{d}x$$
$$y_{pn} = y_{p0} + k \times \sin(\alpha(n)) \qquad\qquad (7 - 35)$$
$$z_{pn} = z_{p0} + k \times \sin(\alpha(n))$$

式中:x_{p0}、y_{p0}、z_{p0} 是初始化分布初值;k 是振幅常数。

4. 寿命判断及再生成

由于粒子按其运动方程移动,当某一粒子运动到通信管道区域外时,则认为该

粒子寿命结束,系统停止对其计算和绘制。为保证通信链路的连续性,死亡的粒子必须对其进行重新生成,并再分布于通信管道内,再分布的方法与初始化分布相同。

粒子数量的多少直接影响系统的实时性和逼真度,因此,要对粒子数量进行适当控制。通常对粒子数量的控制有两种方法:固定数量控制和动态数量控制。固定数量控制是指每一帧画面中的粒子数量是一定的,系统的负载固定。动态数量控制是指每一帧画面中的粒子数量是变化的,这种变化可以是随机变化,也可以是按某一函数变化。图7-10为通信链路分别在正常情况和受到干扰情况下的模拟效果。其中,粒子数量的控制采用了固定数量控制的策略。

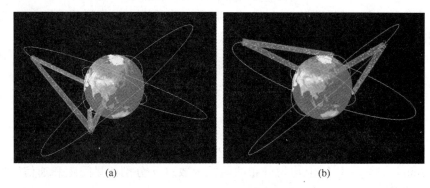

(a)　　　　　　　　　　　(b)

图7-10　通信链路的效果模拟

(a) 正常情况下的通信链路;(b) 受到干扰时的通信链路。

参 考 文 献

[1] Revees W T. Particle Systems-A Technique for Modeling a Class of Fuzzy Objects[J]. ACM Computer Graphics(SIGGRAPH'83),1983,17(3):359-376.

[2] Gardner Geoffrey Y. Visual Simulation of Clouds[J]. ACM Computer Graphics (SIGGRAPH'85),1985,19(3):297-303.

[3] Prelin K. An Image Synthesizer[J]. ACM Computer Graphics (SIGGRAPH'85),1985,19(3):287-296.

[4] Reeves W T,Blau R. Approximate and Probabilistic Algorithms for Shading and Rending Structured Particle System[J]. ACM Computer Graphics (SIGGRAPH'85),1985,19(3):313-322.

[5] Peachey D. Modeling Waves and Surf[J]. ACM Computer Graphics (SIGGRAPH'86),1986,20(3):65-74.

[6] Moore M,Wilhelms J. Collision Detection and Response for Computer Animation[J]. ACM Computer Graphics (SIGGRAPH'88),1988,22(4):289-298.

[7] Kass M,Miller G. Rapid Stable Fluid Dynamics for Computer Graphics[A]. ACM Computer Graphics (SIGGRAPH'90),1990,24(3):49-57.

[8] Jacub Wejchert,David Haumann. Animation Aerodynamics[A]. ACM Computer Graphics(SIGGRAPH'91),1991,25(4):19-22.

[9] Breen D E,House D H,Getto P H A. Physically-based Particle Model of Woven Cloth[J]. The Visual Comput-er,1992,8(5):264-277.

[10] Shinya M,Fourmier A. Stochastic Motion under the Influence of Wind[A]. Proceedings of Eurographics'92 [C],1992:119-128.

[11] Stam Jos,Fiume Eugene. Turbulent wind fields for gaseous phenomena[J]. ACM Computer Graphics (SIG-GRAPH'93),1993,27(4):369-375.

[12] Stam Jos,Fiume Eugene. Depicting fire and other gaseous phenomena using diffusion processes[J]. ACM Computer Graphics(SIGGRAPH'94),1994,29(4):129-135.

[13] 唐荣锡,汪嘉业,彭群生,等. 计算机图形学教程[M]. 北京:科学出版社. 1994.

[14] 杨子华,刘宏芳. 基于粒子系统模型的自然景物生成技术应用研究[J]. 计算技术与自动化,1998,17 (3):20-23.

[15] 彭群生,鲍虎军,金小刚. 计算机真实感图形的算法基础[M]. 北京:科学出版社,1999.

[16] 白建军,等. OpenGL 三维图形设计与制作[M]. 北京:人民邮电出版社,1999.

[17] 向世明. OpenGL 编程与实例[M]. 北京:电子工业出版社,1999.

[18] 张秀山,等. 虚拟现实技术及编程技巧[M]. 长沙:国防科技大学出版社,1999.

[19] 童若锋,陈凌钧,汪国昭. 烟雾的快速模拟[J]. 软件学报,1999,10(6):647-651.

[20] 谢剑斌,郝建新,蔡宣平,等. 基于粒子系统的雨点和雪花降落模拟生成[J]. 中国图像图形学报, 1999,4(9):734-738.

[21] 张芹,谢隽毅,吴慧中. 火焰、烟、云等不规则物体的建模方法研究综述[J]. 中国图像图形学报, 2000,5(3):186-190.

[22] 詹荣开,罗世彬,贺汉根. 用粒子系统理论模拟虚拟场景中的火焰和爆炸过程[J]. 计算机工程与应用,2001:91-92.

[23] 鄢来斌,李思昆,曾亮. 动态浓烟建模与实时绘制技术研究[J]. 计算机工程与科学,2001,23(1): 68-71.

[24] 张芹等. 基于粒子系统的建模方法研究[J]. 计算机科学,2003,30(8):144-146.

[25] 董志明,彭文成,郭齐胜. 基于粒子系统的战场环境特效仿真[J]. 系统仿真学报,2006,18 (suppl. 2):470-474.

[26] 孙向军,刘凤玉,张宏,等. 战场态势信息的分布交互式视景仿真[J]. 计算机仿真,2003,20.

[27] 李宁,彭晓源,杨振鹏. 虚拟环境中的空间立体声显示[J]. 计算机工程,2004,30(4).

[28] 郑援,李思昆,胡成军,等. 面向虚拟战场的实时立体声合成[J]. 计算机研究与发展,1999,36(4).

[29] 廖学军. 虚拟战场环境应用理论与技术研究[D]. 北京:装备指挥技术学院,2004.

[30] 刘海洋. 空间作战环境视景建模与仿真[D]. 北京:装备指挥技术学院,2006.

第8章　战场电磁环境可视化

随着电子技术和信息技术的突飞猛进,电子战已经成为信息化条件下战争中的一种重要对抗形式和手段,复杂电磁环境成为战场环境的一个重要组成部分。复杂电磁环境实质上是战场信息所依存的主要媒介,大部分战场信息的获取与传输都在该域内完成。与其他各域相比,电磁环境具有鲜明的特点:一方面,电磁环境是不可见的,指挥员在基于作战态势图进行决策时往往容易考虑那些可见的元素而忽略电磁环境的影响;另一方面,战场电磁环境随着武器装备的演化正变得日益复杂,对于电磁环境的忽略可能会导致装备的性能损失甚至失效,从而影响作战任务的达成。正是在这样的背景下,对于战场电磁环境的可视化越来越引起军事人员的关注,成为战争模拟与战场环境仿真中的一个重要环节。本章将在对电磁环境及其研究进行综述的基础上,介绍战场电磁环境可视化的技术途径和典型应用。

8.1　战场电磁环境概述

自20世纪初以来,电磁波已经成为战场信息的最佳载体和重要媒介。通信、雷达、光电以及火控制导、电子对抗等各种电子系统,在战场上各显神通,一个崭新的维度——电磁空间的出现拓展了传统的战场空间,电磁环境成为从根本上决定和影响其他战场实体发挥作用的重要因素。

8.1.1　电磁场与电磁波

电磁辐射特性是物体的基本属性。任何物体都具有特定的辐射特征,表现在对辐射的发射、反射、吸收、散射和偏振(或极化)等特性上。辐射自身的基本表征量是强度(功率)和波长(或频率),可以利用这两个基本量表征物体的上述五种基本的辐射特征。

电磁波是电磁辐射的产物,它是一种横波,可以用麦克斯韦方程组来描述。电磁波按波长可以划分为无线电波、微波、红外、可见光、紫外、X射线等多个波段,各具用途,如图8-1所示。在自由空间,电磁波的电场和磁场相互垂直耦合,所以只要知道一个场的方向和强度,便可利用麦克斯韦方程求得在传播方向上另一个场的方向和大小,即

$$\begin{cases} \nabla \times H = J + \dfrac{\partial D}{\partial t} \\[2mm] \nabla \times E = -\dfrac{\partial B}{\partial t} \\[2mm] \nabla \cdot B = 0 \\[2mm] \nabla \cdot D = \rho \end{cases} \qquad (8-1)$$

式(8-1)是微分形式的麦克斯韦方程组,分别为全电流电流、电磁感应定律、磁通连续性原理和高斯定律的微分形式。

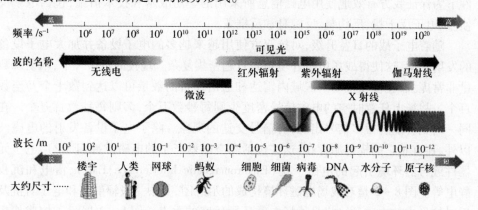

图 8-1　电磁波段与频谱的划分

对于电磁场的可视化,通常是选取电场或磁场的场强分布作为主要表现的特征量。由于电磁场是矢量场,所以也常用电力线或磁力线表示电场或磁场的方向。因此,矢量场和标量场的可视化技术对于电磁场的可视化具有适用性。

8.1.2　战场电磁环境

电磁环境(Electromagnetic Environment,EME)一般指存在于某区域的所有电磁现象的总和,美国国防部军事术语词典中将电磁环境定义为:在特定的行动环境里,军队、系统或者平台在执行其规定任务时可能遇到的,在各种频率范围内由辐射或传导的电磁发射在功率和时间上分布的结果。它是电磁干扰、电磁脉冲,电磁辐射对人员、军械和挥发性材料的危害,以及雷电和沉积静电等自然现象的综合。

电磁环境主要分为两类:工业、生活与电子战中产生的人文电磁环境,自然现象形成的自然电磁环境。人文电磁环境又包括民用电子设备产生的电磁环境以及各种军用电子装备产生的电磁环境,如通信、雷达、光电设备所形成的环境,以及电子对抗设备所形成的环境。当今的战场充斥着各种使用电磁能的电子系统,电磁信号的分布在空间上从空、天到地表(包括海面)和海面以下,形成了复杂的电磁环境。从战场可能遇到的电磁环境的构成和特点来分析,基本上可以将战场电磁环境定义为:在特定的战场空间内,对作战行动有影响的自然电磁现象和人为电磁现象的总和。

当今的战场是实施电子战(Electronic Warfare,EW)的战场,电子战是指敌我双方利用无线电电子设备或器材进行的电磁信息斗争,电子战包括电子对抗(ECM)和电子反对抗(ECCM)。电子对抗是指为了探测敌方无线电电子设备的电磁信息,削弱或破坏其使用效能所采用的一切战术和技术措施。电子对抗包括电子侦查、电子干扰、伪装、隐身和摧毁。电子反对抗是指在敌方实施电子对抗的条件下为保证我有效地使用电磁信息所采用的一切战术和技术措施,包括电子反侦查、电子反干扰、反伪装、反隐身和反摧毁。

随着电子战的日益升级,对抗双方使用越来越多的电子设备并加大电子设备的发射功率,这使得战场电磁环境信号日趋密集复杂。现代战争条件下,辐射源数量非常庞大,往往在很小的区域内雷达和通信设备的数量可以达到数十个乃至数百个。战场上任意时空的电磁信号密度少则每秒数万个,多则每秒数百万个。在同一时刻可能有很多信号出现,有信号交迭的现象。除了电子设备发射的电磁波以外,还有其它的辐射源存在,这些包括高空磁暴产生的电磁脉冲(EMP)、电子元器件或自然环境引起的电磁干扰(Electromagnetic Interference,EMI)、雷电和沉积静电等。图8-2是对战场电磁环境构成的示意图,其中一般辐射源和电子对抗及反对抗形成的电磁环境将是战场电磁环境研究的重点。图8-3展示了构成战场电磁环境的各种典型要素场强和频率的对比。从中可以看出,雷达信号通常较通信信号分布在更高的频段,它们均有可能受到电磁脉冲和电磁干扰的影响。

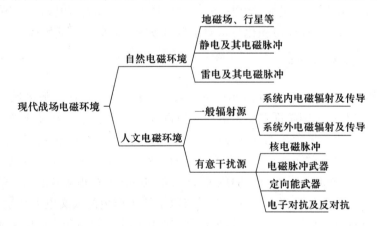

图8-2　战场电磁环境构成

8.1.3　战场电磁环境的复杂性

军事行动是在越来越复杂的电磁环境中实施的。由于战场电磁环境受参战地

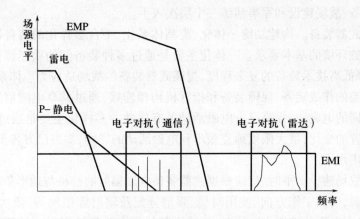

图 8 − 3　战场环境中各种信号频率与场强简单对比

域装备的分布状况、工作频率、辐射功率(场强)、辐射方式、所处地理环境、气象条件等多种因素的影响,所以战场电磁环境是复杂的、随机的,通常称为复杂电磁环境。战场电磁环境的复杂性表现在以下几个方面:

(1)空域上纵横交错。信息化战场上,来自陆、海、空、天不同维度作战平台上的电磁辐射,交织作用于敌对双方展开激战的区域,形成了重叠交叉的电磁辐射态势,无论区域的哪一个角落,都无法摆脱多种电磁辐射的影响。

(2)时域上持续不断。利用电磁实施的侦察与反侦察、干扰与反干扰、摧毁与反摧毁持续进行,使得作战双方的电磁辐射活动从未间歇,时而密集,时而相对静默,导致战场电磁环境始终处于剧烈的动态变化中。

(3)频域上密集重叠。从原理上讲,电磁频谱的范围固然可以延伸到无穷大,但由于电磁波传播特性的限制,交战中敌对双方都只能使用有限的频谱片断,这就使密集的电磁波拥挤在狭窄的频谱之中,大大增加了电磁对抗的复杂性。

(4)效能上随机多变。在作战的全过程,对抗双方都会根据作战目的和毁伤要求,频繁调控变换着辐射能量的强弱及形式,如此一来,不仅可以更多、更远、更快地探测和传递电磁信息,还可以形成干扰压制与欺骗,甚至达成毁伤效果。

如此复杂的电磁活动,在上述四个领域共同作用,增加了指挥作战的复杂性。处于电磁劣势一方难免感知迷茫、指挥紊乱、控制失效,最终陷入"看不见、联不上、打不准、藏不住"的挨打境地。随着处于电磁优势一方不断施加电磁干扰,特别是实施针对性、破坏性强的电磁攻击行动,这种困境将持续并加剧。所以为了创造有利的战场电磁环境,需要全面完善对复杂战场电磁环境的适应能力,探索展开电磁对抗行动的方法,而分析和展示战场电磁环境就是实现知己知彼的重要一步。

8.1.4　战场电磁环境的建设

战场电磁环境的建设,目的是为了提升己方适应多变的电磁环境的能力,可以从武器装备、战场建设和军事演练三个层次入手。

（1）武器装备。构建功能一体化、类型体系化、平台多样化的装备体系，是适应战场电磁环境的基本要求。一体化主要是通过多种装备间的功能综合，减少设备数量，降低高技术装备的复杂程度，提高武器装备的战场适应力。体系化主要是将不同种类的作战装备、保障装备和指挥机构相连接，通过共享电磁信息资源，减少功能雷同的电磁波，提高己方电磁活动的有序性。多样化主要是通过技术平台形式和位置的变化，最大限度地克服不利电磁活动的影响，提高己方各类技术平台的电磁应用水平。

（2）战场建设。平时，就应根据武器装备电磁辐射的特征与地形条件，合理配置电磁资源，使其工作方向、使用时机、频谱分配及辐射源组网等，依次有序地展开，提高己方电子防御能力。同时，持续更新战场电磁环境资料，不间断地监测战场范围内电磁信号变化，经过反复验证，发现对方电磁活动的使用特征与变化规律，判明利弊，发掘高价值情报。此外，还应加强辐射源阵地的反侦察和抗摧毁建设，尤其是电子伪装、电子诱饵以及严格的电磁管控。

（3）军事演练。复杂电磁环境下的军事训练，一般应形成三层训练体系。第一层以建模仿真技术，模拟设备所处的战场电磁环境，检验装备性能，满足专业兵种的基础训练与合同战术训练需求，提高战术训练的适应能力。第二层是借助分布交互式仿真技术，把分散的软硬件设备及参训者联起来，构建网络化作战实验室，展开联网指挥控制系统训练，使作战指挥控制适应复杂电磁环境。第三层以训练基地为依托，在近似未来战场的地理空间，建立专业化模拟部队与研究机构，形成稳定的组合式电磁环境训练模式，以基地化实兵实装联合训练，逼真地反映电子对抗与电磁环境，全面提升联合作战行动对电磁环境的适应能力。

8.1.5 战场电磁环境的利用

对于战场电磁环境的利用，包括指挥自动化系统利用电磁手段获取战场态势信息和进行信息传输、管理电磁资源以及开展电磁对抗等行动。

1. 战场态势的感知与信息传输

战场环境中产生电磁辐射的装备的主要作用有两种：信息获取与信息传输。

信息获取技术是通过传感电磁辐射的方法来获得物体的信息。信息传输与传递是指把各种形式的信息从一处传送到另一处的过程，包括发送、传输、接收等环节。它们分别以电信号、无线电波、微波以及光作为载体传播信息。

信息化战场条件下指战员能够开展有效作战行动的前提条件就是实现对战场态势的感知，而这主要依赖于从天基到陆基、海基的各类侦察装备来实现，它们自身也构成战场电磁环境的一部分。

战场态势的感知,也应包括对战场电磁环境的感知,就是指指挥员对战场上电磁资源的分布、工作状态和电磁场特征参数的综合性了解。电磁资源通常包括对电磁活动产生影响的各种辐射源、传播媒质和反射体等,也包括各类电子侦查装备。只要通过对其作用空间、工作时间、工作频率和辐射功率实施管理和控制,就可以使实现战场空间内的各种电磁活动变得有序和兼容共存,进而形成有利的战场电磁态势。

信息传输技术就是利用通信网将广泛分布于战场的陆、海、空、天各类作战平台的电子信息系统和武器装备连接起来,实现人与装备之间的互连、互通、互操作。通信链路的连通性是战场电磁环境分析中关注的问题。

2. 对战场电磁资源的使用

对战场电磁资源的使用,应体现平战结合的思想。

平时,重在管理。首先,应当在作战部门建立权威性的电磁资源管理机构,强制实施战场电磁资源管理,创造和利用有利的战场电磁态势。其次,应建立不间断的战场电磁环境监测网,通过全空域、全频域、全天候监测战场内敌我双方的电磁活动,持续更新电磁信号数据库,准确把握战场电磁环境的变化规律,服务于战备和技术保障。

战时,重在控制。必须结合情报、信息作战和其他保障部门的需求,统一制定电磁资源使用与协调计划,并纳入到整体作战计划之中。由于电磁态势的变化是战场态势发生变化的重要导向,实时的电磁资源控制将贯穿于作战始终,所以要求在作战的全过程中,视战场态势的变化,适时调整战前的电磁资源管控计划。除了要防御敌方破坏我方电磁环境之外,更要积极地与敌开展高强度的、持续不断的电磁对抗,干扰、破坏、摧毁敌方精心构筑的电磁环境,使战场电磁态势向有利于我的方向转化。

8.2 战场电磁环境可视化的研究途径

战场电磁环境的研究,最有效的手段是对电磁环境的建模和仿真。其中模型可以包括数学模型、程序模型和实物模型;规模可以从单机仿真到大规模分布式仿真;仿真的尺度可以从单个装备到整个战场环境。仿真可以服务于武器装备的电磁兼容性(Electromagnetic Compatibility,EMC)验证、战场态势获取和电子战模拟等多重目的。而建模和仿真的数据结果,通常以难以理解的海量数据的形式存在,必须进行可视化的处理,以直观的形式展现给各级指战员和技术保障人员,构成指挥自动化系统中的人机界面。

这就形成了战场电磁环境可视化的基本目的,其应用面向作战指挥与装备保障,其研究内容可以视为科学计算可视化和电磁环境仿真两类技术的交叉,以下将简介电磁可视化技术的研究现状和研究思路。

8.2.1　研究现状

电磁环境可视化研究可以从两个方面着眼：一是战场环境中涉及电磁辐射的军事资源的电磁特性的表现；二是对战场空间的电磁场进行科学计算可视化的表现，进一步通过二维、三维矢量场或标量场可视化的方法绘制出来。

对于第一个方面，国内外一些具有战场可视化功能的军用仿真及想定编辑软件有所涉及，典型情况是对雷达或通信设备的工作状态给出示意性的表示。这方面的代表性软件有 CAE 公司的 STRIVE 等，或直接以雷达或红外设备的视点对战场进行表现，如视景仿真软件 Vega 的雷达和红外模块。对于战场可视化的一些要素和经验，可以参考北约的研究与技术组织（RTO）专门针对军事应用中的可视化问题的研究报告。

对于第二个方面，主要通过解算电磁方程进行，算法的优化是研究的重点。国外对电磁环境的仿真研究比较早，现有部分商用软件可以实现对电磁环境的仿真，同时又具有一定的可视化能力，如 Ansoft 公司出品的 Maxwell、ANSYS 公司出品的 EMAX 等，此类软件按照实现机理又可以分为四类：

（1）基于矩量法的软件。矩量法在天线分析和电磁场散射问题中应用比较广泛，已成功用于天线和天线阵的辐射、散射问题，微带和有耗结构分析，非均匀地球上的电磁波传播及人体中电磁吸收等。基于矩量法的电磁仿真软件有 Ansys FEKO、ADS（Advanced Design System）、Sonnet、Zeland IE3D、Microwave Office、Ansoft Designer 等。

（2）基于时域有限差分法（Finite Difference Time - Domain，FDTD）的软件。FDTD 是近年来发展最为迅速的一种方法，应用范围最为广阔，在手机辐射、天线设计、不同建筑物结构室内的电磁干扰特性研究等方面均有应用。基于时域有限差分的仿真软件包括 XFDTD、XGTD 和 Wireless InSite、Zeland FIDELITY 等。

（3）基于射线跟踪的电磁仿真软件。基于射线跟踪法的方法一般用来计算城市建筑物之间以及不规则地形上电磁波远距离传播时的衰减特性，属于大尺度路径损耗预测方法。应用该方法的典型代表软件是 Wireless InSite。Wireless InSite 是 REMCOM 软件包中一款对复杂电磁环境进行仿真预测分析的软件。该软件基于 UTD/GTD 理论，采用射线跟踪方法建立传播模型，使用了一些计算机图形的方法加速模型的建立和处理，采用的算法当中包括 2D、3D 以及快速 3D 的算法，根据散射的特性以及跟物体相关的反射、透射系数评估电场、磁场，通过将电场与具体的天线模式相结合来计算路径损耗，到达时间以及到达角度等。

（4）基于电磁抛物方程方法的电磁仿真软件。基于抛物方程的电磁波波传播模型,不仅可以预测复杂大气条件下海面上的电波传播特性,还可以预测各种不规则地形对电波传播产生的反射、折射和绕射效应。该方法应用的典型代表软件是 AREPS。AREPS 是美国空间和海军作战系统中心(Space and Naval Warfare Systems Center,San Diego)大气传播分部(Atmospheric Propagation Branch,San Diego,CA)的研究小组在 EREPS 的基础上建立一个名为"高级折射效应预测系统(Advanced Refractive Effects Prediction System)"的软件平台。利用该软件平台可以得到复杂环境下电波传播特性,目前,主要应用于美国海军各基地的指挥自动化、雷达、电子战和军事通信系统,为其战场态势评估提电磁环境参考数据。

目前,商用的复杂环境下的电磁仿真与可视化软件很少,Wireless InSite 软件可以对复杂地形、植被等进行电磁波传播的仿真分析,但该软件本身不支持并行计算,而且主要侧重于对射线的跟踪仿真,若要实现大范围三维区域的电磁环境分布情况计算,需要在计算区域划分网格点,并设置相应的接收点,计算量相当大,仿真结果界面可以显示出射线的路径。AREPS 在图形表现方式上采用的是二维的电磁传播衰减值的表现,主要用于雷达等通信设备覆盖面的分析评估,没有提供电磁环境的三维表现图。要让指挥员或训练人员在虚拟世界真切地体验战场环境,直观地觉察到雷达的作用效果,必须将真实准确的雷达作用范围置于真实准确的战场环境当中,这就需要考虑大气、地形等真实环境因素对雷达作用效果的影响,将准确的电磁波传播以三维可视的形式展现给指挥员或训练员。

采用电磁方程解算来仿真电磁环境,其主要局限性是运算量大、存储需求大。运算量与存储量的大小与仿真区域的大小和电磁波频率有关,仿真的区域越小,电磁波频率越低,则运算量和存储量越小,且成指数关系。所以国内外对小空间、窄频谱的电磁环境仿真很多,主要服务于电子产品的分析设计,而鲜有对大空间、宽频谱的电磁环境的仿真。信号级的仿真虽然逼真度高,但只适用于在特定条件下对战场某个局部的特定装备进行电磁环境仿真,对于战场级的电磁环境仿真还无能为力。

综上所述,在当前的技术条件下,通过功能仿真,实现战场辐射源作用范围等信息显示并服务于指挥分析人员的决策和战斗人员的行动,不涉入电磁信号解算的细节,是面向作战指挥需求的最为可行的方案。对于电磁环境可视化的研究,需要建模/仿真手段的支持,其成果一方面应用于构建虚拟战场,一方面也可以进一步应用于部队实装的军事信息系统。

8.2.2 研究思路

可视化是对数据和模型提供一种直观的表现形式,是认知事物的一项重要辅助手段。战场电磁环境可视化,是保障人员对战场态势的正确而快速理解的重要手段,对于提升作战节奏、促进正确决策具有重要意义。研究战场电磁环境可视化,从属于战场空间可视化的范畴;研究目的,是为了服务于对战场空间有可视化需求的用户。具体而言,是以军事指挥控制人员为代表的各类作战人员和作战分析人员。这一出发点,决定了本书所关注的电磁环境的可视化,不是以计算空间某点的场强和信号密度等参数为目的,而是直接与军事行动的开展密切相关的各类电子系统的性能乃至效能指标的表现,这种表现可以从多种维度加以考量,其中一个重要的表现形式就是在三维战场空间的背景下对各类电磁辐射源进行表现,它是构成通用作战态势图(Common Operational Picture,COP)的重要组成部分,往往与地理信息系统(Geographic Information System,GIS)复合在一起,服务于对作战人员的决策支持。

基于目前国内外的研究情况看,战场电磁环境的建模仿真与可视化是紧密相互依靠的研究课题。如果没有建模仿真,电磁环境的可视化将成为无源之水,如果没有可视化,面对茫茫数据,指挥员将很难从中挖掘出对决策有用的关键量。因此,在开展研究的过程中,应该走建模仿真与可视化并行发展的道路。

吴迎年等构建了电磁环境仿真与可视化系统的总体框架,将系统划分为数据预处理与基础地理环境构建、数据库管理与维护、电磁环境计算与分析、电磁态势可视化和综合统计分析与决策支持五个模块,如图8-4所示。电磁环境计算与分析模块是其系统的核心部分,利用已有的数据和模型进行大量的计算。计算结果的一部分存储在数据库中用于随时调用进行分析与可视化,一部分临时计算结果直接用于分析与可视化。在应用层,将实现电磁态势可视化,并直接应用于决策支持。本章在余下的部分将重点介绍电磁环境计算分析和电磁态势可视化的关键技术。

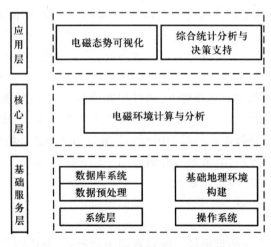

图8-4 电磁环境仿真与可视化系统框架

8.3 战场电磁环境可视化技术

本节将就战场电磁环境可视化研究的目标、表现内容、表现形式和实现途径进行简要的论述,简要勾勒战场电磁环境研究工作开展的技术路线图。

8.3.1 可视化的研究目标

可视化研究不仅要解决电磁数据的显示与表现问题,还需要解决数据的来源与生成问题。可视化对数据的表现应该是示意性显示与科学计算显示的综合与平衡。对于属性已知的辐射源,可以依据其仿真模型直接计算相关参数并加以显示,对于属性未知的辐射源,则应该通过对战场辐射源的侦察过程仿真来获取其相应属性,该过程可以通过仿真的方法实现。

通过对于战场电磁环境仿真与可视化的研究,应渐次达到以下目的:

(1)战场各类辐射源一览,包括辐射源的分布、基本参数、覆盖范围、与环境的交互等。

(2)支持指挥员对战场态势的感知,以及和电子战相关的行动决策。

(3)支持电子战仿真,并可服务于电子战演练、测试与评估。

(4)支持战场武器装备的电磁兼容性分析。

8.3.2 可视化的表现要素

战场电磁环境的构成非常复杂,实现可视化不应追求在表现上的巨细无遗,而应致力于抓住关键问题,通常应表现以下一些要素:

(1)辐射源基本情况,如信号强度、信号类型、信号覆盖、信号分布等。

(2)干扰设备工作的情况,如干扰波束的指向与宽度、对被干扰设备的干扰效果等。

(3)典型装备的工作情况,如雷达设备的威胁情况、通信设备组网的情况、红外探测器的探测范围和光电设备的探测范围等。

如果将指挥员所关心的战场电磁环境要素进行小结分类,应该涵盖对辐射源的时空特性、参数及应用的描述,详细分类如图8-5所示。

(1)电磁辐射源空间分布显示功能。该功能主要将战场空间上电磁辐射源的分布状况在数字地图上显示出来,包括通信电台、通信网络、雷达站、电子对抗装备、带有指控系统的武器系统,以及民用电子辐射源的分布状况等。该功能的实现可采用分层次与综合态势相结合的方法,分层次方法主要是为了更好地体现某个领域的电磁环境而专门设置的。综合态势则是为了体现电磁环境的总体态势显示而设置的。

图 8-5　战场电磁环境可视化要素

（2）电磁辐射范围显示功能。该功能主要显示重要电磁辐射源的有效作用距离,如雷达网的探测范围、受干扰的区域、通信电台的有效通信区域。

（3）电磁信号传播显示功能。该功能主要显示战场各种电磁辐射源的工作状态和指挥控制通信网络的信息流通情况,如通信线路的忙闲状态、受干扰状态、通信是否畅通等。

（4）电磁辐射源战术技术参数显示功能。该功能主要用来显示电磁辐射源的主要技术战术参数。该功能可以作为电磁环境态势的辅助显示功能,它通过对显示的电磁辐射源的查询来实现。

（5）电磁频率全景显示功能。实时显示战场上电磁信号的频率分布状况,如电子对抗侦察的电磁频谱全景显示器。

另外,在战场电磁环境可视化设计中,还可以设计辐射源数量统计、辐射源组织序列、主要战术应用等辅助显示功能。

8.3.3　可视化的表现形式

战场电磁环境可视化表现的基本原则应对战场各方有所区别:对于己方和友方装备,可以进行全息信息显示,并支持信息查询;对于敌方或中立方设施,仅显示经探测得到的情报信息。信息的显示需要人机界面的灵活支持,综合利用各种表现形式。

（1）二维态势。利用等高线表示场强的分布;利用圆形或锥形表示辐射源的最大作用范围的投影;利用连线和图标表示战术通信网络。

（2）三维态势。利用等值面表示场强分布;根据辐射源天线方向图和扫描方式绘制辐射源的作用范围;利用连线和图标表示战术通信网络;在不考虑实时性的场合,也可以应用三维数据场的体绘制技术。

（3）辅助视图。可以根据应用场合考虑采用适宜的辅助视图,如表示雷达告警接收机的面板视图;发射机或接收机的波形示意图;表示信号辐射特征的三维视图;表示各类装备功能的曲线图。

战场电磁环境可视化的表述形式可以多种多样,可以用图形、表格、资料、文字等基本方法。战场上的电磁信号极其复杂、仅通过一种方式是不可能将其表述清楚的,所以不仅要综合采用多种方法和手段,还应尽量使各种方式有机结合成一个功能完善且相互补充的整体,以便于充分反映战场电磁环境的实际。

8.3.4 可视化的技术手段

对战场电磁态势的可视化手段,主要可以分为二维和三维两种表现形式。

1. 二维电磁环境可视化

二维电磁环境可视化主要运用等值线和分色云图等表现手段。

等值线图示是一种比较常用的电磁场分布表示方法,即把场强相同的点用曲线相连接,然后构成整个场强平面。场强分布表现比较全面,容易把握场强的变化趋势,利于决策者分析。绘制等值线的方法主要有三种:点阵法、网格法和三角形网格法。

分色云图图示是把等值线之间的部分,可以用两个等值线场强的平均值所指向的色标图例颜色区间的颜色来表示。分色云图图示比等值线图示具有更大的直观性,更容易看出场强变化趋势。

2. 三维电磁环境可视化

三维电磁环境可视化通常可根据绘制过程的不同而分为两大类。

第一类首先由三维空间数据场构造出中间几何图元(如曲面、平面等),然后由传统的计算机图形学技术实现图面绘制,具有速度快的优点,但是不能反映整个原始数据场的全貌及细节。从三维空间数据场中抽取出等值面就是这种情况。典型的算法有移动立方体法(Marching Cubes)、移动四面体法(Marching Tetrahedral)。

第二类与第一类完全不同,它并不构造中间几何图元,而是直接由三维数据场产生屏幕上的二维图像,称为体绘制(Volume Rendering)技术。这种方法能产生三维数据场整体图像,包括每一个细节,但是计算量很大。根据不同的绘制次序,体绘制方法主要分为三类:以图像空间为序的体绘制方法光线投射算法(Ray Casting)、以物体空间为序的体绘制方法足迹表法(Footprint)及错切变形算法(Shear Warp)。

对于8.3.3节中提出的可视化表现形式,应根据场合选用适当的绘制方法。电磁场的分布是连续的,而计算或实测得到的是在空间区域代表标量及矢量信息的离散场值点,是对连续场进行采样的结果。因此,要进行电磁场的可视化处理,必须首先根据离散的数据重构电磁场。大多数矢量场的可视化方法源于试验流动的显示方法,并可大致分为局部技术、全局技术和分类技术等几大类。局部技术突出表示矢量场中的局部信息,全局技术则力图反映出矢量场的整体信息,分类技术的实质是由矢量数据导出其他信息并表达出来。根据相关文献,常见的复杂数据场的可视化方法对比如表8-1所列。

表 8-1 复杂数据场可视化方法比较

绘制方法		绘制速度	特点	适用场合
局部技术	数据探针	快	能够反映多个数据量和导出数据	标注少数重要点的信息
	粒子平流	较快	反映局部流动的特点,也可用于非定常流动显示,与粒子方法结合可以产生动画效果	明确知道所要考察的局部点
	等值面	较快(取决于数据体积和三角形数目)	反映标量数据分量的定量信息,用于非定常数据可表现流动中部分参数的变化	明确知道所要了解的面
全局技术	矢量图	快	算法简洁明了,能够反映流场的整体属性,但空间分辨率不高,可能漏掉细节信息,容易产生错误信息	对流场的粗略考察
	纹理方法	较快	能够捕捉到矢量场的全部信息,通过纹理或点的流动可以反映流动的方向	二维或三维表面流动的全面考察
	体绘制	慢	显示标量数据的整体属性	三维数据场
分类技术	拓扑分析	较快(依赖于考察的拓扑结构数目)	需要由已知数据计算,能够获得对流体的整体属性信息	二维/三维矢量数据
	特征提取	慢	突出用户最关心的特征,清晰简明,实现技术尚不成熟	二维/三维数据场

如果电磁场可视化直接为指挥决策服务,考虑到对绘制速度的要求,以上方法中,等值面是适宜的算法;而在对绘制速度没有严格要求的场合,体绘制技术是良好的选择。在图 8-6 中,展示了基于等值面绘制三维电磁场需要经过的一系列步骤,对于关键步骤简介如下:

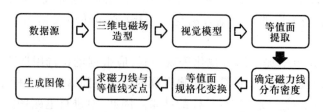

图 8-6 基于等值面的三维电磁场可视化流程

(1) 三维电磁场造型。假设电磁场的离散的场值点在空间的分布情况,可以分成规则点集和非规则点集两类情况,规则点集可以看作非规则点集的特例。三维电磁场造型的本质过程,就是要把三维的离散点构造成在空间中既不重叠又无间隙的多面体集(如四面体或六面体)。为了在提取等值面时避免拓扑结构的模糊性(Topologic Ambiguities),通常采用四面体的划分方法。3D Delaunay 三角化是一种合理的三角化方法,其特点是使每个划分成的四面体尽可能接近于正三棱椎,这样各场值点对于整个场分布的影响具有局部化、均匀化的特点。

(2) 视觉模型。假定在电磁场中充满着能吸收、反射及散射光线的粒子云,粒子云的密度分布由场值的大小决定;粒子云对光线的吸收、反射及散射能力由粒子云的密度决定,由此生成反映电磁场大小分布的视觉图像,最后在此视觉图像的某些离散点位置绘制反映方向的短划线或者采用动质点沿着磁力线运动的方法,以静态或动态的形式揭示出场的矢量特性。

(3) 等值面提取。完成三维电磁场造型后,整个场就由四面体的集合构成。本步骤就是在四面体单元中提取某指定场值的等值面片,然后再将得到的等值面片进行光滑拼接,即可得到整个场中指定场值的等值面。

8.4　战场电磁环境建模仿真

实现战场电磁环境可视化,主要包括电磁环境的仿真、电磁侦察数据的获取以及辐射源信息的显示几个主要的步骤。其中电磁环境的仿真与电磁侦查数据的获取是为了解决数据获取的问题,在战场环境辐射源信息全部已知的情况下,可以略过上述步骤,直接根据需要对辐射源信息进行显示。

电磁环境仿真中电磁场数据来源:一是通过试验获得,二是根据模型,模拟得到数据。前者可以得到战场环境中实际的电磁场分布数据,但灵活性比较差,而在电子战应用中,实际的战场环境很难事先通过模拟的方式得到。根据模型模拟得到数据灵活性好,但容易因所采用的建模方法或模型误差而导致模拟得到的电磁环境与实际有差异。

目前,对战场电磁环境建模的研究主要可以分为两个方面:一方面是对复杂目标的建模,主要是指人工制造的目标,如舰船、飞机、导弹等复杂几何形状的目标以及复合材料的目标,计算复杂目标的电磁散射特性及并对其电磁散射特性进行可视化,该类问题的特点是复杂目标的形状确定;另一方面是特定的电磁波如何在复杂环境中传播,这里的复杂环境主要是指不规则地形、植被、大气等复杂自然环境,复杂环境下的电磁环境研究主要技术难点在于复杂环境本身的建模与合适电磁传播模型的获取,对于大范围电磁环境仿真而言,由于计算与数据处理属于海量级别,对算法的速度与计算环境有着相当高的要求,必须选用合适的优化算法来获取尽可能好的效果。

一条基本的技术路线是:以电磁环境的功能仿真为基础,仿真并表现自然环境对于辐射源的影响,仿真并表现电子战对于辐射源的影响。本节将对此路线实现的关键技术进行介绍。

8.4.1　战场电磁环境仿真

研究电磁环境的可视化,为了解决数据来源的问题,首先要通过建模/仿真的手段构造电磁环境,也就是通过计算机模拟现实环境中任意时空的电磁环境。

典型电磁环境的表现内容包括以下几方面:

(1)电子战层面。

① 辐射源的数量与分布(辐射源数量与脉冲流密度紧密相关,用辐射源数表示电子系统受到的威胁,对指挥员而言很直观)。

② 进攻方、防御方电子装备的效能,如己方雷达的威力、通信设备的有效通信距离等。

③ 进攻方、防御方面临的威胁目标,如敌方预警雷达、火控雷达等。

④ 进攻方、防御方的干扰、抗干扰措施,如电磁静默、施放诱饵等。

(2)电子装备层面。

① 辐射源信号的样式及参数(利用参数表征电磁信号的复杂程度。信号样式分为常规信号和复杂信号,常规信号是指频率、脉冲宽度、重复频率都不变的信号,复杂信号是针对常规信号而言的,主要有频率分集、重频抖动、频率捷变、脉内调频、非正弦载波等信号。信号参数有脉冲宽度、脉冲重频和频率)。

② 辐射源信号的频率和分布范围。

③ 辐射源的工作方式或运用方式。

(3)环境层面。

① 功率密度分布(是功率密度与脉冲数的分布)。

② 功率与时间分布(将脉冲按时间进行排序,在时间轴叠加并显示,可以用来表示电磁环境状况随时间的变化)。

③ 脉冲流密度(指接收点随机信号流的每秒平均脉冲数,是电磁环境的主要参数,脉冲流密度越大,电磁环境就越恶劣)。

电磁环境的仿真有两类方法:一类是功能仿真;另一类是信号仿真。二者的区别是:功能仿真对于电磁环境的功能、特性参数进行模拟,并不对具体的信号频率、相位进行模拟,建立的是统计模型;信号仿真建立的是精确的数学模型,对具体的信号频率和相位进行仿真。

根据工程技术和战场电磁环境仿真的需要,各国学者已经建立了很多电磁波传播模型,这些模型可以分为三类:经验模型、确定性模型和半经验半确定性模型。

1. 经验模型

经验模型是由大量测量数据经统计分析后所归纳出的经验公式,可以很容易加以快速应用。经验模型中,比较典型的有 Egli 模型、Okumura – Hata 模型、CCIR(ITU – R)公式、Ibrahim – Parsons 模型、Lee 模型等。经验模型方法应用简单,且不需要关于环境的详细信息。但其应用范围也受到一定限制,通常适用于城市、市郊一类场景尺度不大、距离较短的电磁波传播,对于路径损耗的预测精度不高。

2. 确定性模型

确定性模型,也就是前面提到的信号仿真方法。一般来说,信号仿真就是求解麦克斯韦方程。根据电磁波传播的初始条件和边界条件,求解这些公式就可以得到电磁波的传播特性。其中初始条件由辐射源决定,边界条件则是由目标形状和电磁特性、传播介质和地表分界面的形状和电磁特性所决定,通常随复杂目标与环境的变化而不同。一般来说,复杂目标与环境描述的精度决定了边界条件的精度,从而也决定了确定性模型的精度。由于确定性模型对于复杂环境下的电磁传播特性可以达到较高的预测精度,因而成为电磁环境建模的主要研究方向。求解麦克斯韦方程主要有三种方法。

(1) 解析法。严格建立并求解麦克斯韦微分或积分方程。优点是可以得出精确数学解,缺点是只能解决极少数简单问题,大多数问题无法求出精确解。

(2) 近似法。一种近似解析的方法,可以求解一些严格解析法不能求解的问题,但存在计算精度与计算量之间的矛盾,对很多问题也无法求解。主要方法有逐步逼近法、变分法、迭代变分法、几何光学法和物理光学法等。

(3) 数值法。用差分代替微分,用有限求和代替积分,可以解决前两种方法不能解决的问题,而且可以得到较精确的答案。原则上,数值法可以解决任何复杂几何形状的电磁场问题,但要受计算机发展条件的限制。主要的数值法包括有限元法、有限差分法、矩量法、边界元素法等。近年来发展起来的时域有限差分法是此类方法的杰出代表。FDTD 法的运算量与计算的电磁场空间尺寸和频率范围相关,空间尺寸越大或者电磁波频率越高,需要的运算量越大,所以更适合计算小空间低频的电磁环境。

在当前技术条件下,根据当前战争形式的特点,电磁环境仿真重点考虑雷达和通信设备这两大类辐射源的仿真:

(1)雷达设备的仿真。假定己方的辐射源信息为已知,己方通过雷达侦察系统侦察战场辐射源的相关信息(可能包括己方和敌方信息)。雷达侦察系统所面临的典型电磁环境是由许多电磁辐射的脉冲交迭而成的密集的脉冲流。在对电磁环境进行功能仿真中,利用计算机模拟雷达侦察系统和无线电侦查系统截获的雷达信号和无线电信号参数数据。描述雷达射频脉冲基本特征的参数主要有五项:脉冲前沿到达时间(TOA)、脉冲波前的到达角(AOA)、脉冲载频(RF)、脉冲宽度(PW)、脉冲幅度(PA),总称为脉冲描述字(Pulse Description Words,PDW)。光电侦察设备的工作原理与雷达十分近似,而红外系统则有所不同。

(2)通信设备的仿真。通信电台发射信号参数,共有的主要包括载频、相对电平、调制方式、信号带宽;此外,不同的通信信号还有自身特有的技术参数,如调幅信号的调幅度、调频信号的调制指数、数字信号的码元速率、移频键控信号的频移间隔、跳频信号的跳频速率等。

8.4.2 电磁侦察数据的获取

上述对于电磁环境的功能仿真研究,是模拟雷达、通信设备作为辐射源的信号发射,另一方面,还需要模拟无线电侦察设备截获辐射源信号的过程。对敌方辐射源电磁侦查数据的获取,离不开特定的电磁侦查装备,通常由电子支援系统来实现。电子支援系统的装备通常基于固定或移动的陆基、空基、天基、海基平台,含有宽带接收机和测向装置,能够探测威胁信号并显示发射机的种类和位置,并支持态势的感知和实施电子进攻。

对敌方通信信号的搜索,通常在频域进行。现代侦察设备在截获到信号后,一般都粗略测量并显示出信号的频率和相对电平等参数,基于脉冲描述字对辐射源进行识别归类。

常用的识别依据如下:

(1)载频。通常通信设备的工作频段较低,而雷达设备的工作频段较高;考虑到扩谱和跳频的影响,需要进行宽频域的搜索。

(2)方向性。短波、超短波,通信侦察设备也一般采用弱方向性或无方向性天线;雷达探测、有源干扰、战术通信数据链、微波接力通信、卫星通信等,均采用方向性较强的天线,对通信信号的侦察或干扰也附加了方向性的要求。

(3)频带宽度。可以根据信号的频谱结构测量信号的频带宽度。

(4)波形特征。通常雷达信号的占空比较低,采用脉冲、连续波或脉冲多普勒的调制方式;通信信号的占空比较高,并采用连续调制方式。

综上所述,基于脉冲描述字进行雷达电磁环境建模的主要流程是:根据雷达的基本参数,构造空间任意观测点的脉冲流数据(序列观测点),根据测量得到的脉冲描述字,可以对观测到的脉冲流进行分选和定位,初步判别辐射源的类型,进而与辐射源数据库相比较,如果与辐射源数据库中的记录匹配,即可判定辐射源的装备型号及获得全面的技术参数。最后根据辐射源的参数和分布,绘制其波束等可视化要素。

对于通信电磁环境,与雷达电磁环境类似,在获取信号技术参数的基础上,对信号的特征进行分析和识别。信号特征包括工作特征和技术特征。工作特征主要表现为通信联络的特点,通常称为通联特征,主要包括通信频率、通信术语、电台呼号、联络时间和次数、联络关系、电报的种类和结构特点等。

8.4.3 自然环境对电磁环境的影响

自然环境,特别是地形环境对于电磁信号传播有显著的影响。各个频段的电波在空间传播的特点有所不同,受到自然环境的影响也各异。以地形对电磁波传输的影响为例,低频信号对于障碍物有很强的绕射能力,而超高频以上信号则容易受到拦阻。所以对于低频和超低频、高频、甚高频信号,既要考虑视距传播的情况,也要考虑其沿地球曲面和山脊传播的情况;对于超高频和微波信号,仅考虑其视距传输模式。

自然环境对于电磁环境的影响,由一系列传输损耗模型构成:

（1）自由空间传输损耗。

（2）视距途径反射损耗。

（3）地面波传输损耗。

（4）天波传输损耗。

（5）球形地面超视距途径损耗。

（6）楔形单峰绕射损耗。

（7）楔形多峰绕射损耗。

（8）非楔形障碍物绕射损耗。

对于上述损耗模型,大都可以选用工程手册上的一些经验公式进行建模计算。如图 8 -7 所示,表示一个典型的单峰地形对于电磁波传播的影响。假设辐射源在坐标原点,图 8 -7(a)利用等高线表示单峰地形,图 8 -7(b)是辐射强度分布的等值线图,据此可以直观地看出地物对电磁辐射的遮挡与损耗。

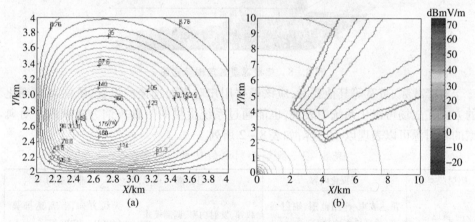

图 8 -7　电磁波传输受地形影响的算例

8.4.4　战场辐射源信息显示

战场环境辐射源信息的显示,主要是从功能而非信号的层次对辐射源的重要指标加以展现。应重点考虑以下要素:

（1）电磁场强度(功率)。电磁场强度或辐射源功率是确保电磁设备正常有效工作的基础。电磁场强度在传输介质的影响下,随传播距离呈现衰减的趋势,例如,雷达回波的功率与距目标距离的四次方成反比,而干扰机的干扰功率与距目标距离的二次方成反比。针对不同类型的辐射源,可以依据其发射功率和其他相关因素绘制其作用范围。

(2)覆盖范围。对于方向性强的辐射源绘制其波束和作用范围,对于方向性弱的辐射源(如无方向天线)仅绘制其作用范围。值得注意的是,需假定目标的雷达反射截面积或接收机灵敏度为定值的情况下绘制电磁波束的作用范围,在所有方向上求得电磁波束的最大作用距离点,并在天线俯仰角和方位角的范围内对该外边界进行采样,才能得到作用范围的结构化网络,并进行可视化表现。此处得到的仍是理想状态下辐射源的作用范围,而实际的范围要受到大气、地形(遮挡、多径传播和绕射)、杂波以及干扰的影响,对于上述影响需分阶段逐步细化模型的粒度。图8-8中显示了卫星和舰船所载传感器的覆盖范围,由于云层的存在,会对传感器的最终探测结果造成一定的影响。

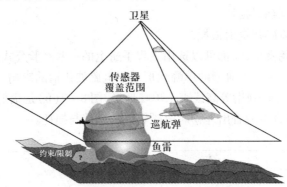

图8-8 辐射源覆盖范围示意图

对于载频、带宽等其他要素,应该根据用户对界面选项的设置,既能以可视化的方式在战场可视化系统中表现,也能通过系统提供的信息查询方式获取。对典型的辐射源可以表现以下内容,如表8-2所列。

表8-2 战场辐射源信息显示列表

辐射源类型	可视化内容	信息查询	辅助视图
雷达	雷达波束/作用范围、辐射强度(受环境影响情况)	载频、发射功率、调制模式	天线方向图、雷达屏显(RWR)、PDW等
无线电台	作用范围/辐射强度(受环境影响情况)	载频、发射功率、带宽、跳频方式	天线方向图、PDW等
数据链	数据链通信网络	载频、跳频方式	天线方向图、PDW等
卫星通信	上行、下行链路,辐射强度	载频、发射功率、数据率	天线方向图、PDW等

表8－2中列举了在电磁环境可视化研究中计划加以表现的辐射源类型以及其相应的表现内容、支持的信息查询和可能的辅助视图。该表不求面面俱到,列出的只是战场电磁环境中的重点表现对象,可以根据实际需要添加表现对象,如对于红外预警系统,可以根据目标、大气和光学系统的参数,计算其探测距离,并依需求显示。

表8－2中的辅助视图是对战场可视化系统的二维、三维表现形式的补充,它虽然通常不是基于地理空间的维度,却有利于从其他角度揭示电磁环境的特性。图8－9所示是对电磁脉冲信号描述字的图示,按脉宽(PW)、脉冲重复间隔(PRI)和载频(RF)三个维度对脉冲信号进行表现,非常有利于信号的人工分选。此外,还有雷达告警接收机(RWR)显示,能够使用户直观地看到战场某平台的雷达告警信息,也属于辅助视图应用的范例。

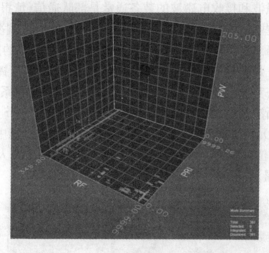

图8－9　电磁脉冲的脉冲描述字可视化

8.4.5　电子战模拟应用

战场电磁环境的仿真计算在作战模拟特别是电子战的模拟过程中有广泛的应用,以下用三个例子简单加以说明。

1. 电子战作战装备的仿真

(机载)雷达告警接收机,它的作用是为了快速识别出现的各种威胁目标,从而对即将发生的攻击行动采取对抗和机动措施。这些威胁可能是地对空导弹,雷达控制的防空高炮,或载有空中截击雷达的战斗机。通过分析雷达参数,RWR还能确定威胁目标相对于被保护飞机的位置和威胁目标的工作方式,其工作方式通常分为搜索、跟踪和发射。通过对机载雷达的建模仿真,可以实现对于RWR的可视化显示,如图8－10所示。

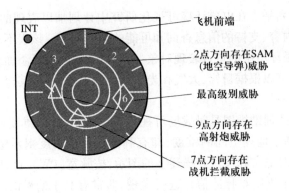

图 8-10 典型的计算机驱动的 RWR 显示

飞机前端

2点方向存在SAM
(地空导弹)威胁

最高级别威胁

9点方向存在
高射炮威胁

7点方向存在
战机拦截威胁

2. 通用作战态势图

各类辐射电磁波和接收电磁波的装备通常是部队通信、情报、监视与侦察系统的组成部分,对这些装备的使用构成重要的通信手段与情报、监视和侦察手段。因此,现阶段开展电磁态势可视化研究,通常是以战场电磁态势的感知为主,以科学计算可视化为辅。最典型的应用是基于地理信息系统,根据指挥员需要构建显示战场空间信息的态势图。如图 8-11 所示,是典型的战场监视系统的操作员屏显,是可供指挥员分析决策的通用作战态势图(COP),该图基于 GIS 系统绘制,战术态势信息(各作战单元位置、部队前进路线等)是另外添加的。图中画出了辐射源测向平台(1、2、3)的位置及测向线。基于作战态势图,指挥决策人员能够洞察己方的传感器探测范围,并了解敌方雷达的可能型号与探测范围。

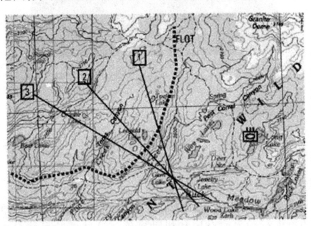

图 8-11 战场监视系统操作员屏显

3. 电子战辅助计算

为了有效遂行电子战行动,需要电磁环境的可视化以仿真计算为基础。如计算在多远的距离上以多大的功率实施什么形式的干扰,才能达到预定目标的干扰效果;或计算空间任意点的辐射源侦查情况,可以服务于电子对抗的决策支持;或对己方航空兵进行航迹规划以规避敌方主要的雷达威胁等。

实现上述应用还需要辐射源数据库的支持,电子支援系统通常需要将辐射源参数表存储在数据库中,通过对数据库的查询来比较识别截获的辐射源,截获到未知的辐射源通常不能够提供有效的战术信息。

8.5 基于 GIS 的战场电磁环境可视化研究

GIS 系统具有高效的空间数据管理和灵活的空间数据综合分析能力,在军事研究领域得到了广泛应用。战场电磁环境可视化与 GIS 相结合是一种必然趋势, GIS 支持对数字化地图等空间数据和电磁信息属性数据进行统一的管理,同时, GIS 强大的图形处理和输出能力更为系统提供了直观的数据支持。从应用情况看,GIS 技术在电磁辐射源相关空间数据的获取、管理、分析、模拟和显示等方面将起到不可替代的作用,在战场电磁环境可视化和如何进行电磁环境评估方面也起到了重要的支持作用。

8.5.1 关键技术点

以 GIS 为基础的电磁环境可视化信息系统的建立是一个复杂的系统工程,涉及方方面面的资源,这样就必须根据实际情况,决定技术路线。在系统设计时,需要解决的关键问题如下:

1. 空间模型的分析问题

主要是采用空间聚类的方法对空间实体的邻接关系和其他属性进行分析,服务于不同的应用目的。空间聚类与传统聚类方法的区别之一在于空间聚类是对空间实体进行分析。作为空间数据挖掘的一个重要分支,空间聚类是根据某个相似性准则对空间实体集进行自动分组,达到组内差异最小,组间差异最大的过程。对于战场电磁环境可视化研究,又必须清楚所要研究的战场电磁辐射源这类空间实体的特征、属性以及空间位置。为此,可以采用空间聚类分析模型来解决分析处理空间分布上的一种或几种结构特征,如模式间的远近关系、拓扑关系、方位关系、疏密关系等。

2. 空间数据的输入及组织结构问题

地理信息实体具有空间属性和非空间属性,相应地,也就是具有空间数据和非空间数据。这里主要讨论空间数据的结构组织问题。事实上,空间数据的输入和组织已经成为目前 GIS 发展的瓶颈,空间数据的栅格结构和矢量结构是模拟地理信息的两个不同方法。

在分析电磁辐射源性质、特征、关联性、拓扑性等的时候,往往并不需要分析所有的地形、地貌要素,大多数的地形要素只是作为专业实体的参考背景。所以,战场电磁环境的可视化可以采用矢量栅格结合的技术路线。

(1) 获取各种比例尺的地图及资料,通过几何变换和图形整饰后结构化集成为电子地图。

(2) 在上述电子地图的基础上通过系统的符号标注功能,标注电磁目标专题信息实体:并在电磁目标专题信息实体上挂接相应的图表、文字、相片、多媒体、影像等属性数据信息。

(3) 通过空间聚类分析模型将电磁目标聚类,解出电磁目标之间,电磁目标群中的各个电磁目标之间的拓扑关系,距离关系等。

以上数据载入流程如图 8 - 12 所示。

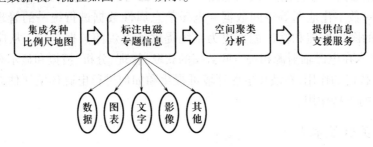

图 8 - 12　数据载入流程

8.5.2　电磁环境仿真软件框架

电磁环境仿真软件框架如图 8 - 13 所示,自底向上包括数据库层、辅助计算层、空间分析层、电磁环境计算层、应用层。其中数据库层包括雷达设备数据库、通信设备数据库、光电设备数据库等产生战场电磁辐射的装备的基本功能参数,是生成电磁辐射数据的基础。辅助计算层包括设备分布处理模块、随机数产生模块。空间分析层以地理信息模块为基础,提供通视计算等服务。电磁环境仿真层对内部噪声和外部噪声进行计算,结合随机数产生模块给出噪声干扰值,并对仿真区域内由设备形成的电磁环境进行计算。应用层将计算好的电磁数据以可视化的形式展现给用户,或发布到其他仿真用户。

雷达作用范围和电磁辐射环境是构成数字化战场电磁环境的重要内容,以下就以其为表现内容,介绍战场电磁环境可视化的具体实现方法。

8.5.3　雷达作用范围可视化

雷达作用范围是指在特定的环境中,某雷达能满足其完成对某一目标的战术任务的空间范围。雷达作用范围是作战指挥人员较为关心的一项雷达战术技术性能,它对于目标探测、航迹规划具有重要的参考价值,直接影响到依据雷达探测提

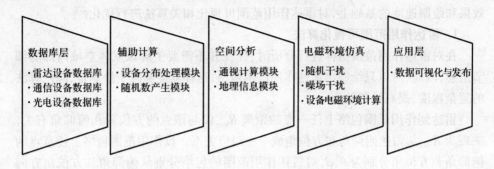

图 8 – 13　电磁环境仿真框架

供支持的软杀伤手段和硬杀伤手段能否实施及可实施的范围,从而对攻防双方的作战效果产生很大的影响。

雷达作用范围可视化就是将雷达作用范围数学计算结果转化为三维图形图像形式的描述,并对其进行显示与绘制。根据数学计算模型,设计作用范围可视化算法并对其进行必要的优化后,从战场电磁辐射源数据库获取雷达的功能参数进行计算,就能够实现对雷达作用范围的可视化描述。

雷达作用范围可视化流程设计主要遵循可视化仿真的一般程序和雷达作用范围自身的物理、数学规律。从整体上分析,将雷达作用范围可视化的流程分为建立作用范围计算模型、设计可视化算法、算法优化、绘制和显示四个步骤,如图 8 – 14 所示。

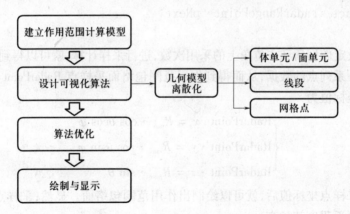

图 8 – 14　雷达作用范围可视化流程图

雷达的作用范围是一个立体空域,理论上是该空域范围内所有点的集合。如果将所有点绘制出来,会大大降低可视化效率。另一方面,雷达作用范围的计算依赖于方向图函数,战场上的雷达种类繁多,其方向图函数也不相同,准确获取所有雷达的实际方向图具有相当的难度。因此,在可视化之前,需要在综合考虑可视化效果和绘制速度的基础上,对雷达作用范围可视化相关算法进行优化。

1. 雷达作用范围可视化算法

在对雷达作用范围指标进行分析时,往往并不需要了解该立体空域内部的细节信息,因此,可以只绘制出雷达作用范围包络,这样就能够减少绘制量,降低算法的复杂程度,提高绘制效率。

雷达到作用范围包络上任一点的距离 R_{max} 仅与该点的方位角和俯仰角有关,表现为 R_{max} 与雷达俯仰角和方位角成一一对应关系。设作用范围包络上任意点的俯仰角和方位角分别为 θ、φ,对雷达作用范围的包络分别从俯仰角和方位角方向进行采样,对作用范围包络面数据进行离散化,就可以得到一系列 R_{max} 的结构化网格数据。

将雷达作用范围包络面上的采样点数据结构定义如下:

```
struct radarRangePoint
{
    float   anglElevation;      //俯仰角
    float   anglAzimuth;   //方位角
    float   x;              //x 坐标
    float   y;              //y 坐标
    float   z;              //z 坐标
    float   Rmax;           //采样点到雷达的距离
    struct   radarRangePoint* pNext;
};
```

分别设定俯仰角和方位角上的采用次数,进行采样计算,就可以得到作用范围包络面的一系列点的数据,从而得到作用范围包络面采样点 RadarPoint 在雷达坐标系下的坐标值为

$$
\begin{cases}
\text{RadarPoint} \cdot x = R_{max} \cdot \cos\theta\cos\varphi \\
\text{RadarPoint} \cdot y = R_{max} \cdot \cos\theta\sin\varphi \\
\text{RadarPoint} \cdot z = R_{max} \cdot \sin\theta
\end{cases}
\tag{8-2}
$$

得到采样点坐标值后,就可以绘制出作用范围包络面。显然,采样点越多,对包络面的逼近程度就越高。

2. 方向图函数计算方法

雷达天线的种类很多;不同的天线其数学模型也不同。雷达天线方向图函数主要有高斯方向图函数、余弦方向图函数、辛克方向图函数、相控阵天线方向图函数等,在没有雷达实测方向图的情况下,可以用这些模型进行简化计算。对常规雷达作用范围计算,本章采用高斯方向图函数,即

$$f(\theta) = \begin{cases} \exp\left(-k\theta^2\right), & k = 4\ln\left(\sqrt{2}/\theta_{0.5}^2\right), |\theta| \leqslant \theta_{0.5} \\ \dfrac{1+\cos\theta}{2} \cdot \dfrac{\sin\left(k\sin\left(\theta\right)\right)}{k\sin\left(\theta\right)}, & k = 1.3916/\sin\left(0.5\theta_{0.5}\right), \theta_{0.5} < |\theta| \leqslant \pi \end{cases}$$

$$(8-3)$$

式中：θ 是目标在垂直面偏离雷达天线主轴的角度（rad）；$f(\theta)$ 是雷达垂直面方向图函数；$\theta_{0.5}$ 是雷达主瓣宽度（rad）。

在一些特定情况下，雷达到作用范围包络面的距离 $R_{\max}$ 可以得到进一步简化。以无干扰下的雷达作用范围为例，$R_{\max}$ 可简化为

$$R_{\max} = \left[\frac{P_t G_t G_r \sigma \lambda^2}{(4\pi)^3 (S/N)_{\min} kT_s B_n L}\right]^{\frac{1}{4}} \cdot f(\theta) = R_m \cdot f(\theta) \qquad (8-4)$$

显然，在上述简化情况下，雷达到作用范围包络面的距离仅是 θ 的函数，从而使得雷达作用范围的计算和可视化得到简化。

3. 可视化实现

雷达作用范围可视化基于 Visual C++ 和 OpenGL 来实现，采用了两种绘制方式来表现雷达的三维作用范围。

绘制方式 I：采用 OpenGL 中的线模式，连接雷达作用范围包络面上的所有采样点来表现雷达作用范围。将具有相同俯仰角的作用范围包络面采样点连接在一起，即可得到雷达作用范围包络面。

绘制方式 II：将作用范围边界分别按照方位角和俯仰角等间距进行划分，则相邻的四个顶点可视为在同一平面上，划分越细，则近似程度高；以作用范围边界上相邻的四个顶点为一组，对所有边界顶点进行分组，从而得到一系列矩形；将矩形网格按其对角线划分成两个三角形片元，如图 8-15 所示；用 OpenGL 中的

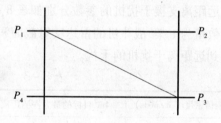

图 8-15　雷达作用范围划分三角片元

三角片绘制模式（GL_TRIANGLE_STRIP）对所有三角形片元进行填充绘制，得到作用范围包络面。OpenGL 中的三角片绘制相对于线绘制具有较高的绘制效率。

为了更形象地表现出雷达作用范围随包络面与雷达间距离 $R_{\max}$ 的变化情况，作用范围包络面采用了 RGBA 模式的颜色渐变效果。构造一个关于 $R_{\max}$ 的颜色值函数，作用范围包络面上采样点的颜色可以用此函数来计算：

RadarPoint Color = RadarPoint Color$(R(R_{\max}), G(R_{\max}), B(R_{\max}))$

$$(8-5)$$

图 8-16 是无干扰下的某防空雷达三维作用范围可视化试验结果。

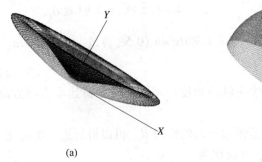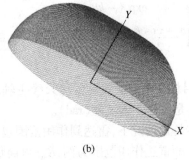

(a)   (b)

图 8 – 16 雷达作用范围绘制效果图

图 8 – 16(a)采用绘制方式 II 绘制,雷达最大作用距离为 200km,采用高斯方向图函数,其中,外围包络面是主瓣对应的作用范围,靠里的包络面是副瓣的作用范围,两者之间是雷达探测盲区;图 8 – 16(b)采用绘制方式 I 绘制,雷达最大作用距离为 200km,采用 $\sin x/x$ 形式的方向图函数,显然,得到的作用距离与采用高斯方向图函数时有较大区别。

以上探讨的是无干扰条件下雷达作用范围的可视化问题,在电子战条件下,也可以在此基础上计算显示干扰对于雷达作用范围的影响。

以空袭突防中的雷达对抗为仿真背景,战斗机朝向目标区域飞行,专用电子干扰机在较远处对地面警戒雷达实施远距离支援干扰以保护战斗机。假设警戒雷达和远距离支援干扰机的参数分别如表 8 – 3、表 8 – 4 所列,$k_1 = 0.1$,$k_Y = 1.2$,战斗机数量为 1 架,战斗机的雷达反射截面积为 $4m^2$。在 0° ~ 90°方位角内,警戒雷达受到远距离干扰机的干扰。

表 8 – 3 警戒雷达参数

频谱密度/(W/MHz)	$4m^2$ 目标的最大探测距离/km	主瓣宽度/(°)	压制系数	天线类型
9×10^{10}	200	12	2	高斯

表 8 – 4 远距离支援干扰机参数

频谱密度/(W/MHz)	干扰机到雷达的距离/km	干扰机与防空雷达夹角/(°)	干扰机架数/架
7.5×10^{10}	400	12	1

采用本书中的雷达作用范围数学计算模型和可视化算法,在原型系统中得到受到远距离支援干扰机干扰下的警戒雷达三维作用范围可视化试验结果如图 8 – 17 所示。从图中可以明显看到由于受到干扰而引起雷达探测范围的缺口。

以上探讨的是地基雷达的探测范围可视化问题。对于机载雷达,在下视工作方式时,由于陆地或海面杂波的影响,其探测距离会有一定衰减,也应该在雷达作

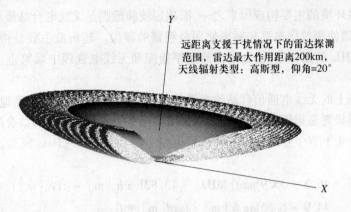

远距离支援干扰情况下的雷达探测
范围，雷达最大作用距离200km，
天线辐射类型：高斯型，仰角=20°

图 8 – 17　干扰条件下的雷达作用范围显示

用范围显示中有所体现。

8.5.4　电磁辐射环境可视化

现代战场上，辐射源数量激增。军用雷达、通信及干扰对抗系统等都会产生强度、频率不同的电磁辐射，这些电磁辐射有时是己方作战所必须依赖的，但大量敌方或己方的电磁辐射也会给战场环境造成严重的电磁污染。除了军用辐射源外，民用的广播电视发射塔、无线电台、移动通信系统、高压送变电系统和雷达以及自然辐射源等的电磁辐射也可能会作用于战场空间，影响战场电磁环境电磁场的大小和分布。

由多种复杂的电磁辐射信号耦合而成的战场电磁环境有时会给武器系统的正常运行造成严重影响。对于指挥人员和指挥机关来讲，若能将获取的战场场强数据进行分析和处理，用直观的形式显示在接收机屏幕上，掌握作战区域内任意点的场强信息和感兴趣的电磁辐射源辐射场强信息，就能提升指挥人员和指挥机关的战场电磁态势感知能力，为装备的部署等决策提供依据。

战场电磁环境场强数据可视化仿真的基本思路是：根据台站的位置、功率、频率、天线方向性、天线高度等参数，结合传播环境地理类型信息，运用相应频段的合适电波传播预测模型，计算该台站的空间电磁场场强的大小、分布等信息。对感兴趣的战场区域内所有的台站或主要台站进行分析计算，就可以得到该区域内任意空间点和频率点上的场强数据。得到战场电磁环境的离散场强数据后，通过网格化和归一化等处理，设计相应可视化算法，将场强数据映射为图素和颜色等数据，就能够以图形图像等形式直观地表现战场电磁环境场强，实现交互控制和分析，从而为指挥人员感知和理解战场电磁环境场强信息提供支持。

以下主要针对超短波无线电台站电磁辐射所形成的场强进行研究。无线电通信是战场电磁环境的主要构成因素之一,而超短波频段则是无线电台站最多、业务种类最多、频谱使用效率最高和频率使用最频繁的频段。超短波主要是指频率为 30MHz ~ 300MHz 的无线电波,也是当前频率指配和无线电管理中最繁重、难度最大的频段。

由于战场上的无线电通信台站的电波传播条件通常很复杂,要准确地计算信号场强或传播损耗是很困难的,所以通常采用理论分析和实验统计相结合的方法,尤其是应用 8.4.1 节中介绍过的各种经验模型。如 COST231 – Hata 模型,其计算公式为

$$L_b[\text{dB}] = 46.3 + 33.9\log f[\text{MHz}] - 13.82\log h_r[\text{m}] - a(h_r[\text{m}]) +$$

$$44.9 - 6.55\log h_t[\text{m}] \cdot \log d[\text{m}] + C_m \qquad (8-6)$$

式中:L_b 为电平;f 是电波工作频率(MHz);h_t、h_r 分别为发射天线和接收天线高度(均为 m);d 为传播距离(km);$a(h_r)$ 为接收天线高度修正因子;C_m 为地形校正因子。在中型城市和具有中等密度树林的郊区,C_m 取 0;在大城市市区,C_m 取 3dB。

无线电台站电磁辐射场强用场强中值 $E_{50,50}$ 进行衡量,场强中值是指在给定的统计时间和地点内,有 50% 时间和 50% 地点的场强超过某个数值,则这个数值就称为场强中值。

根据电波传播预测模型计算出无线电台站电波传播损耗后,便可以将其转换为辐射场强值。无线台站辐射场强中值 $E_{50,50}$ 与传输损耗 L_b 的转换关系为

$$E_{50,50} = 109.4 + 20\log f + P_b + G_b - L_b \qquad (8-7)$$

式中:f 为无线电台站工作频率(MHz);P_b 为无线电台站发射功率(dBW);G_b 为发射天线增益(dB);$E_{50,50}$ 的单位为 dBμV/m。

计算实例:设战场某区域有一超短波无线电通信发射台站,采用全向天线,台站参数如表 8 – 5 所列。

表 8 – 5　台站参数及传播环境参数

台站参数	工作频率	发射天线高度	发射功率	接收天线高度
	600MHz	100m	25W	5m
传播环境	中小城市和中等密度树林郊区,$C_m = 0$dB			
接收天线高度修正因子	$(1.1\log f - 0.7)h_r - 1.56\log f + 0.8$			

应用 Cost231 – Hata 电波传播模型和辐射场强计算流程,算得该无线电单台站的辐射场强结果如图 8 – 18 所示。

大尺度范围的场强计算量很大,需要考虑运算时间问题。在电波传播算法确定的情况下,可以通过设定合理的计算点数量来控制运算时间花销。算例中针对的是单台站在 20 × 20km 内的场强数据,计算点的间隔为 0.2km,总计用时 0.15s。在区域空间范围更大、多台站的情况下,可以适当增大计算点间隔。

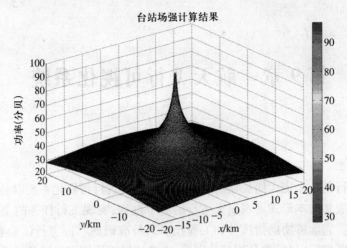

图 8-18　单台站辐射场强计算结果

参 考 文 献

[1]　刘尚合,孙国至.复杂电磁环境内涵及效应分析[J].装备指挥技术学院学报,2008,19(1).

[2]　汪洲.网络中心战建模仿真关键技术研究[D].北京:北京航空航天大学,2007.

[3]　吴迎年,张霖,等.电磁环境仿真与可视化技术研究综述[J].系统仿真学报,2009,21(20).

[4]　方程,刘晓静,屈林.基于 GIS 的战场电磁环境可视化研究[J].指挥控制与仿真,2008,30(1).

[5]　吴委.战场电磁环境建模与可视化仿真研究[D].北京:装备指挥技术学院,2008.

[6]　North Atlantic TreatyOrganization. Massive Military Data Fusion and Visualization:Users Talk With Developers
[R]. RTO Meeting Proceedings MP-105,2004.

[7]　North Atlantic TreatyOrganization. Visualization of Massive Datasets:Human Factors,Applications,and Tech-
nologies[R],RTO-TR-030,2001.

[8]　David L. Adamy. Introduction to Electronic Warfare Modeling and Simulation[M]. Artech House. 2003.

[9]　吴玲达,宋汉辰.三维数字战场环境构建技术研究[J].系统仿真学报,2009,21(Suppl.1).

[10]　张加坤.复杂地形中的电磁环境仿真技术[D].成都:电子科技大学,2004.

[11]　翁干飞.基于雷达模拟器的电磁环境仿真[D].长沙:国防科学技术大学,2002.

[12]　张文.矢量场可视化算法研究与系统设计[D].长沙:国防科技大学.2001.

第9章 航天飞行可视化系统

9.1 系 统 设 计

航天飞行是一个庞大而长期的系统工程。航天飞行可视化系统以易于理解的二维三维图表和文本形式展现航天飞行的整个过程,实现飞行任务的全过程可视化监控管理。它能够协助指挥员和工程技术人员准确地掌握飞行试验态势,正确地分析和判断情况,科学地分配试验资源,有效地组织指挥飞行试验活动和进行决策。航天飞行可视化系统可广泛应用于各发射场、航天飞行控制中心和相关研究机构,在航天发射前的任务规划和训练仿真、航天发射过程中的一体化实时监视控制、航天发射后的技术分析等飞行试验的各个阶段都有重要作用,对提高我国武器装备试验和航天器工程发射水平具有重要意义。

9.1.1 基于 IP 网络的分布式存储结构

为支持 TB 级以上的大容量数据的快速访问,系统数据存储采用了基于 IP 网络的分布式存储结构。所有数据源先进行层次化处理,然后进行分块,不同层次或相同层次不同分块的数据源可以存储在不同的网络点上。图 9-1 是系统的 IP 网络结构图。数据服务器存储了系统各种应用所需的数据集,数据集的数量与类型视具体情况可灵活配置。

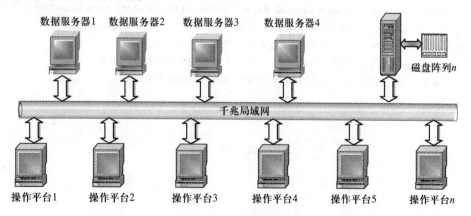

图 9-1 系统的 IP 网络结构图

分布式存储网络满足了系统存储、管理和应用海量空间数据的需求，由若干数据服务器联网组成分布式并行访问的结构，服务器的数量可根据空间数据的存储容量进行增减。与存储区域网相比，网络分布式存储方案具有系统灵活性强、有利于并行准备数据、数据读取效率高、硬件成本低等优点。由于 IP 网络的可扩展性非常好，在理论上可以支持 PB 量级甚至更大的数据量。

基于 IP 网的分布式存储结构，使得航天飞行可视化系统能够存储和处理的空间数据量取决于网络中可连接的数据服务器数量以及单台服务器数据存储能力。在分布式存储网络中，数据访问的速度取决于以下几个条件：

(1) 硬件性能。即硬件数据处理速度、硬盘数据存取速度、网络传输速度等。

(2) 优化的存储技术。数据存储方法的好坏直接影响数据访问效率，系统采用基于四叉树的数据集管理技术来提高数据访问速度。

(3) 数据处理与传输策略。数据处理时间过长或通信时间过长都可能导致实时显示等应用出现停顿，因此必须采取必要的技术手段使数据处理时间和网络通信时间得到优化。

(4) 数据缓存与预读策略。缓存技术有效避免了从硬盘或网络重复读取同一块数据，而数据预读技术则使服务器在时间允许的情况下预先读取用户很可能即将用到的数据块，当用户发出数据请求时直接从内存读取，节省了从硬盘的读取时间。

系统在数据访问的速度方面从以上几个方面都做了优化，有效提高了数据访问的速度和效率。

9.1.2　系统功能

航天飞行可视化是指利用靶场数字化测绘资料，通过地理信息系统(GIS)和三维可视化技术实现的靶场基础场景真实感显示。其中，包括二维和三维可视化两种模式，二维三维场景显示间能够任意切换，且视点保持一致。系统具体的功能如下。

(1) 靶场数字化建设。实现航天飞行可视化的前提是靶场场区的数字化。这里的"数字化"是指靶场场区及相关设施设备实体的位置、形状、外观等地理空间信息的数字化，即场区的数字化测绘资料，包括多比例尺的矢量数字地图(DLG)、多分辨力的航空航天遥感正射影像(DOM)、多种精度的数字高程模型(DEM)及重要建筑物和设施设备的三维模型。

航天飞行可视化系统中用了大比例尺地图和高分辨力影像，如 1:25 万、1:10万、1:5 万的 DLG，1m～20m 分辨力的 DOM，25m 间距的 DEM；小比例尺地图和低分辨力影像，如全球 1:1000 万 DLG 是星下点轨迹显示的良好底图，全国 1:400 万或 1:100 万 DLG 是地面测控台站、信息流程等标注显示的基础底图，全球 1km 间距 DEM 和 1km 分辨力 DOM 是构建三维地球模型的基础数据,100m 间距 DEM 和 20m 分辨力 DOM 是构建航区三维模型的良好数据等。

(2)设施设备可视化及信息查询。设施设备可视化也是航天飞行可视化的一项重要内容。将参与航天飞行任务的重要设施设备,如测试厂房、发射塔架、测控设备等,建立其完善的数字化描述,包括二维军标模型、外观三维几何模型及精确坐标、战技指标等属性信息,并将这些模型布置到靶场可视化场景中。这样,可随靶场的漫游显示来观看设施设备的布局和形状,也可直接联动查询这些设施设备的战技指标等属性信息。另外,测控设备的能力可视化也很重要,要能在二维三维场景中形象直观地表示出设备的测控范围、测控距离等能力,如图 9-2 所示。

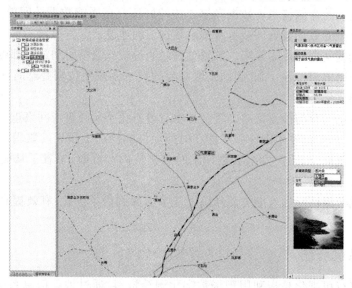

图 9-2 某靶场设施设备管理示意图

(3)航天器轨道设计支持。航天飞行的时候,航天器的飞行轨道确定受诸多因素制约,如飞行器轨控能力、测控站的布局、光测设备的光照条件、残骸落区或回收区范围、安全控制等。因此,航天器的飞行轨道确定过程是在不断满足约束条件下的最优求解过程,需要不断地重复“调整飞行控制方案、进行轨道计算、检查验证轨道满足约束情况”过程。在航天器飞行轨道确定过程中,根据轨道计算结果,利用可视化技术进行航天器的模拟飞行,在三维场景中显示航天器的位置和轨道,在二维电子地图中标绘星下点轨迹,可准确直观地展现出航天器轨道满足约束的情况,以对航天器的轨道设计提供有效的技术支持。

(4)测控任务规划支持。航天器飞行之前,测控总体部门将根据飞行器轨道和测控要求进行测控任务规划,包括测控船站(设备)布局选址、活动站机动、遥外测设备接力、测控设备覆盖等内容计算,并以图表的方式进行任务分配和描述。根据测控预案,利用可视化技术在二维三维场景中进行设备标注,进行航天器模拟飞行与测控,并在二、三维场景中显示每个测控设备的测控时间和测控跟踪弧段,直观显示出测控设备的覆盖与接力过程,以检查测控计划的正确性和科学性,对测控任务规划提供有力的支持。

(5)飞行试验任务推演。实现飞行任务前全面的飞行试验任务推演和汇报,方便首长、机关和工程技术人员全面掌握飞行试验任务的全过程,以优化应急救生、安全控制、返回回收等飞行试验方案,进行测发、测控和回收部队的训练演练。根据航天器飞行轨道和测控任务规划,按"时间+事件"驱动的方式进行航天器飞行试验任务过程的全面可视化推演,重点包括发动机点火、级间分离、轨道变化、姿态调整、帆板展开、测控接力、正常或应急返回等特征事件。其中,时间可按真实时间的变步长方式进行推进,以加快推演过程、驱动地球的转动和光照显示变化。

(6)指挥管理作业支持。提供量算和态势标注作业功能,以支持任务组织指挥和部队营区管理与规划应用。量测计算功能包括在二维、三维电子地图上进行位置、距离、表面积、坡度坡向、体积、最短路径计算等;态势标注作业功能包括在二维、三维电子地图上自由标注测发、测控、通信、气象及后勤各系统中设施设备的地理位置、工作情况、测控范围、星下点轨迹以及基地军事禁区等内容,并能打印生成专题试验指挥挂图。

(7)航天器飞行轨道实时可视化。在转动的地球和理论轨道显示的基础上,根据地面观测网的实时遥、外测处理数据,准确地在二维三维场景中显示航天器的飞行轨迹、星下点轨迹等信息,并动态显示飞行位置、速度和加速度等参数,构成对整个飞行任务的宏观显示。

(8)航天器及特征事件实时可视化。根据遥测数据实时显示航天器的姿态、矢量执行过程及发动机点火、帆板展开、舱段分离、定向、有效载荷开关机等各种重要特征事件或动作,并以灵活多样的视点来观察航天器,构成对飞行过程中航天器状态的微观显示。

(9)测控过程实时可视化。能够根据测控设备的布局和性能参数,计算和显示测控设备的理论测控能力,如在三维场景中用圆锥体表示地对天的观测覆盖范围、在二维地图中叠加椭圆表示观测覆盖范围;根据实时遥、外测数据变化情况,用目标与设备间动态的箭线等方式实时表示测控设备对目标的捕获和跟踪过程、设备间导引过程、测控接力过程等。

(10)卫星覆盖能力实时可视化。卫星入轨后,能根据卫星轨道参数实时计算卫星的位置,并根据卫星载荷参数和姿态计算地面侦察覆盖范围和分辨力,在二维、三维场景中实时显示出卫星对地面的侦察覆盖变化情况,作为平时或战时侦察任务规划的依据。

(11)飞行试验任务数据管理与复现。将每次飞行试验任务的有关数据以数据库的方式进行存储管理,需要时调出相应记录,在二维、三维场景中以可视化的方式再现当时的飞行试验情况,供事后仿真分析、演示汇报、报表统计等使用。相关的数据包括试验任务概况数据、飞行轨道数据、测控设备数据。图 9-3 为某单位某次航天飞行任务复演效果图。

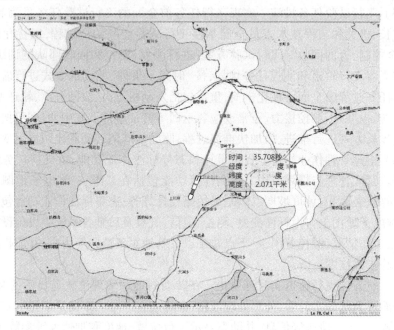

图 9-3　某次航天飞行任务复演效果图

9.2　系统关键技术

9.2.1　多源、多类型空间数据管理

1. 全球四叉树模型

为实现海量空间数据集成化管理,满足实时二维、三维图形显示数据快速访问的要求,航天飞行可视化系统采用文件系统管理模式,按全球四叉树的逻辑结构对各类地理空间数据进行数据重采样和数据分割,并采用数据集技术进行分布式存储,优化数据处理与通信方法,采用数据缓存与预读策略,使其不但能够管理各种类型、任意范围的海量空间数据,且支持数据的快速访问,实现数据的实时显示和快速空间分析等功能。

全球四叉树模型,即基于全球四叉树逻辑分块的海量数据组织策略,如图 9-4 所示。其将地球表面各种分辨力、多种类型的地理空间数据分块组织到网络环境下的四叉树中,可以由数据的地理坐标和分辨力直接计算出四叉树的节点位置,从而得到其存储地址。该方法既能有效管理海量空间数据,又避免了查询索引的时间开销,实现了任何空间数据的直接存取访问,是全球空间数据管理的基础。

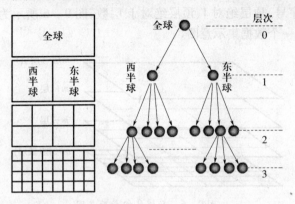

图 9 – 4　全球四叉树的组织结构

2. 基于网络和数据集的存储结构

（1）数据服务器的组成结构。一种类型数据按重采样后原始数据覆盖的经纬度范围组成一个数据集,每台服务器分别存储一定数量、类型的数据集,构成数据存储服务器,由数据集配置文件管理该台服务器的数据集信息。各台数据服务器联网构成分布式数据存储环境,以供各种应用进行调用,如图 9 – 5 所示。

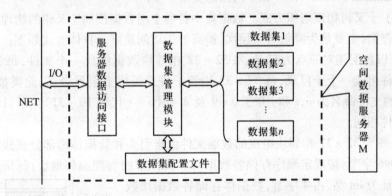

图 9 – 5　数据服务器及数据集存储示意图

（2）数据集的组成结构与存储模式。数据集技术的设计与实现是系统在提高数据访问速度方面采用的优化措施之一,使各类海量空间数据可以分块存储,且存储目录层次较少。此外,数据集还采用了千叉树物理存储结构,将相邻的 32×32 块数据一并存于同一文件,进一步降低了目录层次,减少了数据文件数目,提高了数据管理效率和数据访问速度。

数据集对一定范围的原始地理空间数据进行管理,其最底层的块数据由原始数据重采样并分割得到,上层块数据由相邻的下层相对应的四块数据抽稀合并获

285

得,抽稀合并过程直到某层只有一个节点时结束,此节点所在层为数据集顶层,其左下点的经纬度坐标作为数据集中每层数据块命名的相对原点。数据集的基本构成要素为顶层序号、顶层绝对 I、顶层绝对 J、层数,图 9 – 6 所示为顶层是 $m(m \geq 0)$、层数是 4 的一个数据集示意图。

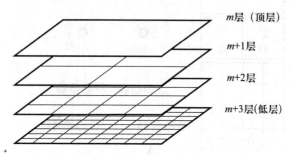

图 9 – 6　数据集组成示意图

　　各数据集数据分不同目录分别存储,同数据集各层数据在数据集指定目录下不同子目录存储,层子目录名称以四叉树绝对层的数字编号命名。例如,在上图中的数据集由四层数据组成,若数据集名称为 ds,类型为 DEM,可设定其在服务器硬盘存储位置为 d:\\database\\dem\\ds,此目录为该数据集的数据存储目录,则第 m 层数据的存储目录为 d:\\database\\dem\\ds\\m,第 $m + 1$ 层数据的存储目录为 d:\\database\\dem\\ds\\m + 1,以此类推。

　　(3) 千叉树物理组织方式。数据集中各类空间数据按照千叉树的物理组织方式进行存储,主要是为降低目录层次,提高数据访问速度。具体方式如下:

　　① 以各层相对原点为起点,每 32 × 32 相邻块数据组成一个文件,每 32 × 32 相邻文件组成一个子目录,每 32 × 32 相邻子目录组成上层目录,以此类推。第 i 行 j 列的文件命名为 ij,i 和 j 介于 0 ~ 9 及 a ~ v(a ~ v 代表 10 ~ 31)。子目录的命名与文件相同。

　　② 每个 32 × 32 相邻块组成的数据文件由索引头和数据体两部分组成。索引头占 4096 字节,按规定顺序存储各数据块在文件中的物理偏移地址,每块数据的偏移地址为 int 型,占 4 字节,数据体存储各数据块数据(图 9 – 7)。每个数据块的长度由索引头相邻偏移地址相减得到。

　　③ 各数据集按最底层原始数据块的分布建立索引文件,存储于数据集指定目录。当客户端需要读取数据时,可先将该索引读至客户端,直接判断所需数据是否存在,也可以在服务器端判断并作出应答。由于数据集其他层数据块由底层数据块抽稀合并得到,所以底层数据索引同样可以作为其他层数据块的

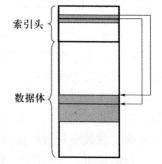

图 9 – 7　千叉树数据文件结构

索引。

（4）数据缓存策略与访问的消息驱动机制。每台服务器可视硬盘存储容量来存储若干个数据集,各台服务器联网组成并行工作的存储网络,同时响应来自每台客户端的数据请求。服务器在读取用户所需数据时,采用缓存策略是提高数据访问速度的有效手段之一。

系统采用两种缓存和预读方法,即大块文件缓存和文件头缓存。大块文件缓存方式是将包含用户所需四叉树数据块的千叉树大块文件读入缓存链表并进行编号,当下次请求的数据块包含于此大块数据中时,则直接从缓存读取,链表中节点数目达到规定值后,用编号大的大块数据覆盖编号小的大块数据,即先进先出的原则。这种方式的优点是当大块数据读入缓存后数据访问速度较快,缺点是大块数据文件过大时读取时间较长,影响客户端显示速度。文件头缓存方式与大块缓存类似,不同之处是只把大块数据的文件句柄及大块数据的索引头读入缓存,当用户数据需求时根据文件句柄和索引头信息,从硬盘读取相应数据块,速度相对较慢但是时间间隔较均匀。

数据集的索引文件也进行了预读,这样可快速判断数据集中某块数据是否存在。索引文件也可以传送至客户端,由客户端通信接口直接判断某块数据在某一服务器是否存在,这样可节省网络通信时间,减少网络通信数据量和阻塞概率。

服务器端采用数据缓存和预读机制,遵循"用空间换时间"的思路,主要目的包括两个方面:一是节省了从硬盘反复读取同一块数据的时间消耗;二是根据用户请求数据的情况,一次性预读一定数量的相邻数据块至缓存,同样节省了时间消耗。

服务器端与客户端的数据访问接口均采用消息驱动机制,可较大限度地节约数据通信时的阻塞等待时间,提高数据访问效率。其过程示意如图9-8所示。

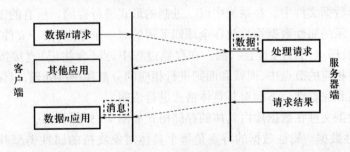

图9-8　消息驱动机制

当用户发送数据 n 请求时,服务器端通信接口以消息方式通知服务器进行处理,在得到处理结果并向客户端发送后,客户端通信接口也以消息方式通知相应的应用模块。客户端在发送请求后至收到返回消息前可进行其他操作,不必消耗等待时间。

3. 空间数据结构

随着数字地球的研究、地理信息系统应用领域的拓广、各种问题研究的动态性,以及数字地图数据比例尺的增大,使得整个空间数据量不断增加,人们所面临的需要处理的数据量也越来越大,而这些空间数据目前已达到 GB、TB 乃至 PB 数量级以上(1PB = 1000TB = 1000000GB)。以中巴资源卫星为例,卫星下传数据的速率为 113.1Mb/s,每天产生的我国境内数据为 41GB,全球范围的数据量则达到 2TB。我国到目前为止,已建成了覆盖全国范围的 1:100 万和 1:25 万的地形、地名数据库和数字高程模型,七大江河重点防洪区 1:1 万正射影像与 DEM,数据量都很巨大。如全国 1:100 万基础地理信息数据库的数据量近 300MB,1:25 万基础地理信息数据库的数据量为 8GB,全国七大江河流域的 1m 分辨力的 DOM 数据量已达 308GB,1:5 万数字高程数据达 150GB 以上。遥感影像的数据量就更大,如仅福建省的 30m × 30m 分辨力的 24 位 bmp 格式的遥感影像就有 700MB 之多,若为 1m × 1m 分辨力,数据量将是 630GB。

因此,如何有效地对海量数据进行无缝处理和组织,就成为了业界内研究的重点所在。系统根据显示、分析、量测等的需要,构建相应的空间数据模型,设计系统中各种信息的数据结构、存储组织文件结构和存储组织方案。下面主要介绍 DLG、DEM 和 DOM。

(1)空间矢量数据。空间矢量数据的处理,离不开空间数据模型的构建。空间数据模型构建的目的是设计各种信息的数据结构和存储组织文件结构,实现多分辨力数据的融合。

① 数据结构。不同的 GIS 系统,其内部 DLG 矢量数据结构各不相同。考虑到要求系统具有全球数据管理和实时漫游显示的能力,系统内部设计了自己的矢量数据结构,其信息分为两部分进行存储:图形数据文件,属性数据文件,其中注记存储在图形数据文件中。在系统中以二进制的形式进行存储。所有的图形数据文件和用于显示的属性数据均存放在全球四叉树的每一个结点,同一文件中,矢量信息连续存放,即点(含注记)、线、面。在存储过程中,点(含注记)直接按照四叉树的方式存到相应的节点中,而线和面则进行相应的分割和拼接处理,以保证空间数据的一致性和完整性。下面对其具体格式进行说明。

图形数据文件在数据库内具体的存储格式如图 9-9 所示。

② 属性数据。属性数据的特点是每个具体对象支持的属性类型并不完全相同,而是支持一个属性完全集合的子集,故属性数据是不定长数据。所以每个属性对象要清楚地给出自己的空间占用量(各字段占用量的和),然后按点、线、面的顺序在文件中直接组织起来。

由于属性数据具有唯一性,因此,存储的位置选取(即四叉树结点的选取)采

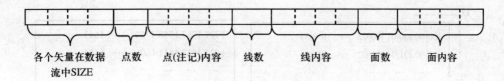

图 9-9 图形数据文件在数据库内具体的格式

用包围核的思想。这样,在显示时,如果当前显示内容为某一比例尺对应的最高精度层,则直接读取各个节点的属性数据;如果是两种比例尺之间的层时,则进行检索,以查找到高精度比例尺对应的最底层属性数据。因此,这种属性数据存储的方式可以节省存储空间(因为同一比例尺在四叉树中只存储了一次)。

在属性数据文件中,首先定义一个属性数据结构的全集(可扩充),即对当前点、线、面所具有的属性进行描述。同时定义一个 128 位的标志,用于描述当前文件中具有哪几种属性,以便对属性进行读取和存储。

③ ID 管理。矢量数据中包含了点数据、线数据和面数据三种数据类型(注记可以独立,也可以作为单独点数据存在)。系统中的每个矢量对象通过一个 ID 来唯一标志,同时 ID 也是矢量对象与其对应的属性数据、拓扑数据建立关联的依据,所以需要实施 ID 管理。

由于矢量的属性文件具有唯一性,因此,将空间对象属性所在的四叉树节点的地址作为 ID 标识的一部分。而在每一个四叉树节点处,按照自然数对每一节点的地物进行编码。对于属性数据文件,其编码应根据相应的四叉树节点,以及地物在四叉树节点中的自然编码相结合,以产生属性数据编码。这样,避免了编码重复,使得标识唯一成为可能,而编码以及数据的存储则只针对相应比例尺所对应的四叉树最高精度层进行。ID 的表示形式如表 9-1 所列。这样即使系统中的数据达到 TB 量级,仍然可以保证每一个矢量的唯一性。

表 9-1　ID 编码表

数值范围	$0 \sim 2^5$	$0 \sim 2^{32}$	$0 \sim 2^{32}$	$0 \sim 2^{32}$
含义	存储矢量对象属性所在层数	空间对象属性所在四叉树结点行号	空间对象属性所在四叉树结点列号	小类编码(自然序号)

(2) DEM 和 DOM 数据。

① DEM 文件的存储格式。DEM 数据文件以位文件(Bit)格式存放。数据类型为整型。文件的数据排列(以大小 65×65 为例),如图 9-10 所示。

② DOM 文件的存储格式。每个子块为 JPEG 格式,在子块头部有统计子块有效像素数的一个整型字节,行列为 256×256,存储格式如图 9-11"DOM 文件的数据排列"所示。

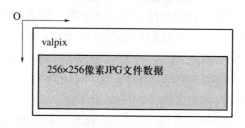

i00j00 i00j01 i00j02	...	i00j64
i01j00 i01j01 i01j02	...	i01j64
... ...		
i64j00 i64j01 i64j02	...	i64j64

1777 1767 1758 1750	...	1643
1623 1617 1611 1606	...	1554
... ...		
1245 1236 1225 1212	...	1271

图 9 - 10　DEM 文件的数据排列

（a）通用格式；（b）实例数据。

valpix

256×256像素JPG文件数据

图 9 - 11　DOM 文件的数据排列

9.2.2　空间数据层次细节技术

1. 矢量数据 LOD 模型

矢量地图数据层次细节技术实现了对海量空间矢量数据进行有效组织和处理,消除其产生的缝隙,建立其 LOD 模型,降低数据存储量,实现空间数据无缝拼接,为二维实时显示提供准确、快速的数据信息。

（1）概述。对于系统存储的海量空间矢量数据,要求不存在图幅和比例尺的概念,空间数据在逻辑上是一个整体。即整个存储的数据无论是逻辑上还是物理上都是连续的,有统一的坐标系,无缝隙,不受传统图幅划分的限制,整个数据所包含的区域在数据库中相当于一个整体。无论采取什么样的方式获取数据,都能很快定位,并得到相应分辨率的数据信息。为此,航天飞行可视化系统研究和设计了各种空间矢量数据的数据结构、存储组织文件结构和存储组织方案,对空间多分辨力数据进行拼接和分割,实现多比例尺数据自动综合,并以此为基础建立整个系统的全球 LOD 四叉树逻辑模型。

矢量数据 LOD 模型建立的过程是:矢量的无缝拼接是在数据的最高精度层进行的,即由当前数据的比例尺以及精度,判断应该将信息存储到全球四叉树的哪一层。而经过拼接入库,在最高精度层,空间矢量已经成为一个整体。但是对于四叉树的其他层,也需要相应的数据信息。因此,就涉及到空间数据的综合,即根据最高精度的数据,生成精度较低,数据量较少,信息足够的各层数据。由于空间矢量的唯一性,其属性也是唯一的,因此,在综合过程中,只是对空间图形数据进行综合。综合时,如果对当前数据库中的每一矢量先搜索完,然后再进行综合的话,整个过程的效率会非常的低。因此,采用对当前数据库中的数据范围所涵盖的每一个四叉树分别进行综合操作,且综合时先综合完一层,然后处理上一层。其综合过程是:综合当前层的某一四叉树节点的矢量时,先读取此节点对应其下一层的四个节点的所有矢量数据,然后采用相应的综合抽稀算法处理矢量,再存储到此节点。这样,对当前系统中存储的数据范围所涵盖的所有四叉树节点处理后,当前层即综合完成。

（2）LOD 模型建立。LOD 模型的建立主要是通过地图综合来实现。其建立原则是:首先,根据地图比例尺的精度进行计算,得到各个比例尺数据对应全球四叉树的最高精度层,然后将相应的比例尺原始数据存储到该最高精度层中,而向上到比本比例尺小一级的比例尺数据之前,则采用地图综合方法剔除掉空间数据中的冗余信息,再分别存储到上面各层的四叉树节点中。这样,既满足了显示的精度需要,又使处理的数据量有所降低,提高了显示的速度。属性数据无 LOD 模型,只在四叉树中最高精度层存放空间数据的节点处存放该空间数据对应的属性数据,而在以上的四叉树各层中,不再存放属性数据。

地图综合是对制图区域客观事物的取舍和简化。经过概括后的地图可以显示出主要的事物和本质的特征。其主要表现在内容的取舍、数量简化、质量化简和形状化简等方面。系统中对地图要素的综合,需要针对每类不同的要素制定其综合方案,采用不同的综合策略和方法,如针对海湾、道路、桥梁、城市区段、湖泊和水库、林地等。而对属性的综合只是在要素舍弃时简单的去掉或保留。

① 点数据的综合方法。点数据在综合时只有两种状态:存在或不存在。即在一定比例尺范围内保持显示,而当到达一定比例尺时,一些不重要的点数据就要舍弃。在点数据的舍弃标准中,首先是根据《国家基础地理信息数据分类与代码》标准,通过国标码进行判断。而其他的各类地理要素,由于各自的特殊性,还要加入不同的判断准则,如省(自治区、直辖市)行政区划依据国家标准《中华人民共和国行政区划代码》(GB 2260—95);与我国相邻的国家和地区,依据国家标准《世界各国和地区名称代码》(GB/T2659—94)处理等。

② 线数据的综合方法。线数据是地图上大量存在的最基本的地图要素,它的综合比点状要素情况复杂。在大比例尺范围内线状要素进行简单的压缩,信息不丢失;在中比例尺范围内进行综合时,针对每种线状要素,其综合有所不同;在小比例尺时,线状要素消失或与其他地物合并综合。具体的综合内容主要包含两个方面:数量的选取和形状的化简。

数量的选取可以参照点数据的选取,同时针对不同的要素,加入各自的判别准则。如公路要素按照国家标准《公路路线命名编号和编码规则》(GB 917.1 - 917.2—89),通过国家干线公路路线名称和编号的对照表对主干线和非主干线的显示与否进行判断;河流依据国家标准《全国河流名称代码》,通过对河流名称代码的辨别,就可以清楚的分出主流及等级支流,不同比例尺对应显示不同级别的河流主、支流,使地图的显示效果更加合理。例如,青龙河的名称代码为 CA2105,从代码结构分析可知五级河流青龙河属于滦河流域,一级支流。石河的名称代码BB0006,六级河流石河属于大凌河及辽东沿海诸河流域,主干河流。

在线的简化中应当强调点的最优密度,使用最优化方法使线的简化达到最优化的基本思想是:随着比例尺的缩小,一条线内的线段数依开方根规律变化,在线段数已知的条件下,选取哪些点就是该算法的核心。系统研究采用 Douglas 法对数据进行抽稀综合。Douglas 算法是应用最广泛的一种抽稀综合的算法。该算法每次均找出全程上最大特征点一个,整个线目标最后由各程最大特征点组成,且这些点具有足够大的特征偏差,因此是一种全局化简算法,效果较好,许多 GIS 及制图系统中都把此算法作为一种线划化简的标准算法。

③ 面数据的综合方法。面数据的综合也包括两种,即舍弃和化简。舍弃的方法参考点、线的标准,同时由于依据《中国湖泊水资源》等有关资料,对面积在$10km^2$以上的湖泊给予临时编码,也可根据此编码进行面的舍弃判断。而面的综合化简过程可以看作是组成其边界的曲线的综合,即人为地将面数据的边界线分割为首尾相连的两端线,然后再分别按照线数据的综合方法综合。

2. DEM 和 DOM 的 LOD 模型

DEM 和 DOM 的 LOD 模型是三维地形场景实时显示的基础保证,即通过数据预处理进行模型简化,显示时就可根据视点视向直接调用化简了的数据,以保证场景显示的实时性。由于四叉树本身是一个 LOD 结构,空间数据 LOD 模型建库实际上就是首先将外部格式数据转换到内部统一数据格式(包括投影变换、文件格式转换等),再将空间数据进行分割并存储入四叉树节点的过程。因 DEM、DOM等各种数据类型的特点不同,其 LOD 模型建立的方法也不一致,但有一条原则是共通的:都按四叉树分层分块的大小对数据进行分割并存储入相应节点,否则无法管理海量空间数据,也不能保证显示的实时性。DEM 的 LOD 数据的每一层每个标准子块文件的大小为 33×33 采样点。

9.2.3 图形显示技术

1. 二维显示技术

系统的目标是支持海量数据的实时显示,因此,采用了矢量数据的四叉树模型,这样某个场景显示的数据量有限,而不是以全部数据来进行显示,从而使海量数据的实时显示成为可能。二维显示将 GIS 分析和处理所用数据以一种良好的、交互式的图形方式,输出给用户,用于各种操作。可以将显示结果输出为图像,供进一步打印之用。其特点是显示速度与数据量无关,实现了海量矢量数据的实时显示。该技术在军用、民用方面都具有较好的推广价值和应用前景。

系统的特色是海量 DLG（数字线划图）数据的实时显示。基于四叉树建立层次细节模型，矢量数据被分割到四叉树的各个节点中。在分块显示的基础上如何保证整体的效果是各个设计环节都必须解决的问题。

与数据分块的存储模型相对应，在显示中对象也分块组织。各个对象之间的关系是：当前显示的一帧，根据其显示比例可以确定其显示四叉树某一层的数据，根据其位置可以确定其显示该层中哪些节点的数据，而每个节点内包含其内部的点线面数据，三类数据分别组织为三类指针线性表以管理数据。确定视图关系后，要做的是从数据库中读取当前的数据块并组织为便于显示的方式。下面讨论在实现矢量对象加载中涉及到的关键技术。

（1）块二维数组。在数据库中管理的海量数据，可以具有各种比例尺、各个范围的数据，即四叉树是不均衡的，因此，在确定视图关系后，屏幕坐标系所对应的范围之内可能出现如下情形：有的四叉树节点数据存在、有的四叉树节点数据不存在；对于不存在数据的四叉树节点，如果不显示，一是不合理，二是当视图所映射的四叉树层次一旦深入下去，就没有东西可以显示；如果回溯到上面的四叉树节点进行显示，一是会带来管理的难度，二是会产生数据互相的覆盖。

系统采取的策略是：确定视图关系后，根据当前的比例关系，确定当前显示的四叉树层次；根据当前层四叉树节点的范围大小（以经纬度表示的边长），以及当前屏幕的范围，确定屏幕的分块（当前层的节点）数，以及块的位置，并将块按顺序组织为一个二维数组；对于二维数组中的每一块，获取该块的数据，如果对应的四叉树节点有数据，取该数据，如果没有对应数据，则向上回溯，直到找到有数据的父节点，然后将节点中的数据实时分割到二维数组中对应的该块之中；对于块中的线对象，进行实时拼接；最后是计算和显示。

（2）缓存技术。在很多情况下，缓存是提高速度的有效途径。在数据加载和显示过程中，应用到多种缓存技术，现阐述如下。

① 读节点缓存。构造了一个具有一定大小的块节点的最近使用优先队列。在读取节点时，先在此队列中查找是否所需要的节点已经存在，如果存在就直接取节点数据使用；如果不存在，再去读取实际的数据。由于系统中的数据存储采用的是基于 IP 网络的分布式存储，读取数据时根据读取的节点标号，经由网络向服务器发送请求，服务器从磁盘中读取数据后，再将数据传送到客户端。以上过程既涉及到磁盘操作，又涉及到网络传输，较之于单纯在本地内存中的操作，从服务器读数据的时间消耗要大得多，读节点缓存的构造就是为了尽可能减少从服务器读数据的次数。

② 双数组。利用二维数组管理当前显示的所有节点，但是并不仅仅使用一个二维数组，而是交替使用两个二维数组。双数组的使用最主要的目的是实现线对

象的帧间拼接,以使得拖动时候线型稳定,但是也间接起到了缓存的作用。在加载某个节点数据时,先在另一个二维数组中查找节点,找不到再到优先队列中寻找节点。

③ 对象缓存。在地图的平移放缩过程中,涉及到大量节点的改变,节点中的点线面对象也发生改变。在程序中,表现为大量的对象被创建,又有大量的对象消失。此时,如果利用 new 和 delete 来处理对象的创建和销毁,造成时间上的无谓消耗。因此,构造一个缓存池,管理此类对象;每类对象建立一个可用空间链表,对于创建对象的请求,如果链表不为空,取链表头,否则新建对象;对于删除对象的请求,将对象重新置于链表之中。由于线对象数目比较多,所以线对象针对不同的可能点数构造了多个链表。

(3) 矢量的显示。各类矢量对象是组织在节点中的,而且显示具有先后顺序,即先绘制面对象、然后是线对象,最后绘制点对象。在显示过程中,为了尽量减少绘制的次数,还用到了如下具体技术:一是使用内存设备描述表避免闪烁;二是设置一个标志控制是否刷新内存设备描述表,只有当发生了会有影响的操作才刷新内存设备描述表。这样,对于一些诸如在窗口中拖动一个对话框之类的操作,可不必重新刷新内存设备描述表,避免了闪烁。

系统以海量数据为处理对象,点、线、面对象都是分割到四叉树节点中的,而在显示时也是逐节点进行,即对于线面对象,每次显示时实际都是显示一完整对象中的一部分。由于线对象的显示要有线型、面对象的显示呈现为填充模式,所以必须做到整个对象分块显示,但是又保证其整体效果。在面对象的显示中,是在面所覆盖区域中,沿水平和垂直方向重复配置填充模式符号的过程,因此,只要保证其开始配置的原点相同,相邻块的面对象就可以完好地拼接起来。

为了因应分块组织的线对象需要,线型驱动算法中,以起始距离作为其重要的控制参数。线型绘制的实质是沿线对象重复配置线型符号的过程,所以如果对于一个线对象分割得到的两个相邻块中的小的线段,如果其具有合适的起始距离,则两个分块显示的线对象就有了整体的效果。所以线对象的实时拼接问题演变为起始距离和结束距离的确定问题。线对象的实时拼接包括静态拼接和动态拼接两种,前者是为了保证一帧内线对象的整体显示效果,后者是为了保证在地图平移过程中线对象显示的稳定。

2. 三维可视化技术

航天飞行可视化将完整的战场信息(包括可见的和不可见的)转化为形象直观的符号、图形或图像,是整个战场的完善映射,为军事人员提供了极佳的战场态势感知和对战场信息进行深层次挖掘的工具。

(1) 战场地理环境可视化技术。主要包括地形和军事目标的可视化。

① 基于地球球体模型的快速可见性判定算法。当视点和相机参数确定以后,

即从空间上确定了一个视锥,对透视投影来说视锥为四棱锥。视锥以内的地形是可见的,视锥以外的是不可见区域。用这一四棱锥与地球球体求交,即可得到地球球面上的可见区域。这一算法可以快速排除不可见的数据,大大减少每一帧图形实际处理的数据量,为全球数据的实时显示创造条件。

② 基于多分辨力地形的显示模式的研究。根据人眼视觉特点,离近的物体清晰,远的物体模糊,因此,采用多分辨力地形显示模式,这样不仅与实际情况吻合,而且还可以尽量减少数据量,为实时显示进一步创造条件。

③ 地物与地形的匹配处理。把地物放置到地形表面时,引出地物和地形表面的无缝接合问题,关于地物与地形的空间匹配关系,可考虑通过等高线、等高点和离散地物底面周边线一起生成三角化不规则网格 TIN 来处理。建立三维地物样本库(元素模板库)和纹理图像库,在图形显示时共享使用,样本库可以动态地加入和完善。在自动生成地物时,使用样本建立各种地物。

(2)运动目标可视化。主要包括运动目标、空间力量的可视化。对这些运动实体,首先要对其进行外形、质感等表观特征描述的几何建模;其次还要进行运动行为建模和物理建模;在目标运动过程中,利用四元数插值描述物体运动;对于作战实体,并不寻求其显示效果的逼真,而是主要反映其作战影响;要设计战略级对象如师、舰队等的可视化形式;对于空间力量,要对其侦察能力进行直观形象的可视化。

(3)空间数据场可视化。主要解决战场电磁环境和战场气象环境的可视化。由于战场电磁环境和气象环境组成要素众多,因此对应需要的可视化手段也比较复杂,要针对不同数据分别实现矢量场可视化、标量场可视化、体绘制等技术。三维数据场的可视化技术是一种计算方法,它将不可见的或抽象的过程或结果转化为形象直观的符号、图形或图像,它可以在人与数据、人与人之间实现图像通信,以利于人们发现、分析、理解和把握所研究对象的总体状态和变化趋势,从而在更深层次上认识事物。

参 考 文 献

[1] 吴信才. 地理信息系统原理与方法[M]. 北京:电子工业出版社,2002.

[2] 王家耀. 空间信息系统原理[M]. 北京:科学出版社,2001.

[3] 吴立新,史文中. 地理信息系统原理与算法[M]. 北京:科学出版社,2003.

[4] 闾国年,张书亮,龚敏霞,等. 地理信息系统集成原理与方法[M]. 北京:科学出版社,2003.

[5] (美)Shashi Shekhar,Sanjay Chawla. 空间数据库[M]. 谢昆青,等译. 北京:机械工业出版社,2004.

[6] 陈军,乌伦. 数字中国地理空间基础框架[M]. 北京:科学出版社,2003.

[7] (美)Ryan Stephens K,Ronald Plew R. 数据库设计[M]. 何玉洁,等译. 北京:机械工业出版社,2001.

[8] (美)Ramez Elmasri Shamkant Navathe B. 数据库系统基础[M]. 第3版. 邵佩英,等译. 北京:人民邮

电出版社.2002.

[9]　(美)Thomas Connolly,Carolyn Begg. 数据库系统——设计、实现与管理[M]. 第3版. 宁洪,等译. 北京:电子工业出版社,2004.

[10]　唐立文,宇文静波. 海量空间数据存储技术研究[C]. 中国计算机辅助设计与图形学2008——纪念全国首届CAD/CG学术年会30周年. 北京:电子工业出版社,2008.

[11]　阎正主. 城市地理信息系统标准化指南[M]. 北京:科学出版社,1998.

[12]　陈常松. 地理信息共享的理论与政策研究[M]. 北京:科学出版社,2003.

[13]　李爱勤,龚健雅,李德仁. 大型GIS地理数据库的无缝组织[J]. 武汉测绘科技大学学报.1998,23(1):57-61.

[14]　朱欣焰,张建超,李德仁,等. 无缝空间数据库的概念、实现与问题研究[J]. 武汉大学学报(信息科学版).2002,27(4):382-386.

[15]　唐立文,廖学军,汪荣峰. 基于四叉树的海量空间数据模型研究[J]. 北京:装备指挥技术学院,2007,18(2):70-74.

[16]　唐立文,廖学军,汪荣峰. 基于四叉树的海量空间矢量多边形处理技术[J]. 北京:装备指挥技术学院,2007,18(3):104-108.

[17]　马修军,邬伦,谢昆青. 空间动态模型建模方法[J]. 北京大学学报(自然科学版),2004,40(2):279-286.

[18]　李德仁,龚健雅,张桥平. 论地图数据合并技术[J]. 测绘科学,2004,29(1):1-5.

[19]　唐立文,廖学军,汪荣峰,等. 海量空间矢量数据综合研究[J]. 北京:装备指挥技术学院,2009,20(5):97-101.

[20]　谭念龙. 空间数据存储技术及其应用. 微电子学与计算机[J],2002,1:15-18.

[21]　鲍虎军,等. 我国GIS技术与应用的现状和对策. http://www.spatialdata.org/expertise/expertise-03.htm.

[22]　王艳东,龚健雅,黄俊韬,等. 基于中国地球空间数据交换格式的数据转换方法[J]. 测绘学报,2000,29(2):142-148.

[23]　Lillesand T M. 遥感与图像解译[M],彭望禄,译. 北京:电子工业出版社,2003.